钢结构强制性条文和关键性条文精讲精读

陈文渊　编著

中国建筑工业出版社

图书在版编目（CIP）数据

钢结构强制性条文和关键性条文精讲精读 / 陈文渊编著. — 北京：中国建筑工业出版社，2023.12（2024.11 重印）

ISBN 978-7-112-29290-5

Ⅰ. ①钢… Ⅱ. ①陈… Ⅲ. ①钢结构-工程施工-建筑规范-中国 Ⅳ. ①TU758.11-65

中国国家版本馆 CIP 数据核字（2023）第 202731 号

2022 年开始实施的多本通用规范中，规定了与钢结构相关的新条文。通用规范中所有的条文均为强制性条文，必须严格执行。新强条对已有条文的延续、增强及废除也是设计和审图人员在通用规范推出后最为关心的问题。除了新强条以外，在规范中也有一些在安全性方面同样不可忽略的关键性条文，在设计时同样值得引起注意。本书针对钢结构设计中不可缺少的强制性条文和关键性条文进行解读，并对涉及强条的设计方法提出建议，值得广大设计人员借鉴。本书适合从事钢结构设计的技术人员、高等院校相关专业的师生参考使用。

责任编辑：刘婷婷
文字编辑：冯天任
责任校对：党　蕾

钢结构强制性条文和
关键性条文精讲精读
陈文渊　编著

*

中国建筑工业出版社出版、发行（北京海淀三里河路 9 号）
各地新华书店、建筑书店经销
北京鸿文瀚海文化传媒有限公司制版
建工社（河北）印刷有限公司印刷

*

开本：787 毫米×1092 毫米　1/16　印张：16½　字数：388 千字
2024 年 1 月第一版　　2024 年 11 月第二次印刷
定价：**58.00** 元
ISBN 978-7-112-29290-5
（41782）

前　言

本书是继《钢结构设计精讲精读》之后的延伸阅读。

本书的主要阅读对象为结构设计人员及审图人员。

本书首重强制性条文，次重关键性条文，每条相对独立，体现了一定范围的钢结构设计概念。广泛掌握钢结构强制性条文和关键性条文，方能提高见微知著的能力。

钢结构强制性条文是指 2022 年 1 月 1 日开始实施的《工程结构通用规范》GB 55001—2021、《建筑与市政工程抗震通用规范》GB 55002—2021 及《钢结构通用规范》GB 55006—2021 等通用规范中与钢结构相关的强制性条文，简称强条（本书中为了与废止的强制性条文或非强制性条文进行对比，也简称为新强条），在书中以黑体字表示。通用规范中所有的条文均为强制性条文，必须严格执行。

通用规范实施之日起废止了现行工程建设标准中相关的强制性条文（简称旧强条）。

通用规范中强制性条文体现了四种情况：一是延续旧强制性条文；二是部分延续旧强制性条文；三是新增强制性条文；四是取消了旧强制性条文（即通用规范中不再提到旧强制性条文）。

钢结构强制性条文是设计人员和审图人员非常关心的问题，在执行过程中，建议有些强制性条文内容要写在钢结构说明中，有些与强制性条文相关的重要数据也要写在说明中。

本书尽可能详细地阐述、解读钢结构中常常涉及的强条。通过阅读本书，如何执行强条，答案自会清晰。

关键性条文简称关键条，是指《钢结构设计精讲精读》内容之外的非强制性条文的内容。

关键性条文在安全性方面也是很重要的，在钢结构设计中同样不可忽视。

强制性条文和关键性条文是导引读者深入学习钢结构设计的基础，只有日积月累才能愈久弥真，希望本书能够对大家有所帮助。

陈文渊

2023 年 6 月 9 日于中国建筑设计研究院

邮箱：chen-wy@139. com

目　　录

第1章

术语、符号、主要规范及标准图集

1.1 钢结构术语

1.1.1 《钢结构设计标准》GB 50017—2017中的术语

术语是通向一本书，获得里面知识的钥匙。熟悉术语是学习的基础方法。

1. 脆断

结构或构件在拉应力状态下没有出现警示性的塑性变形而突然发生的断裂。

2. 一阶弹性分析

不考虑几何非线性对结构内力和变形产生的影响，根据未变形的结构建立平衡条件，按弹性阶段分析结构内力及位移。

3. 二阶 P-Δ 弹性分析

仅考虑结构整体初始缺陷及几何非线性对结构内力和变形产生的影响，根据位移后的结构建立平衡条件，按弹性阶段分析结构内力及位移。

4. 直接分析设计法

直接考虑对结构稳定性和强度性能有显著影响的初始几何缺陷、残余应力、材料非线性、节点连接刚度等因素，以整个结构体系为对象进行二阶非线性分析的设计方法。

5. 屈曲

结构、构件或板件达到受力临界状态时在其刚度较弱方向产生另一种较大变形的状态。

6. 板件屈曲后强度

板件屈曲后尚能继续保持承受更大荷载的能力。

7. 正则化长细比或正则化宽厚比

参数，其值等于钢材受弯、受剪或受压屈服强度与相应的构件或板件抗弯、抗剪或抗承压弹性屈曲应力之商的平方根。

8. 整体稳定

构件或结构在荷载作用下能整体保证稳定的能力。

9. 有效宽度

计算板件屈曲后极限强度时，将承受非均匀分布极限应力的板件宽度用均匀分布的屈服应力等效，所得的折减宽度。

10. 有效宽度系数

板件有效宽度与板件实际宽度的比值。

11. 计算长度系数

与构件屈曲模式及两端转动约束条件相关的系数。

12. 计算长度

计算稳定性时所用的长度，其值等于构件在其有效约束点间的几何长度与计算长度系数的乘积。

13. 长细比

构件计算长度与构件截面回转半径的比值。

14. 换算长细比

在轴心受压构件的整体稳定计算中，按临界力相等的原则，将格构式构件换算为实腹式构件进行计算，或将弯扭与扭转失稳换算为弯曲失稳计算时，所对应的长细比。

15. 支撑力

在为减少受压构件（或构件的受压翼缘）自由长度所设置的侧向支撑处，沿被支撑构件（或构件受压翼缘）的屈曲方向，作用于支撑的侧向力。

16. 无支撑框架

利用节点和构件的抗弯能力抵抗荷载的结构。

17. 支撑结构

在梁柱构件所在的平面内，沿斜向设置支撑构件，以支撑轴向刚度抵抗侧向荷载的结构。

18. 框架-支撑结构

由框架及支撑共同组成抗侧力体系的结构。

19. 强支撑框架

在框架-支撑结构中，支撑结构（支撑桁架、剪力墙、筒体等）的抗侧移刚度较大，可将该框架视为无侧移的框架。

20. 摇摆柱

设计为只承受轴向力而不考虑侧向刚度的柱子。

21. 节点域

框架梁柱的刚接节点处及柱腹板在梁高范围内上下边设有加劲肋或隔板的区域。

22. 球形钢支座

钢球面作为支撑面使结构在支座处可以沿任意方向转动的铰接支座或可移动支座。

23. 钢板剪力墙

设置在框架梁柱间的钢板，用以承受框架中的水平剪力。

24. 主管

钢管结构构件中，在节点处连续贯通的管件，如桁架中的弦杆。

25. 支管

钢管结构构件中，在节点处断开并与主管相连的管件，如桁架中与主管相连的腹杆。

26. 间隙节点

两支管的趾部离开一定距离的管节点。

27. 搭接节点

在钢管节点处，两支管相互搭接的节点。

28. 平面管节点

支管与主管在同一平面内相互连接的节点。

29. 空间管节点

在不同平面内的多根支管与主管相接而形成的管节点。

30. 焊接截面

由板件（或型钢）焊接而成的截面。

31. 钢与混凝土组合梁

由混凝土翼板与钢梁通过抗剪连接件组合而成的可整体受力的梁。

32. 支撑系统

由支撑及传递其内力的梁（包括基础梁）、柱组成的抗侧力系统。

33. 消能梁段

在偏心支撑框架结构中，位于两斜支撑端头之间的梁段或位于一斜支撑端头与柱之间的梁段。

34. 中心支撑框架

斜支撑与框架梁柱汇交于一点的框架。

35. 偏心支撑框架

斜支撑至少有一端在梁柱节点外与横梁连接的框架。

36. 屈曲约束支撑

由核心钢支撑、外约束单元和两者之间的无粘结构造层组成不会发生屈曲的支撑。

37. 弯矩调幅设计

利用钢结构的塑性性能进行弯矩重分布的设计方法。

38. 畸变屈曲

截面形状发生变化，且板件与板件的交线至少有一条会产生位移的屈曲形式。

39. 塑性耗能区

在强烈地震作用下，结构构件首先进入塑性变形并消耗能量的区域。

40. 弹性区

在强烈地震作用下，结构构件仍处于弹性工作状态的区域。

1.1.2 《高层民用建筑钢结构技术规程》JGJ 99—2015 中的术语

1. 高层民用建筑

10 层及 10 层以上或高度大于 28m 的住宅建筑以及房屋高度大于 24m 的其他高层民用建筑。

2. 房屋高度

自室外地面至房屋主要屋面的高度，不包括突出屋面的电梯机房、水箱、构架等高度。

3. 框架

由柱和梁为主要构件组成的具有抗剪和抗弯能力的结构。

4. 中心支撑框架

支撑杆件的工作线交汇于一点或多点，但相交构件的偏心距应小于最小连接构件的宽度，杆件主要承受轴心力。

5. 偏心支撑框架

支撑框架构件的杆件工作线不交汇于一点，支撑连接点的偏心距大于连接点处最小构件的宽度，可通过消能梁段耗能。

6. 支撑斜杆

承受轴力的斜杆，与框架结构协同作用以桁架形式抵抗侧向力。

7. 消能梁段

偏心支撑框架中，两根斜杆端部之间或一根斜杆端部与柱间的梁段。

8. 屈曲约束支撑

支撑的屈曲受到套管的约束，能够确保支撑受压屈服前不屈曲的支撑，可作为耗能阻尼器或抗震支撑。

9. 钢板剪力墙

将设置加劲肋或不设加劲肋的钢板作为抗侧力剪力墙，是通过拉力场提供承载能力。

10. 无粘结内藏钢板支撑墙板

以钢板条为支撑，外包混凝土墙板为约束构件的屈曲约束支撑墙板。

11. 带竖缝混凝土剪力墙

将带有一段竖缝的钢筋混凝土墙板作为抗侧力剪力墙，是通过竖缝墙段的抗弯屈服提供承载能力。

12. 延性墙板

具有良好延性和抗震性能的墙板。在《高层民用建筑钢结构技术规程》JGJ 99—2015中特指：带加劲肋的钢板剪力墙，无粘结内藏钢板支撑墙板、带竖缝混凝土剪力墙。

13. 加强型连接

采用梁端翼缘扩大或设置盖板等形式的梁与柱刚性连接。

14. 骨式连接

将梁翼缘局部削弱的一种梁柱连接形式。

15. 结构抗震性能水准

对结构震后损坏状况及继续使用可能性等抗震性能的界定。

16. 结构抗震性能设计

针对不同的地震地面运动水准设定的结构抗震性能水准。

1.2 钢结构符号

1.2.1 《钢结构设计标准》GB 50017—2017 中的符号

1. 作用和作用效应设计值

F——集中荷载；

G——重力荷载；

H——水平力；

M——弯矩；

N——轴心力；

P——高强度螺栓的预拉力；

R——支座反力；

V——剪力。

2. 计算指标

E——钢材的弹性模量；

E_c——混凝土的弹性模量；

f——钢材的抗拉、抗压和抗弯强度设计值；

f_v——钢材的抗剪强度设计值；

f_{ce}——钢材的端面承压强度设计值；

f_y——钢材的屈服强度；

f_u——钢材的抗拉强度最小值；

f_t^a——螺栓的抗拉强度设计值；

f_t^b、f_v^b、f_c^b——螺栓的抗拉、抗剪和承压强度设计值；

f_t^w、f_v^w、f_c^w——对接焊缝的抗拉、抗剪和抗压强度设计值；

f_f^w——角焊缝的抗拉、抗剪和抗压强度设计值；

f_c——混凝土的抗压强度设计值；

G——钢材的剪变模量；

N_t^a——1 个锚栓的受拉承载力设计值；

N_t^b、N_v^b、N_c^b——1 个螺栓的受拉、受剪和承压承载力设计值；

N_v^c——组合结构中一个抗剪连接件的受剪承载力设计值；

S_b——支撑结构的层侧移刚度，即施加于结构上的水平力与其产生的层间位移角的比值；

Δu——楼层的层间位移；

$[v_Q]$——仅考虑可变荷载标准值产生的挠度的容许值；

$[v_T]$ ——同时考虑永久和可变荷载标准值产生的挠度的容许值；

σ ——正应力；

σ_c ——局部压应力；

σ_f ——垂直于角焊缝长度方向，按焊缝有效截面计算的应力；

$\Delta\sigma$ ——疲劳计算的应力幅或折算应力幅；

$\Delta\sigma_e$ ——变幅疲劳的等效应力幅；

$[\Delta\sigma]$ ——疲劳容许应力幅；

σ_{cr}、$\sigma_{c,cr}$、τ_{cr} ——分别为板件的弯曲应力、局部压应力和剪应力的临界值；

τ ——剪应力；

τ_f ——角焊缝的剪应力。

3. 几何参数

A ——毛截面面积；

A_n ——净截面面积；

b ——翼缘板的外伸宽度；

b_0 ——箱形截面翼缘板在腹板之间的无支撑宽度；混凝土板托顶部的宽度；

b_s ——加劲肋的外伸宽度；

b_e ——板件的有效宽度；

d ——直径；

d_e ——有效直径；

d_0 ——孔径；

e ——偏心距；

H ——柱的高度；

H_1、H_2、H_3 ——阶形柱上段、中段（或单阶柱下段）、下段的高度；

h ——截面全高；

h_e ——焊缝的计算厚度；

h_f ——角焊缝的焊脚尺寸；

h_w ——腹板的高度；

h_0 ——腹板的计算高度；

I ——毛截面惯性矩；

I_t ——自由扭转常数；

I_w ——毛截面扇形惯性矩；

I_n ——净截面惯性矩；

i ——截面回转半径；

l ——长度或跨度；

l_1 ——梁受压翼缘侧向支撑间距离，螺栓受力方向的连接长度；

l_w ——焊缝的计算长度；

l_z——集中荷载在腹板计算高度边缘上的假定分布长度；

S——毛截面面积矩；

t——板的厚度；

t_s——加劲肋的厚度；

t_w——腹板的厚度；

W——毛截面模量；

W_n——净截面模量；

W_p——塑性毛截面模量；

W_{np}——塑性净截面模量。

4. 计算系数及其他

K_1、K_2——构件线刚度之比；

n_f——高强度螺栓的传力摩擦面数目；

n_v——螺栓的剪切面数目；

α_E——钢材与混凝土弹性模量之比；

α_e——梁截面模量考虑腹板有效宽度的折减系数；

α_f——疲劳计算的欠载效应等效系数；

α_i^{II}——考虑二阶效应框架第 i 层杆件的侧移弯矩增大系数；

β_E——非塑性耗能区内力调整系数；

β_f——正面角焊缝的强度设计值增大系数；

β_m——压弯构件稳定的等效弯矩系数；

γ_0——结构的重要性系数；

γ_x、γ_y——对主轴 x、y 的截面塑性发展系数；

ε_k——钢号修正系数，其值为235与钢材牌号中屈服点数值的比值的平方根；

η——调整系数；

η_1、η_2——用于计算阶形柱计算长度的参数；

η_{ov}——管节点的支管搭接率；

λ——长细比；

$\lambda_{n,b}$、$\lambda_{n,s}$、$\lambda_{n,c}$、λ_n——正则化宽厚比或正则化长细比；

μ——高强度螺栓摩擦面的抗滑移系数；柱的计算长度系数；

μ_1、μ_2、μ_3——阶形柱上段、中段（或单阶柱下段）、下段的计算长度系数；

ρ_i——各板件有效截面系数；

φ——轴心受压构件的稳定系数；

φ_b——梁的整体稳定系数；

ψ——集中荷载的增大系数；

ψ_n、ψ_a、ψ_d——用于计算直接焊接钢管节点承载力的参数；

Ω——抗震性能系数。

1.2.2 《高层民用建筑钢结构技术规程》JGJ 99—2015中的符号

1. 作用和作用效应

a——加速度；

F——地震作用标准值；

G——重力荷载代表值；

H——水平力；

M——弯矩设计值；

N——轴心压力设计值；

Q——重力荷载设计值；

S——作用效应设计值；

T——周期或温度；

v——风速。

2. 材料指标

c——比热；

E——弹性模量；

f——钢材抗拉、抗压、抗弯强度设计值；

f_c^b、f_t^b、f_v^b——螺栓承压、抗拉、抗剪强度设计值；

f_c^w、f_t^w、f_v^w——对接焊缝抗压、抗拉、抗剪强度设计值；

f_{ce}——钢材端面承压强度设计值；

f_{ck}、f_{tk}——混凝土轴心抗压、抗拉强度标准值；

f_{cu}^b——螺栓连接板件的极限承压强度；

f_f^w——角焊缝抗拉、抗压、抗剪强度设计值；

f_t——混凝土轴心抗拉强度设计值；

f_t^a——锚栓抗拉强度设计值；

f_u——钢材抗拉强度最小值；

f_u^b——螺栓钢材的抗拉强度最小值；

f_v——钢材抗剪强度设计值；

f_y——钢材屈服强度；

G——剪切模量；

M_{lp}——消能梁段的全塑性受弯承载力；

M_{pb}——梁的全塑性受弯承载力；

M_{pc}——考虑轴力时，柱的全塑性受弯承载力；

M_u——极限受弯承载力；

N_E——欧拉临界力；

N_y——构件的轴向屈服承载力；

N_t^a——单根锚栓受拉承载力设计值；

N_t^b、N_v^b——高强度螺栓仅承受拉力、剪力时，抗拉、抗剪承载力设计值；

N_{vu}^b、N_{cu}^b——1个高强度螺栓的极限受剪承载力和对应的板件极限承载力；

R——构件承载力设计值；

V_l、V_{lc}——消能梁段不计入轴力影响和计入轴力影响的受剪承载力；

V_u——受剪承载力；

ρ——材料密度。

3. 几何参数

A——毛截面面积；

A_e^b——螺栓螺纹处的有效截面面积；

d——螺栓杆公称直径；

h_{0b}——梁腹板高度，自翼缘中心线算起；

h_{0c}——柱腹板高度，自翼缘中心线算起；

I——毛截面惯性矩；

I_e——有效截面惯性矩；

K_1、K_2——汇交于柱上端、下端的横梁线刚度之和与柱线刚度之和的比值；

S——面积矩；

t——厚度；

V_p——节点域有效体积；

W——毛截面模量；

W_e——有效截面模量；

W_n、W_{np}——净截面模量；塑性净截面模量；

W_p——塑性截面模量。

4. 系数

α——连接系数；

α_{max}、α_{vmax}——水平、竖向地震影响系数最大值；

γ_0——结构重要性系数；

γ_{RE}——承载力抗震调整系数；

γ_x——截面塑性发展系数；

φ——轴心受压构件的稳定系数；

φ_b、φ_b'——钢梁整体稳定系数；

λ——构件长细比；

λ_n——正则化长细比；

μ——计算长度系数；

ξ——阻尼比。

1.3 主要规范、标准图集及其他

1.3.1 主要规范

《钢结构设计标准》GB 50017—2017（简称《钢标》）

《钢结构焊接规范》GB 50661—2011（简称《焊接规范》）

《钢结构工程施工质量验收标准》GB 50205—2020（简称《钢结构验收标准》）

《碳素结构钢》GB/T 700—2006（简称《碳素钢》）

《低合金高强度结构钢》GB/T 1591—2018（简称《高强度钢》）

《厚度方向性能钢板》GB/T 5313—2023（简称《Z向钢》）

《建筑结构用钢板》GB/T 19879—2023（简称《建筑结构钢》）

《高层民用建筑钢结构技术规程》JGJ 99—2015（简称《高钢规》）

《组合结构设计规范》JGJ 138—2016（简称《组合规范》）

《工业建筑防腐蚀设计标准》GB/T 50046—2018（简称《工业防腐标准》）

《钢结构防腐蚀涂装技术规程》CECS 343：2013（简称《涂装规程》）

《建筑设计防火规范》GB 50016—2014（2018年版）（简称《建筑防火规范》）

《建筑钢结构防火技术规范》GB 51249—2017（简称《结构防火规范》）

《建筑工程抗震设防分类标准》GB 50223—2008（简称《分类标准》）

《建筑抗震设计标准》GB/T 50011—2010（简称《抗标》）

《建筑结构可靠性设计统一标准》GB 50068—2018（简称《可靠性标准》）

《建筑结构荷载规范》GB 50009—2012（简称《荷载规范》）

《高层建筑混凝土结构技术规程》JGJ 3—2010（简称《高规》）

《建筑地基基础设计规范》GB 50007—2011（简称《基础规范》）

《工程结构通用规范》GB 55001—2021（简称《工程通规》）

《建筑与市政工程抗震通用规范》GB 55002—2021（简称《抗震通规》）

《钢结构通用规范》GB 55006—2021（简称《钢通规》）

1.3.2 主要标准图集

《钢结构设计图实例-多、高层房屋》05CG02

《多、高层民用建筑钢结构节点构造详图》16G519

《轻集料空心砌块内隔墙》03J114-1

《轻钢龙骨内隔墙》03J111-1

《预制轻钢龙骨内隔墙》03J111-2

《内隔墙-轻质条板（一）》10J113-1

1.3.3 其他

《钢结构设计精讲精读》(陈文渊，刘梅梅编著，2022)

《钢结构设计手册（第四版）》(但泽义主编，2019)

第2章
强制性条文

2.1 对雪荷载敏感的基本雪压取值和雪荷载不利影响

2.1.1 强制性条文规定

1. 新强条1：基本雪压取值

1）新强条1的规定

在《工程通规》第4.5.2条中，基本雪压取值的规定为：

基本雪压应根据空旷平坦地形条件下的降雪观测资料，采用适当的概率分布模型，按50年重现期进行计算。对雪荷载敏感的结构，应按照100年重现期雪压和基本雪压比值，提高其雪荷载取值。

对雪荷载敏感的结构主要是指大跨度、轻型钢屋盖结构，一般由钢结构组成，存在于钢结构屋顶中或混凝土结构屋顶中。

雪荷载经常对大跨度、轻质屋盖结构起控制作用，容易造成结构的整体破坏，所以有必要采用100年重现期的雪压，其目的就是适当提高基本雪压值。

大跨度结构指两端支撑跨度≥24m的楼盖结构或悬挑长度≥5m的悬挑结构。

轻质屋盖结构指有保温层或无保温层的轻钢龙骨屋盖。

简记：100年基本雪压。

2）旧强条

废止的《荷载规范》第7.1.2条中，基本雪压取值的规定为：

基本雪压应采用按本规范规定的方法确定的50年重现期的雪压；对雪荷载敏感的结构，应采用100年重现期的雪压。

3）新、旧强条的对比

新强条与旧强条内容一致，属于延续了旧强条。

4）违反强条的情况

在进行大跨度、轻质屋盖结构设计时，习惯性地按普通屋盖结构考虑50年重现期的基本雪压，未考虑100年重现期的基本雪压。

5）原因分析

设计人员经常和混凝土结构打交道，习惯了 50 年重现期的基本雪压，轻视了 100 年重现期的雪荷载对大跨度、轻质屋盖结构的严重影响。

全国主要城市 100 年重现期的雪压见表 2.1.1-1。

全国主要城市重现期为 100 年的雪压（kN/m^2） **表 2.1.1-1**

省市名	北京市	天津市		上海市	重庆市		河北省			
城市名	北京市	天津市	塘沽	上海市	奉节	金佛山	石家庄市	蔚县	邢台市	丰宁
基本雪压	0.45	0.45	0.40	0.25	0.40	0.60	0.35	0.35	0.40	0.30

省市名	河北省									
城市名	围场	张家口市	怀来	承德市	遵化	青龙	秦皇岛市	霸州市	唐山市	乐亭
基本雪压	0.35	0.30	0.25	0.35	0.50	0.45	0.30	0.35	0.40	0.45

省市名	河北省					山西省				
城市名	保定市	饶阳	沧州市	黄骅	南宫市	太原市	右玉	大同市	河曲	五寨
基本雪压	0.40	0.35	0.35	0.35	0.30	0.40	0.35	0.30	0.35	0.30

省市名	山西省									
城市名	兴县	原平	离石	阳泉市	榆社	隰县	介休	临汾市	运城市	阳城
基本雪压	0.30	0.35	0.35	0.40	0.35	0.35	0.35	0.30	0.30	0.35

省市名	内蒙古自治区					
城市名	呼和浩特市	拉布大林	牙克石市图里河	满洲里市	海拉尔区	鄂伦春小二沟
基本雪压	0.45	0.50	0.70	0.35	0.50	0.55

省市名	内蒙古自治区				
城市名	新巴尔虎右旗	新巴尔虎左旗阿木古郎	牙克石市博克图	扎兰屯市	阿尔山市
基本雪压	0.45	0.40	0.65	0.65	0.70

省市名	内蒙古自治区				
城市名	科右翼前旗索伦	乌兰浩特市	东乌珠穆沁旗	额济纳旗	额济纳旗拐子湖
基本雪压	0.40	0.35	0.35	0.15	0.10

省市名	内蒙古自治区				
城市名	阿左旗巴彦毛道	阿拉善右旗	二连浩特市	那仁宝力格	达茂旗满都拉
基本雪压	0.20	0.10	0.30	0.35	0.25

省市名	内蒙古自治区					
城市名	阿巴嘎旗	苏尼特左旗	乌拉特后旗海力素	苏尼特右旗朱日和	乌拉特中旗海流图	百灵庙
基本雪压	0.50	0.40	0.20	0.25	0.35	0.40

省市名	内蒙古自治区						
城市名	四子王旗	化德	杭锦后旗陕坝	包头市	集宁区	阿拉善左旗吉兰泰	临河区	鄂托克旗
基本雪压	0.55	0.30	0.25	0.30	0.40	0.15	0.30	0.20

省市名	内蒙古自治区						
城市名	东胜区	阿勒腾席热	巴彦浩特	西乌珠穆沁旗	扎鲁特旗鲁北	巴林左旗林东	林西
基本雪压	0.40	0.35	0.25	0.45	0.35	0.35	0.45

续表

省市名	内蒙古自治区						
城市名	锡林浩特市	开鲁	通辽	多伦	翁牛特旗乌丹	赤峰市	敖汉旗宝国吐
基本雪压	0.45	0.35	0.35	0.35	0.35	0.35	0.45

省市名	辽宁省								
城市名	沈阳市	彰武	阜新市	开原	清原	朝阳市	建平县叶柏寿	黑山	锦州市
基本雪压	0.55	0.35	0.45	0.55	0.80	0.55	0.40	0.50	0.45

省市名	辽宁省								
城市名	鞍山市	本溪市	抚顺市章党	桓仁	绥中	兴城	营口市	盖州市熊岳	本溪县草河口
基本雪压	0.55	0.60	0.50	0.55	0.40	0.35	0.45	0.45	0.60

省市名	辽宁省							吉林	
城市名	岫岩	宽甸	丹东市	瓦房店市	普兰店区皮口	庄河	大连市	长春市	白城市
基本雪压	0.55	0.70	0.45	0.35	0.35	0.40	0.45	0.50	0.25

省市名	吉林省							
城市名	乾安	前郭尔罗斯	通榆	长岭	扶余市三岔河	双辽	四平市	吉林市
基本雪压	0.23	0.30	0.30	0.25	0.40	0.35	0.40	0.50

省市名	吉林省							
城市名	磐石市烟筒山	蛟河	敦化市	梅河口市	桦甸	靖宇	抚松县东岗	延吉市
基本雪压	0.45	0.85	0.60	0.50	0.75	0.70	1.30	0.65

省市名	吉林省				黑龙江省				
城市名	通化市	白山市临江	集安市	长白	哈尔滨市	漠河	塔河	新林	呼玛
基本雪压	0.90	0.80	0.80	0.70	0.50	0.85	0.75	0.75	0.70

省市名	黑龙江省								
城市名	加格达奇	黑河市	嫩江	孙吴	北安市	克山	富裕	齐齐哈尔市	海伦
基本雪压	0.70	0.85	0.60	0.70	0.60	0.55	0.40	0.45	0.45

省市名	黑龙江省									
城市名	明水	伊春市	鹤岗市	富锦	泰来	绥化市	安达市	铁力	佳木斯市	依兰
基本雪压	0.45	0.75	0.70	0.60	0.35	0.60	0.35	0.85	0.95	0.50

省市名	黑龙江省							山东省		
城市名	宝清	通河	尚志	鸡西市	虎林	牡丹江市	绥芬河市	济南市	德州市	惠民
基本雪压	1.00	0.85	0.60	0.75	1.60	0.85	0.85	0.35	0.40	0.40

省市名	山东省						
城市名	寿光市羊口	龙口市	烟台市	威海市	荣成市成山头	莘县朝城	泰安市泰山
基本雪压	0.30	0.40	0.45	0.60	0.45	0.40	0.60

省市名	山东省						
城市名	泰安市	淄博市张店	沂蒙	潍坊市	莱阳市	青岛市	海阳
基本雪压	0.40	0.50	0.35	0.40	0.30	0.25	0.15

续表

省市名	山东省				江苏省					
城市名	菏泽市	兖州	莒县	临沂市	南京市	徐州市	赣榆	盱眙	淮安市	射阳
基本雪压	0.35	0.45	0.40	0.45	0.75	0.4	0.40	0.35	0.45	0.25
省市名	江苏省									
城市名	镇江市	无锡市	泰州市	连云港市	盐城市	高邮	东台	南通市	启动县吕四港	
基本雪压	0.40	0.45	0.40	0.45	0.40	0.40	0.35	0.30	0.25	
省市名	江苏省			浙江省						
城市名	常州市	溧阳	苏州市东山	杭州市	杭州市天目山		平湖市乍浦		慈溪市	舟山市
基本雪压	0.40	0.55	0.45	0.50	1.85		0.40		0.40	0.60
省市名	浙江省									
城市名	金华市	嵊州市	宁波市	象山县石浦		衢州市	丽水市	龙泉	临海市括苍山	
基本雪压	0.65	0.65	0.35	0.35		0.60	0.50	0.65	0.75	
省市名	浙江省							安徽省		
城市名	温州市	台州市洪家		台州市下大陈		玉环市坎门		合肥市	砀山	亳州市
基本雪压	0.40	0.35		0.40		0.40		0.70	0.45	0.45
省市名	安徽省									
城市名	宿州市	寿县	蚌埠市	滁州市	六安市	霍山	巢湖	安庆市	宁国	
基本雪压	0.45	0.55	0.55	0.60	0.60	0.75	0.50	0.40	0.55	
省市名	安徽省		江西省							
城市名	黄山市	阜阳市	南昌市	修水	宜春市	吉安市	井冈山市	遂川	赣州市	九江市
基本雪压	0.50	0.60	0.50	0.50	0.45	0.45	0.50	0.55	0.40	0.45
省市名	江西省								福建省	
城市名	庐山	鄱阳	景德镇市	樟树	贵溪	玉山	南城	广昌	邵武	蒲城
基本雪压	1.05	0.70	0.40	0.45	0.60	0.65	0.40	0.50	0.40	0.65
省市名	福建省									
城市名	武夷山市七星山		建阳	建瓯	泰宁	长汀	德化县九仙山		屏南	
基本雪压	0.70		0.55	0.40	0.60	0.30	0.50		0.50	
省市名	陕西省									
城市名	西安市	榆林市	吴旗	横山	绥德	延安市	长武	洛川	铜川市	宝鸡市
基本雪压	0.30	0.30	0.20	0.30	0.40	0.30	0.35	0.40	0.25	0.25
省市名	陕西省									
城市名	武功	华阴市华山		略阳	汉中市	佛坪	商洛市	镇安	石泉	安康市
基本雪压	0.30	0.75		0.15	0.25	0.30	0.35	0.35	0.35	0.20
省市名	甘肃省									
城市名	兰州市	瓜州	酒泉市	张掖市	武威市	民勤	乌鞘岭	景泰	靖远	临夏市
基本雪压	0.20	0.25	0.35	0.15	0.25	0.10	0.60	0.20	0.25	0.30

续表

省市名	甘肃省								
城市名	临洮	华家岭	环县	平凉市	西峰镇	玛曲	合作	武都	天水市
基本雪压	0.55	0.45	0.30	0.30	0.45	0.25	0.45	0.15	0.25

省市名	甘肃省									
城市名	马鬃山	敦煌	玉门市	高台	山丹	永昌	榆中	会宁	金塔县鼎新	岷县
基本雪压	0.20	0.20	0.25	0.20	0.25	0.20	0.25	0.35	0.15	0.20

省市名	宁夏回族自治区									
城市名	银川	惠农	陶乐	中卫	中宁	盐池	海源	同心	固原	西吉
基本雪压	0.25	0.10	0.10	0.15	0.20	0.35	0.45	0.15	0.45	0.20

省市名	青海省						
城市名	西宁	茫崖	冷湖	祁连县托勒	祁连县野牛沟	祁连县	格尔木市小灶火
基本雪压	0.25	0.10	0.10	0.30	0.20	0.15	0.10

省市名	青海省							
城市名	大柴旦	德令哈市	刚察	门源	格尔木市	都兰县诺木洪	都兰	乌兰县茶卡
基本雪压	0.15	0.20	0.30	0.30	0.25	0.10	0.30	0.25

省市名	青海省							
城市名	共和县恰卜恰	贵德	民和	玉树市五道梁	兴海	同德	泽库	治多
基本雪压	0.20	0.10	0.15	0.30	0.20	0.35	0.45	0.25

省市名	青海省						
城市名	格尔木市沱沱河	杂多	曲麻莱	玉树	玛多	称多县清水河	玛沁县
基本雪压	0.40	0.30	0.30	0.25	0.40	0.35	0.35

省市名	青海省					新疆维吾尔自治区		
城市名	达日县吉迈	河南	久治	囊谦	班玛	乌鲁木齐市	阿勒泰市	阿拉山口
基本雪压	0.30	0.30	0.30	0.25	0.25	1.00	1.85	0.25

省市名	新疆维吾尔自治区							
城市名	克拉玛依市	伊宁市	昭苏	达坂城	巴音布鲁克	吐鲁番市	阿克苏市	库车
基本雪压	0.35	1.55	0.95	0.20	0.85	0.25	0.30	0.30

省市名	新疆维吾尔自治区									
城市名	库尔勒	乌恰	喀什	阿合奇	皮山	和田	民丰	安迪尔河	于田	哈密
基本雪压	0.30	0.60	0.50	0.40	0.25	0.25	0.15	0.05	0.15	0.30

省市名	新疆维吾尔自治区								
城市名	哈巴河	吉木乃	福海	富蕴	塔城	和布克赛尔	青河	托里	北塔山
基本雪压	1.15	1.35	0.50	1.50	1.75	0.45	1.45	0.85	0.70

省市名	新疆维吾尔自治区									
城市名	温泉	精河	乌苏	石河子	蔡家湖	奇台	巴伦台	七角井	库米什	焉耆
基本雪压	0.50	0.35	0.60	0.80	0.55	0.85	0.35	0.15	0.15	0.25

续表

省市名	新疆维吾尔自治区									
城市名	拜城	轮台	吐尔尕特	巴楚	柯坪	阿拉尔	铁干里克	若羌	塔什库尔干	莎车
基本雪压	0.35	0.30	0.65	0.20	0.15	0.10	0.15	0.20	0.30	0.25
省市名	新疆维吾尔自治区		河南省							
城市名	且末	红柳河	郑州市	安阳市	新乡市	三门峡市	卢氏	孟津	洛阳市	栾川
基本雪压	0.20	0.15	0.45	0.45	0.35	0.25	0.35	0.50	0.40	0.45
省市名	河南省									
城市名	许昌市	开封市	西峡	南阳市	宝丰	西华	驻马店市	信阳市	商丘市	固始
基本雪压	0.45	0.35	0.35	0.50	0.35	0.50	0.50	0.65	0.50	0.65
省市名	湖北省									
城市名	武汉市	郧阳	房县	老河口	枣阳	巴东	钟祥	麻城	恩施市	五峰
基本雪压	0.60	0.45	0.35	0.40	0.45	0.25	0.40	0.65	0.25	0.40
省市名	湖北省									
城市名	巴东县绿葱坡		宜昌市	荆州	天门市	来凤	嘉鱼	英山	黄石市	
基本雪压	1.10		0.35	0.45	0.45	0.25	0.40	0.45	0.40	
省市名	湖南省									
城市名	长沙市	桑植	石门	南县	岳阳市	吉首市	沅陵	常德市	安化	沅江市
基本雪压	0.50	0.40	0.40	0.50	0.65	0.35	0.40	0.60	0.50	0.65
省市名	湖南省									
城市名	平江	芷江	雪峰山	邵阳市	双峰	南岳	通道	武冈	零陵	衡阳市
基本雪压	0.45	0.45	0.85	0.35	0.45	0.85	0.30	0.35	0.30	0.40
省市名	湖南省		四川省							
城市名	道县	郴州市	成都市	石渠	诺尔盖	甘孜	都江堰	雅安市	康定	九龙
基本雪压	0.25	0.35	0.15	0.60	0.45	0.55	0.30	0.20	0.55	0.20
省市名	四川省									
城市名	越西	昭觉	雷波	盐源	西昌	万源	德格	色达	道孚	阿坝
基本雪压	0.30	0.40	0.35	0.35	0.35	0.15	0.25	0.45	0.25	0.45
省市名	四川省								贵州省	
城市名	马尔康	红原	小金	松潘	新龙	理塘	稻城	峨眉山	贵阳市	威宁
基本雪压	0.30	0.45	0.15	0.35	0.15	0.60	0.30	0.60	0.25	0.40
省市名	贵州省									
城市名	盘州	桐梓	习水	毕节市	遵义市	湄潭	思南	铜仁市	黔西	安顺市
基本雪压	0.45	0.20	0.25	0.30	0.20	0.25	0.25	0.35	0.25	0.35
省市名	贵州省					云南省				
城市名	凯里	三穗	兴仁	独山	榕江	昆明市	德钦	贡山	香格里拉	维西
基本雪压	0.25	0.35	0.40	0.35	0.20	0.35	1.05	0.90	0.90	0.75

续表

省市名	云南省					西藏自治区				
城市名	昭通市	丽江市	会泽	曲靖市沾益		拉萨市	班戈	安多	那曲市	日喀则市
基本雪压	0.30	0.35	0.40	0.45		0.20	0.30	0.45	0.45	0.15
省市名	西藏自治区									
城市名	乃东区泽当		隆子	索县	昌都市	林芝市	噶尔	改则	普兰	申扎
基本雪压	0.15		0.20	0.30	0.20	0.15	0.15	0.35	0.80	0.20
省市名	西藏自治区									
城市名	当雄	尼木	聂拉木	定日	江孜	错那	帕里	丁青	波密	察隅
基本雪压	0.50	0.25	3.75	0.30	0.15	1.00	1.75	0.40	0.40	0.65

2. 新强条 2：雪荷载不利影响

1）新强条 2 的规定

在《钢通规》第 5.3.2 条中，对雪荷载的不利影响规定为：

在雪荷载较大的地区，大跨度钢结构设计时应考虑雪荷载不均匀分布产生的不利影响，当体形复杂且无可靠依据时，应通过风雪试验或专门研究确定设计用雪荷载。

该条为新增的强条，将雪荷载的不利影响提高到了重要的地位。

2）雪荷载的不利影响

（1）对于大跨度钢结构屋盖，雪荷载较大时，无论是轻屋面还是重屋面，雪荷载的不利分布都会对结构产生不利影响。

（2）对于轻型屋面，雪荷载较小时，雪荷载的不利分布也会对结构产生不利影响。

3）雪荷载的不利组合

雪荷载的不利影响主要体现在雪荷载的不利组合。对于双坡顶屋面或拱形屋面，雪后放晴时，阳光照射面的积雪融化，背光面的积雪仍然存在，形成半跨雪荷载，对结构产生不利影响。所以，应考虑半跨雪荷载的不利组合。

图 2.1.1-1（a）为双坡顶屋面，图 2.1.1-1（b）为拱形屋面。它们共同的特点是雪后会形成半跨雪荷载。

图 2.1.1-1　半跨积雪屋面形式

4）堆雪荷载

积雪荷载也称为堆雪荷载，体现了雪荷载的不利影响。对于连续坡顶屋面或连续拱形屋面，雪后会在低谷处产生堆雪。雪荷载较大时堆载不容易估算，应通过风雪试验或专门研究确定设计用堆雪荷载。

图 2.1.1-2（a）为连续坡顶屋面，图 2.1.1-2（b）为连续拱形屋面。它们共同的特点是雪后会在谷底形成堆雪荷载。

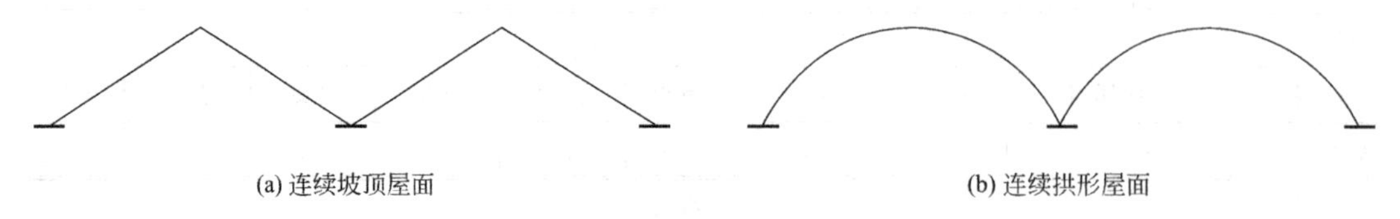

图 2.1.1-2 堆雪荷载的屋面形式

2.1.2 如何执行强条

1. 基本雪压取值

（1）大跨度、轻型钢屋盖结构采用 100 年重现期（$R=100$）的基本雪压（s_0），并应将该雪压值写在说明中；

（2）其他屋盖结构采用 50 年重现期（$R=50$）的基本雪压（s_0）。

2. 雪荷载不利影响

（1）对于双坡顶屋面或拱形屋面，应考虑半跨雪荷载的不利组合；

（2）对于连续坡顶屋面或连续拱形屋面，应考虑堆雪荷载的不利影响；

（3）审核计算书。

2.2 钢结构最小基本风压取值

2.2.1 强制性条文规定

1. 新强条

在《工程通规》第4.6.2条中，基本风压取值的规定为：

基本风压应根据基本风速值进行计算，且其取值不得低于0.30kN/m²。

钢结构自重较轻，对风荷载较为敏感。对风荷载设定最小值，关系到建筑结构在风荷载作用下的安全性。

全国各城市的基本风压值应按《荷载规范》附录E中表E.5内重现期为50年的风压值采用，该表中没有基本风压小于0.30kN/m²的值，“—”表示该城市没有统计值，低风压城市有可能在其中。

简记：最低0.30kN/m²。

2. 旧强条

(1) 在废止的《荷载规范》第8.1.2条中，基本风压取值的规定为：

基本风压应采用按本规范规定的方法确定的50年重现期的风压。但不得小于0.30kN/m²。对于高层建筑、高耸结构以及对风荷载比较敏感的其他结构，基本风压的取值应适当提高，并应符合有关结构设计规范的规定。

(2) 在废止的《高钢规》第5.2.4条中，基本风压取值的规定为：

基本风压应按现行国家标准《建筑结构荷载规范》GB 50009的规定采用。对风荷载比较敏感的高层民用建筑，承载力设计时应按基本风压的1.1倍采用。

3. 新、旧强条的对比

新强条中延续了旧强条中最小风压值（0.30kN/m²）的要求，不仅考虑了钢结构对风荷载的敏感性，同样也考虑了轻质幕墙对风荷载的敏感性。幕墙设计同样要遵守该强条。

新强条中取消了旧强条中高层民用建筑基本风压的提高系数。

简记：部分延续旧强条。

4. 无基本风压资料情况下的计算方法

基本风压 w_0 是计算风荷载最重要的参数。有些偏远地区无基本风压资料（如我国对不发达国家援助的项目），需要通过当地气象部门提供的历年来的最大风速记录，换算成当地的基本风速 v_0，再根据伯努利公式计算出基本风压 w_0。

基本风压 w_0 的计算公式如下：

$$w_0=\frac{1}{2}\rho v_0^2 \tag{2.2.1-1}$$

式中：ρ——空气密度（t/m³）；

v_0——基本风速（m/s）。

在我国许多城市没有基本风压统计数据，如新疆、西藏及四川等地的部分城市。没有基本风压统计数据的城市见表 2.2.1-1。

没有基本风压统计数据的城市 **表 2.2.1-1**

省市名	重庆市	山西省	内蒙古自治区		安徽省	甘肃省				
城市名	金佛山	右玉	翁牛特旗乌丹		阜阳市	马鬃山	敦煌	玉门市	金塔县鼎新	
省市名	甘肃省						宁夏回族自治区	新疆维吾尔自治区		
城市名	高台	山丹	永昌	榆中	会宁	岷县	陶乐	哈巴河	吉木乃	福海
省市名	新疆维吾尔自治区									
城市名	富蕴	塔城	和布克赛尔		青河	托里	北塔山	温泉	精河	乌苏
省市名	新疆维吾尔自治区									
城市名	石河子	蔡家湖	奇台	巴伦台	七角井	库米什	焉耆	拜城	轮台	巴楚
省市名	新疆维吾尔自治区									
城市名	吐尔尕特		柯坪	阿拉尔	铁干里克		若羌	塔什库尔干	莎车	且末
省市名	新疆维吾尔自治区	湖南省	四川省							
城市名	红柳河	雪峰山	德格	色达	道孚	阿坝	马尔康	红原	小金	松潘
省市名	四川省				贵州省					西藏自治区
城市名	新龙	理唐	稻城	峨眉山	湄潭	黔西	三穗	独山	榕江	噶尔
省市名	西藏自治区									
城市名	改则	普兰	申扎	当雄	尼木	聂拉木	定日	江孜	错那	帕里
省市名	西藏自治区									
城市名	丁青	波密	察隅							

2.2.2 如何执行强条

工程项目所在地属于表 2.2.1-1 中的城市时，应根据当地记录的最大风速按式（2.2.1-1）计算基本风压，当基本风压值小于 0.30kN/m^2 时，取 w_{0min}=0.30kN/m^2。

2.3 屋面积水荷载

2.3.1 强制性条文规定

1. 新强条

在《工程通规》第4.2.10条中，关于屋面积水荷载的规定如下：

对于因屋面排水不畅、堵塞等引起的积水荷载，应采取构造措施加以防止；必要时，应按积水的可能深度确定屋面活荷载。

该强条与旧强条，即《荷载规范》第5.3.1条中表5.3.1注3的表述一致，属于延续旧强条。

2. 给水排水专业屋面雨水排水设计依据

屋面雨水排水是按当地或相邻地区暴雨强度公式计算确定的。各种屋面雨水排水管道工程的重现期不小于表2.3.1-1中的规定值。

各类建筑屋面雨水排水管道工程设计重现期（a） 表2.3.1-1

建筑物性质	设计重现期
一般性建筑物屋面	5
重要公共建筑屋面	≥10

注：本表摘自《建筑给水排水设计标准》GB 50015—2019。

3. 屋面积水原因

一般来讲，采用有组织排水的屋面更容易积水，无组织排水不易出现积水现象。

1）突降暴雨

屋面有组织排水是通过当地的暴雨强度公式和一定的经验进行排水沟及雨水管的设计，达到排水的目的。建筑结构的设计基准期为50年，远大于各类建筑屋面雨水排水管道工程设计重现期。遇到突降暴雨，超过设计重现期的最大降雨量，必然导致屋面排水超出设计水平，就会出现流过雨水管的排水量不及降雨量，造成排水不畅，使屋面上的雨水越积越多，对屋面承重结构造成安全隐患乃至于破坏。

2）雨水管堵塞

雨水管是暴露在室外的，经过风吹雨淋，很容易在管内生出小草。随着小草的生长，雨水管容易被其堵塞，造成排水困难。

4. 如何考虑屋面积水荷载

设计人员只能按已有的资料及一定的经验作为设计依据，解决排水不畅的问题，不能无限地放大已知量。

考虑屋面积水荷载分为无女儿墙和有女儿墙两种情况。

1）无女儿墙的设计方法

无女儿墙时采用直接计算的方法，最大积水荷载的取值按天沟积满水后可以溢出的情况考虑，其计算简图见图 2.3.1-1。

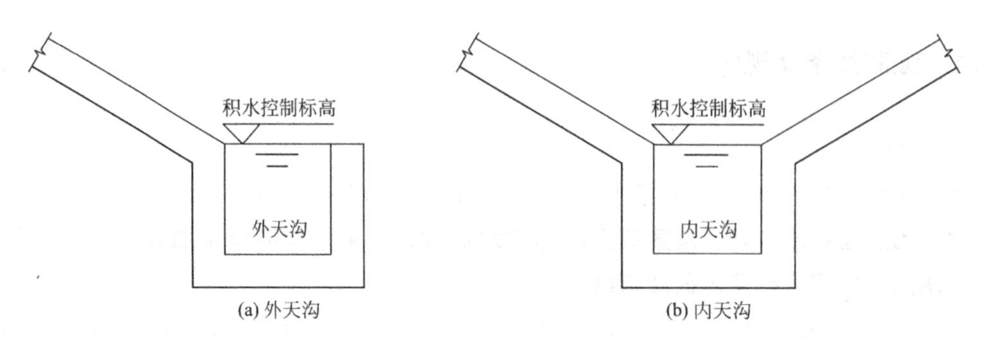

图 2.3.1-1 无女儿墙时积水简图

2）有女儿墙的设计方法

有女儿墙时采用计算与构造相结合的方法，除按天沟积满水考虑积水荷载外，还应在天沟顶位置设置溢水孔槽（需与建筑专业和给水排水专业协商），见图 2.3.1-2。

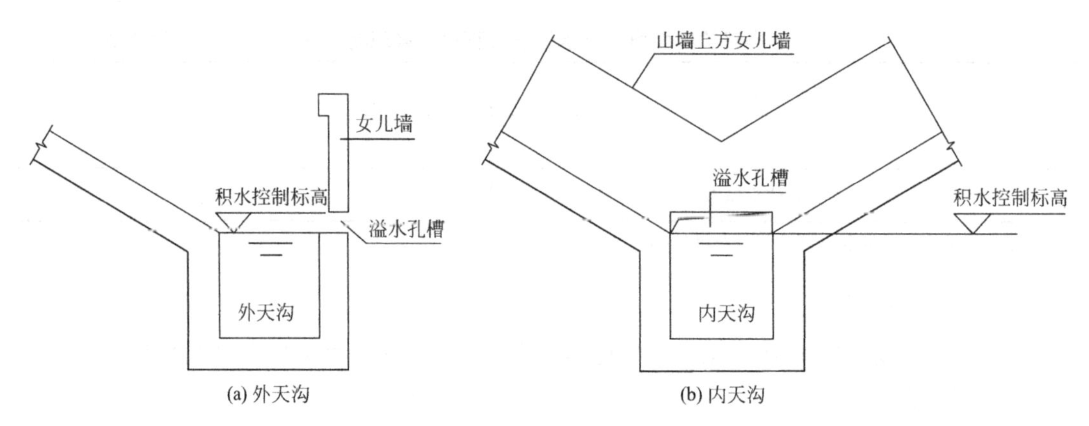

图 2.3.1-2 有女儿墙时积水简图

外天沟溢水孔槽的宽度不小于 300mm，高度不小于 100mm。

内天沟溢水孔槽的宽度与内天沟宽度相同，高度不小于 100mm。

2.3.2 如何执行强条

（1）利用天沟进行有组织排水的屋面由于存在突降暴雨或雨水管堵塞的隐患，应考虑屋面积水荷载。

（2）无女儿墙时，按天沟积满水后可以溢出的情况考虑积水荷载。

（3）有女儿墙时，首先在天沟顶部位置设置溢水孔槽，然后再按天沟积满水的情况考虑积水荷载。

2.4 轻屋面活荷载取值

2.4.1 强制性条文规定

1. 新强条

在《工程通规》表4.2.8中，对不上人屋面活荷载标准值统一规定如下：不上人的屋面活荷载标准值为0.5kN/m^2。

该新强条是对旧强条的重要删改。

简记：0.5kN/m^2。

2. 旧强条

在废止的《荷载规范》表5.3.1中，对不上人的重屋面活荷载标准值为0.5kN/m^2。

对于不上人的轻质屋面活荷载可按小黑体字注1执行，即不得低于0.3kN/m^2。

3. 《钢标》中的非强条

在《钢标》第3.3.1条中，轻屋面活荷载的规定如下：

对支承轻屋面的构件或结构，当仅有一个可变荷载且受荷水平投影面积超过60m^{2}时，屋面均布活荷载标准值可取为0.3kN/m^2。

4. 新、旧强条的对比

新强条删掉了旧强条中对轻屋面活荷载的可选择性，干脆利落，不拖泥带水，对不上人屋面的活荷载统一规定，取值均为0.5kN/m^2。

5. 新强条与非强条的对比

《钢标》中轻屋面活荷载的非强条是建立在《荷载规范》上的，既然《荷载规范》表5.3.1已经被废止，而新强条中也已经取消了0.3kN/m^{2}的内容，那么，《钢标》中的非强条也就自然作废。

2.4.2 如何执行强条

忘掉0.3kN/m^2，接受0.5kN/m^2。

2.5 钢材与连接材料标准

2.5.1 强制性条文规定

在《钢通规》第3.0.1条中，对钢材的有关标准规定如下：

钢结构工程所选用钢材的牌号、技术条件、性能指标均应符合国家现行有关标准的规定。

该条为新增的强条，将钢结构的选材提高到了重要的地位。

在钢结构设计中，选材、用材的基本原则是必须遵循国家标准。常用的钢材与连接材料应依据的国家现行标准见表2.5.1-1。

钢结构工程所用钢材与连接材料应依据的标准 **表2.5.1-1**

类别	标准名称
钢种	《碳素结构钢》GB/T 700—2006 《低合金高强度结构钢》GB/T 1591—2018 《建筑结构用钢板》GB/T 19879—2023 《不锈钢和耐热钢 牌号及化学成分》GB/T 20878—2007
铸钢	《焊接结构用铸钢件》GB/T 7659—2010 《一般工程用铸造碳钢件》GB/T 11352—2009
板材	《建筑结构用钢板》GB/T 19879—2023 《建筑用低屈服强度钢板》GB/T 28905—2022 《厚度方向性能钢板》GB/T 5313—2023 《连续热镀锌和锌合金镀层钢板及钢带》GB/T 2518—2019 《建筑用压型钢板》GB/T 12755—2008 《不锈钢热轧钢板和钢带》GB/T 4237—2015 《不锈钢冷轧钢板和钢带》GB/T 3280—2015
管材	《结构用无缝钢管》GB/T 8162—2018 《结构用冷弯空心型钢》GB/T 6728—2017 《建筑结构用冷弯矩形钢管》JG/T 178—2005 《建筑结构用冷成型焊接圆钢管》JG/T 381—2012 《结构用不锈钢无缝钢管》GB/T 14975—2012 《机械结构用不锈钢焊接钢管》GB/T 12770—2012
型材	《热轧H型钢和剖分T型钢》GB/T 11263—2017 《热轧型钢》GB/T 706—2016 《通用冷弯开口型钢》GB/T 6723—2017 《冷弯型钢通用技术要求》GB/T 6725—2017 《建筑结构用冷弯薄壁型钢》JG/T 380—2012
线材与棒材	《预应力混凝土用钢绞线》GB/T 5224—2023 《重要用途钢丝绳》GB/T 8918—2006 《桥梁缆索用热镀锌或锌铝合金钢丝》GB 17101—2019 《钢拉杆》GB/T 20934—2016 《不锈钢钢绞线》GB/T 25821—2023 《不锈钢丝绳》GB/T 9944—2015 《建筑结构用高强度钢绞线》GB/T 33026—2017 《锌-5%铝 混合稀土合金镀层钢丝、钢绞线》GB/T 20492—2019

续表

类别	标准名称
焊接材料	《非合金钢及细晶粒钢焊条》GB/T 5117—2012 《热强钢焊条》GB/T 5118—2012 《埋弧焊用非合金钢及细晶粒钢实心焊丝、药芯焊丝和焊丝-焊剂组合分类要求》GB/T 5293—2018 《埋弧焊用热强钢实心焊丝、药芯焊丝和焊丝-焊剂组合分类要求》GB/T 12470—2018 《不锈钢焊条》GB/T 983—2012 《不锈钢药芯焊丝》GB/T 17853—2018 《埋弧焊用不锈钢焊丝-焊剂组合分类要求》GB/T 17854—2018
紧固件	《紧固件机械性能　螺栓、螺钉和螺柱》GB/T 3098.1—2010 《钢结构用高强度大六角头螺栓、大六角螺母、垫圈技术条件》GB/T 1231—2006 《钢结构用扭剪型高强度螺栓连接副》GB/T 3632—2008 《电弧螺柱焊用圆柱头焊钉》GB/T 10433—2002 《紧固件机械性能　不锈钢螺栓、螺钉和螺柱》GB/T 3098.6—2023 《紧固件机械性能　不锈钢螺母》GB/T 3098.15—2023 《紧固件机械性能　不锈钢自攻螺钉》GB/T 3098.21—2014

2.5.2　如何执行强条

应在钢结构设计中将所涉及的表2.5.1-1中的国家和行业现行标准文件写入钢结构说明中。

2.6 高烈度区大跨度、长悬臂结构的竖向地震作用

2.6.1 强制性条文规定

1. 新强条

在《抗震通规》第4.1.2条第3款中，对高烈度区大跨度、长悬臂结构竖向地震作用的规定为：

抗震设防烈度不低于8度的大跨度、长悬臂结构和抗震设防烈度9度的高层建筑物……等，应计算竖向地震作用。

在《抗震通规》中，大跨度和长悬臂结构的界定标准如表2.6.1-1所示。

《抗震通规》规定的大跨度和长悬臂结构　　表2.6.1-1

设防烈度	大跨度结构(m)	长悬臂结构(m)
8度	≥24	≥2.0
9度	≥18	≥1.5

2. 旧强条

在废止的《建筑抗震设计规范》中，对大跨度、长悬臂结构竖向地震作用的规定为：

8、9度时的大跨度、长悬臂结构……应计算竖向地震作用。

在废止的《建筑抗震设计规范》的条文解释中，大跨度和长悬臂结构的界定标准与《抗震通规》一致。

3.《高钢规》中的旧强条

在废止的《高钢规》第5.3.1条中，对大跨度、长悬臂结构的规定为：

高层民用建筑中的大跨度、长悬臂结构，7度（0.15g）、8度抗震设计时应计入竖向地震作用。

在《高钢规》中，大跨度和长悬臂的界定如表2.6.1-2所示，与《抗震通规》有些不同。

《高钢规》规定的大跨度和长悬臂结构　　表2.6.1-2

设防烈度	大跨度	长悬臂
7度(0.15g)、8度、9度	>24m的楼盖结构、>12m的转换结构	>5.0m

4. 新、旧强条的对比

（1）新强条与废止的《建筑抗震设计规范》旧强条基本一致。

（2）对比新强条与废止的《高钢规》旧强条对大跨度、长悬臂结构的界定标准及竖向地震作用的规定可知，新强条对旧强条进行了取舍和严控。一是取消了7度（0.15g）的

适用情况，放松了抗震要求；二是放松了大跨度转换结构的界定标准；三是对长悬臂的悬挑长度进行了严控。

简记：修正《高钢规》强条。

2.6.2　如何执行强条

（1）在设计文件中不仅要写入**"抗震设防烈度不低于8度的大跨度、长悬臂结构应计算竖向地震作用"**，还要将表2.6.1-1所列的限定条件列入其中。

（2）竖向地震作用力和其他荷载进行组合时，对于大跨度、长悬臂结构计算属于包络设计。

（3）注意悬挑跨度最小值的规定（2.0m）。在此处违反强制性条文的情况较多。

2.7 钢结构房屋的抗震等级

2.7.1 强制性条文规定

1. 新强条

在《抗震通规》第5.3.1条中，钢结构抗震等级规定如下：

钢结构房屋应根据设防类别、设防烈度和房屋高度采用不同的抗震等级，并应符合相应的内力调整和抗震构造要求。

丙类建筑的抗震等级应按表5.3.1（即本书表2.7.1-1）**确定。**

丙类钢结构房屋的抗震等级　　表2.7.1-1

房屋高度	设防烈度			
	6度	7度	8度	9度
≤50m		四	三	二
>50m	四	三	二	一

当房屋高度接近或等于表2.7.1-1的高度分界时，应结合房屋不规则程度及场地、地基条件确定抗震等级。

抗震等级是房屋抗震设计中的重要参数，要了解抗震等级，就要从抗震设计的三大原则说起。

1）抗震设防目标的三个水准

三个水准是小震（多遇地震）不坏，中震（设防烈度的地震）可修，大震（罕遇地震）不倒。

小震不坏就是在小震作用下采用弹性计算，控制最大弹性位移量，使结构构件在小震下不损坏。中震可修是通过抗震措施（计算措施和构造措施）来保障的，地震过后通过修补即可恢复使用功能，需要进行性能化设计时才采取中震弹性或中震不屈服计算。大震不倒是控制结构在大震作用下的最大层间位移角来实现的，大震时构件虽然遭到损害，但不至于倒塌，尽量减少对人员的伤害，震后需拆除结构。

2）抗震措施与抗震等级

抗震措施分为计算措施和构造措施。抗震等级决定了抗震措施的水平。不同的抗震等级对应不同的计算措施和构造措施。

抗震计算措施就是根据不同的抗震等级在计算上进行相应的内力放大和调整。

抗震构造措施就是根据不同的抗震等级在构造上采取相应的可靠措施。

2. 旧强条

在废止的《建筑抗震设计规范》中，钢结构抗震等级规定如下：

钢结构房屋应根据设防分类、烈度和房屋高度采用不同的抗震等级，并应符合相应的

计算和构造措施要求。丙类建筑的抗震等级应按表 8.1.3（即本书表 2.7.1-1）**确定。**

3. 新、旧强条的对比

（1）对抗震等级的规定，新、旧强条是一致的。

（2）新强条中没有继续采用旧强条中对杆件长细比和板件宽厚比的规定，按《钢标》执行即可。

2.7.2 如何执行强条

应将钢结构抗震等级的要求写入设计文件中，作为依据文件。

2.8 结构底部总地震剪力的规定

2.8.1 强制性条文规定

1. 新强条

在《抗震通规》第 5.3.2 条中，结构底部总地震剪力的规定如下：

当房屋高度不高于 100m 且无支撑框架部分的计算剪力不大于结构底部总地震剪力的 25%时，其抗震构造措施允许降低一级，但不得低于四级。

（1）该强条为新增强条，是将《抗规》第 8.4.3 条的非强条上升为强条。

（2）无支撑框架部分是指框架-中心支撑结构中的框架部分。

（3）该强条只适用于框架-中心支撑结构，不适用于框架-偏心支撑结构。

（4）可以对框架部分的梁、柱板件进行优化，毕竟抗震措施降低了一级。依据《抗规》第 8.3.2 条规定，框架梁、柱板件宽厚比限值与抗震等级的关系见表 2.8.1-1。

框架梁、柱板件宽厚比限值　　表 2.8.1-1

板件名称		一级	二级	三级	四级
柱	工字形截面翼缘外伸部分	10	11	12	13
	工字形截面腹板	43	45	48	52
	箱形截面壁板	33	36	38	40
梁	工字形截面和箱形截面翼缘外伸部分	9	9	10	11
	箱形截面翼缘在两腹板之间部分	30	30	30	36
	工字形截面和箱形截面腹板	$72-120 \cdot N_b/(Af) \leqslant 60$	$72-100 \cdot N_b/(Af) \leqslant 65$	$80-110 \cdot N_b/(Af) \leqslant 70$	$85-120 \cdot N_b/(Af) \leqslant 75$

注：1. 表列数值适用于 Q235 钢，采用其他牌号钢材时，应乘以 $\sqrt{235/f_y}$。

2. $N_b/(Af)$ 为梁轴压比。

2. 非强条

在《抗标》第 8.4.3 条中，结构底部总地震剪力的规定如下：

框架-中心支撑结构的框架部分，当房屋高度不高于 100m 且框架部分按计算分配的地震剪力不大于结构底部总地震剪力的 25%时，一、二、三级抗震构造措施可按框架结构降低一级的相应要求采用。

3.《抗震通规》新强条与非强条的对比

两者是一致的。

2.8.2 如何执行强条

在实际设计中，如果需要将抗震构造措施降低一级的话，应将此强条作为计算书的一条说明。

2.9　消能梁段的屈服强度

2.9.1　强制性条文规定

1. 新强条

在《抗震通规》第 5.3.2 条中，对消能梁段规定如下：

框架-偏心支撑结构的消能梁段的钢材屈服强度不应大于 355MPa。

框架-偏心支撑结构中的支撑斜杆应至少有一端与梁连接，并在支撑与梁交点和柱之间［图 2.9.1-1（b）、（c）］，或一根支撑斜杆与同一跨内另一根支撑斜杆与梁交点之间［图 2.9.1-1（a）］形成消能梁段（也被称为耗能梁段），其主要类型有三种，如图 2.9.1-1 所示。

（1）门架式斜杆［图 2.9.1-1（a）］可用于中间有较大尺寸门洞的情况。

（2）人字形斜杆［图 2.9.1-1（b）］用于中间有中、小尺寸门洞的情况。

（3）单斜杆［图 2.9.1-1（c）］用于柱边有小尺寸门洞的情况。

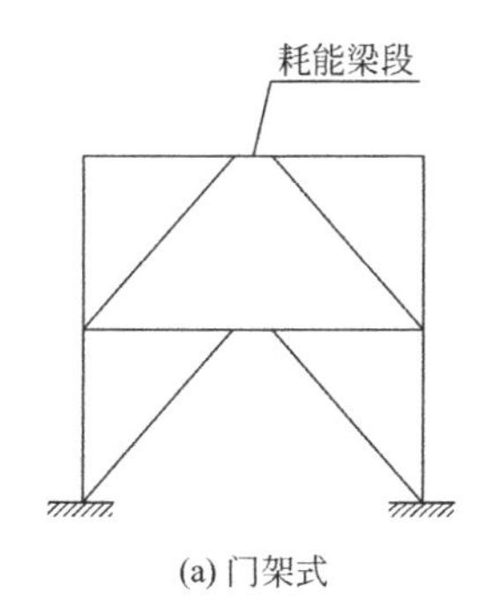

(a) 门架式

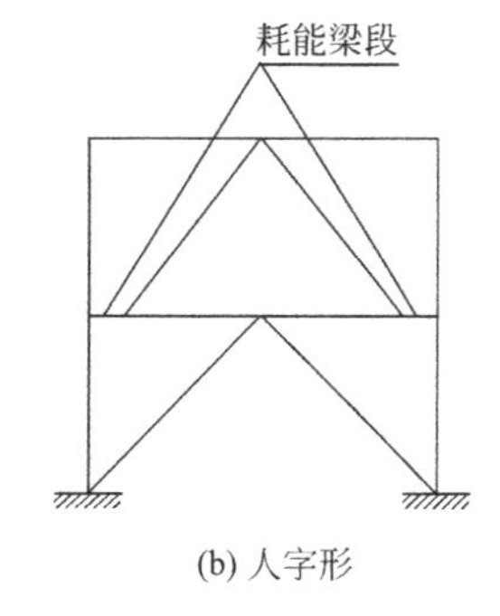

(b) 人字形

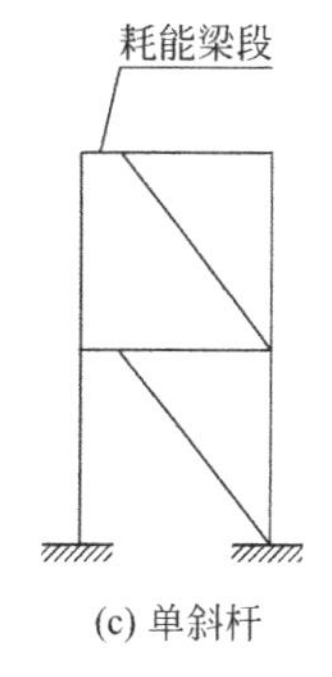

(c) 单斜杆

图 2.9.1-1　偏心支撑类型

框架-偏心支撑结构适用于高烈度地震区或较高的高层钢结构房屋，在水平地震力较小时具有足够的抗侧移刚度，而在大震超载时又具有良好的延性。其抗震特点是在大震时消能梁段先发生剪切屈服并耗能，从而保护偏心支撑体系不屈服。

框架-偏心支撑结构非消能梁段的钢材一般都采用低合金高强度结构钢，起步就是 Q355 或 Q390，在超高层结构中，为了减小梁柱截面尺寸，减少钢结构自重，甚至采用了 Q420 或 Q460。为了保证消能梁段在大震中先耗能及易于耗能，其钢号不能太高，所以采用了 Q355 钢号中钢材屈服强度值 $f_y = 355\text{N/mm}^2$（355MPa），Q355 中各种厚度的钢材均能满足屈服强度不大于 355MPa 的要求。

2. 旧强条

在废止的《建筑抗震设计规范》中，对消能梁段规定如下：

偏心支撑框架消能梁段的钢材屈服强度不应大于 345MPa。

3. 新、旧强条的对比

新强条中 355MPa 对应的是 Q355 钢号，旧强条中 345MPa 对应的是 Q345 钢号，对应关系是一致的。

简记：延续旧强条。

2.9.2 违反强条的情况

框架-偏心支撑结构采用了 Q390 或更高钢号的钢材后，消能梁段的钢号与主体结构的钢号相同，没有采用 Q355。

2.9.3 原因分析

一是不了解在框架-偏心支撑结构中对消能梁段的强制性条文的要求，采用了高钢号的钢材；二是在计算中确实考虑了消能梁段而采用了 Q355 钢材，但在设计文件中忘记了特殊构件的专门标识。

2.9.4 如何执行强条

(1) 针对框架-偏心支撑结构，应将所涉及的关于“消能梁段”的强制性条文写入说明中。

(2) 了解了消能梁段，还需注意另外一件事，两根柱子之间的同一根钢梁，没必要消能梁段采用 Q355，而非消能梁段采用其他钢号的钢材，整根钢梁均应采取 Q355。

(3) 框架-偏心支撑结构中的消能梁段为最重要的耗能构件，非消能梁段为重要的构件，抗震时整根梁全截面受压，无论是消能梁段还是非消能梁段，其上下翼缘都要保证平面外的稳定性。上翼缘有楼板时，下翼缘需设置侧向支撑。

2.10 地震作用标准值的效应

2.10.1 强制性条文规定

对抗震验算公式中应采用的地震组合效应，在新、旧强条中文字表现形式不同。在《抗震通规》新强条中只写了地震作用标准值的效应，而在废止的《建筑抗震设计规范》旧强条中不仅写了地震作用标准值的效应，紧随其后还写了“尚应乘以相应的增大系数或调整系数”。乍一对比新、旧强条，容易产生此后无需增大或调整系数的错觉。

1. 新强条

在《抗震通规》第4.3.2条中：

结构构件抗震验算的组合内力设计值应采用地震作用效应和其他作用效应的基本组合值，并应符合下式规定：

$$S=\gamma_G S_{GE}+\gamma_{Eh}S_{Ehk}+\gamma_{Ev}S_{Evk}+\sum\gamma_{Di}S_{Dik}+\sum\psi_i\gamma_i S_{ik} \tag{2.10.1-1}$$

式中：S——结构构件地震组合内力设计值，包括组合的弯矩、轴向力和剪力设计值等；

γ_G——重力荷载分项系数，按表4.3.2-1（即本书表2.10.1-1）**采用；**

γ_{Eh}、γ_{Ev}——分别为水平、竖向地震作用分项系数，其取值低于表4.3.2-2（即本书表2.10.1-2）**的规定；**

γ_{Di}——不包括在重力荷载内的第i个永久荷载的分项系数，应按表4.3.2-1（即本书表2.10.1-1）**采用；**

γ_i——不包括在重力荷载内的第i个可变荷载的分项系数，不应小于1.5；

S_{GE}——重力荷载代表值的效应，有吊车时，尚应包括悬吊物重力标准值的效应；

S_{Ehk}——水平地震作用标准值的效应；

S_{Evk}——竖向地震作用标准值的效应；

S_{Dik}——不包括在重力荷载内的第i个永久荷载标准值的效应；

S_{ik}——不包括在重力荷载内的第i个可变荷载标准值的效应；

ψ_i——不包括在重力荷载内的第i个可变荷载的组合值系数，应按表4.3.2-1（即本书表2.10.1-1）**采用。**

各荷载分项系数及组合系数 **表2.10.1-1**

荷载类别、分项系数、组合系数			对承载力不利	对承载力有利	适用对象
永久荷载	重力荷载	γ_G	≥1.3	≤1.0	所有工程
	预应力	γ_{Dy}			
	土压力	γ_{Ds}	≥1.3	≤1.0	市政工程、地下结构
	水压力	γ_{Dw}			

续表

荷载类别、分项系数、组合系数			对承载力不利	对承载力有利	适用对象
可变荷载	风荷载	ψ_w	0.0		一般的建筑结构
			0.2		风荷载起控制作用的建筑结构
	温度作用	ψ_t	0.65		市政工程

地震作用分项系数 **表 2.10.1-2**

地震作用	γ_{Eh}	γ_{Ev}
仅计算水平地震作用	1.4	0.0
仅计算竖向地震作用	0.0	1.4
同时计算水平与竖向地震作用(以水平地震为主)	1.4	0.5
同时计算水平与竖向地震作用(以竖向地震为主)	0.5	1.4

2. 旧强条

在废止的《建筑抗震设计规范》中：

结构构件的地震作用效应和其他荷载效应的基本组合值，应按下式计算：

$$S=\gamma_G S_{GE}+\gamma_{Eh}S_{Ehk}+\gamma_{Ev}S_{Evk}+\psi_w\gamma_w S_{wk} \quad (2.10.1\text{-}2)$$

式中：S——**结构构件内力组合的设计值，包括组合的弯矩、轴向力和剪力设计值等；**

γ_G——**重力荷载分项系数，一般情况应采用 1.2，当重力荷载效应对构件承载能力有利时，不应大于 1.0；**

γ_{Eh}、γ_{Ev}——**分别为水平、竖向地震作用分项系数，应按表 5.4.1**（即本书表 2.10.1-3）**采用；**

γ_w——**风荷载分项系数，应采用 1.4；**

S_{GE}——**重力荷载代表值的效应，可按本规范**（即《抗规》）**第 5.1.3 条采用，但有吊车时，尚应包括悬吊物重力标准值的效应；**

S_{Ehk}——**水平地震作用标准值的效应，尚应乘以相应的增大系数或调整系数；**

S_{Evk}——**竖向地震作用标准值的效应，尚应乘以相应的增大系数或调整系数；**

S_{wk}——**风荷载标准值的效应；**

ψ_w——**风荷载组合值系数，一般结构取 0.0，风荷载起控制作用的建筑应采用 0.2。**

地震作用分项系数 **表 2.10.1-3**

地震作用	γ_{Eh}	γ_{Ev}
仅计算水平地震作用	1.3	0.0
仅计算竖向地震作用	0.0	1.3
同时计算水平与竖向地震作用(以水平地震为主)	1.3	0.5
同时计算水平与竖向地震作用(以竖向地震为主)	0.5	1.3

《高钢规》第 6.4.3 条中 S_{Ehk} 和 S_{Evk} 的内容与此相同。

3. 新、旧强条的对比

（1）新强条与旧强条相比，增加了预应力、土压力、水压力 3 个永久荷载项的组合及 1 个风荷载可变荷载项的组合。

（2）新强条的分项系数有所增大。

（3）新强条的 S_{Ehk} 和 S_{Evk} 定义中，只写了水平和竖向地震作用标准值的效应，没有紧随其后写“尚应乘以相应的增大系数或调整系数”。对此产生一个疑问：是否要考虑增大系数或调整系数？

4. 新、旧强条中，对地震效应不同表述的含义

（1）在旧强条中，“地震作用标准值的效应，尚应乘以相应的增大系数或调整系数”的含义分为两部分，前半句是定义 S_{Ehk} 和 S_{Evk} 为地震效应，后半句是补充属于抗震概念设计的地震作用效应调整的内容。一般可以理解为增大系数或调整系数是在效应组合之前进行的，根据乘法交换律，也可认为是在组合之后进行的。

（2）在新强条中：“地震作用标准值的效应”的含义也是分为两部分，从字面上看就是定义公式中的 S_{Ehk} 和 S_{Evk} 为地震效应，但在条文解释中补充了应调整的内容：**“地震作用效应基本组合中，含有考虑抗震概念设计的一些效应调整。”**显然，应该是先调整，后组合。

（3）新、旧强条中，对地震效应的表述不同，含义相同，在地震效应组合中都要考虑增大系数或调整系数的调整。

2.10.2　如何执行强条

（1）在地震作用效应基本组合中仍然要考虑增大系数或调整系数。

（2）检查地震作用效应的基本组合时，查看结构整体计算中的增大系数或调整系数。

2.11 屈服强度、断后伸长率和抗拉强度

2.11.1 强制性条文规定

1. 新强条

在《钢通规》第3.0.2条中，对钢材力学性能规定如下：

钢结构承重构件所用的钢材应具有屈服强度、断后伸长率、抗拉强度的合格保证。

钢材机械性能有五项指标：屈服点、抗拉强度、伸长率、冷弯和冲击韧性。前三项指标来自于钢材单轴拉伸曲线。

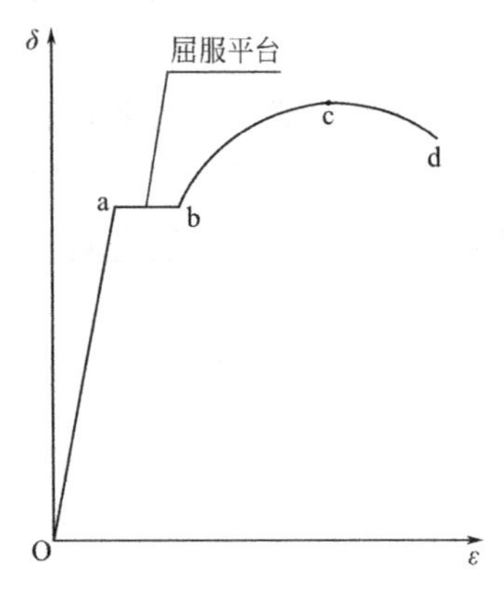

图 2.11.1-1 钢材单轴拉伸曲线

图2.11.1-1为钢材单轴拉伸曲线，按照实验过程中出现的次序，分别表达出了屈服点、抗拉强度和伸长率三项力学指标。

1）屈服点

屈服台阶是指a～b水平段的屈服平台，屈服平台实际上是锯齿状的，而在宏观上为直线段。试样发生屈服时，应力首次下降前的最大应力为上屈服点，屈服阶段中的最小应力为下屈服点。图2.11.1-1中的a点为上屈服点，是衡量结构的承载能力和确定强度设计值的重要指标。一般的钢材都有明显的屈服平台。

屈服平台"a"点在钢材的设计指标中为屈服强度 f_y，是各种钢材牌号的定义值，也是材料由弹性转为塑性的转折点。《钢通规》中规定的钢材屈服强度最小值 f_y 见表2.11.1-1。

简记：屈服平台、钢号、弹转塑。

2）抗拉强度

曲线b～c段最高点c为钢材的抗拉强度 f_u，是衡量钢材抵抗拉断的机械性能指标。b～c段的特点是变形急剧增加，应力与应变为非线性关系，试件变形超出正常使用的情况。设计上超出弹性设计范围，是不被允许的。

抗拉强度 f_u 是应力最高限值，反映了钢材强度的储备能力。《钢通规》中规定的钢材抗拉强度最小值 f_u 见表2.11.1-1。

简记：最大应力。

3）《钢通规》中的相关规定

《钢通规》给出的钢材的屈服强度和抗拉强度指标见表2.11.1-1。

4）伸长率

伸长率 δ 是指钢材试件被拉断后（d点）所对应的最大应变值，也称断后伸长率，是

衡量钢材塑性的机械性能指标。伸长率越大，钢材延性越好，抵抗塑性阶段残余变形的能力就越强。碳素结构钢断后伸长率最小值见表 2.11.1-2，低合金高强度结构钢断后伸长率最小值见表 2.11.1-3。

简记：延性指标。

新强条的屈服强度和抗拉强度指标　　表 2.11.1-1

钢材牌号		厚度或直径（mm）	钢材强度	
钢种	牌号		屈服强度最小值 f_y（N/mm^2）	抗拉强度最小值 f_u（N/mm^2）
碳素结构钢（GB/T 700）	Q235	≤16	235	370
		>16，≤40	225	
		>40，≤100	215	
低合金高强度结构钢（GB/T 1591）	Q355	≤16	355	470
		>16，≤40	345	
		>40，≤63	335	
		>63，≤80	325	
		>80，≤100	315	
	Q390	≤16	390	490
		>16，≤40	380	
		>40，≤63	360	
		>63，≤100	340	
	Q420	≤16	420	520
		>16，≤40	410	
		>40，≤63	390	
		>63，≤100	370	
	Q460	≤16	460	550
		>16，≤40	450	
		>40，≤63	430	
		>63，≤100	410	
建筑结构用钢板（GB/T 19879）	Q345GJ	>16，≤50	345	490
		>50，≤100	335	

注：表中直径指实心棒材，厚度系指计算点的钢材厚度或钢管厚度，对轴心受拉和受压杆件系指截面中较厚板件的厚度。

碳素结构钢的断后伸长率最小值（%）　　表 2.11.1-2

钢材牌号	质量等级	厚度或直径		
		≤40mm	>40mm，≤60mm	>60mm，≤100mm
Q235	A、B、C、D	26	25	24

低合金高强度结构钢的断后伸长率最小值（%） 表 2.11.1-3

钢材牌号	质量等级	公称厚度或直径			
		试件方向	≤40mm	>40mm，≤63mm	>63mm，≤100mm
Q355	B、C、D	纵向	22	21	20
		横向	20	19	18
Q390	B、C、D	纵向	21	20	20
		横向	20	19	19
Q420	B、C	纵向	20	19	19
Q460	C	纵向	18	17	17

注：表中 Q420、Q460 只适用于型钢和棒材。

2. 旧强条

在废止的《建筑抗震设计规范》中，对钢材的力学性能规定如下：

钢材的屈服强度实测值与抗拉强度实测值的比值不应大于 0.85；钢材应有明显的屈服台阶，且伸长率不应小于 20%。

在废止的《钢标》第 4.3.2 条中，对钢材的力学性能规定如下：

承重结构所用的钢材应具有屈服强度、抗拉强度、断后伸长率的合格保证。

在废止的《钢标》第 4.4.1 条和第 4.4.2 条中，对钢材的屈服强度和抗拉强度规定见表 2.11.1-4。

旧强条的屈服强度和抗拉强度指标 表 2.11.1-4

钢材牌号		厚度或直径（mm）	钢材强度	
钢种	牌号		屈服强度最小值 f_y（N/mm²）	抗拉强度最小值 f_u（N/mm²）
碳素结构钢	Q235	≤16	235	370
		>16，≤40	225	
		>40，≤100	215	
低合金高强度结构钢	Q345	≤16	345	470
		>16，≤40	335	
		>40，≤63	325	
		>63，≤80	315	
		>80，≤100	305	
	Q390	≤16	390	490
		>16，≤40	370	
		>40，≤63	350	
		>63，≤100	330	
	Q420	≤16	420	520
		>16，≤40	400	
		>40，≤63	380	
		>63，≤100	360	

续表

钢材牌号		厚度或直径(mm)	钢材强度	
钢种	牌号		屈服强度最小值 f_y (N/mm^2)	抗拉强度最小值 f_u (N/mm^2)
低合金高强度结构钢	Q460	≤16	460	550
		>16,≤40	440	
		>40,≤63	420	
		>63,≤100	400	
建筑结构用钢板	Q345GJ	>16,≤50	345	490
		>50,≤100	335	

注：表中直径指实心棒材，厚度系指计算点的钢材厚度或钢管厚度，对轴心受拉和受压杆件系指截面中较厚板件的厚度。

《钢标》第4.4.3条结构用无缝钢管强度指标和第4.4.4条铸钢件的强度设计指标已废止，在通用规范中不再使用，分别见表2.11.1-5和表2.11.1-6。

结构设计用无缝钢管的强度指标 **表2.11.1-5**

钢管钢材牌号	壁厚 t(mm)	强度设计值			屈服强度 f_y(N/mm^2)	抗拉强度 f_u (N/mm^2)
		抗拉、抗压和抗弯 f (N/mm^2)	抗剪 f_v (N/mm^2)	端面承压(刨平顶紧) f_{ce} (N/mm^2)		
Q235	≤16	215	125	320	235	375
	>16,≤30	205	120		225	
	>30	195	115		215	
Q345	≤16	305	175	400	345	470
	>16,≤30	290	170		325	
	>30	260	150		295	
Q390	≤16	345	200	415	390	490
	>16,≤30	330	190		370	
	>30	310	180		350	
Q420	≤16	375	220	445	420	520
	>16,≤30	355	205		400	
	>30	340	195		380	
Q460	≤16	410	240	470	460	550
	>16,≤30	390	225		440	
	>30	355	205		420	

铸钢件的强度设计值 **表2.11.1-6**

类别	钢号	铸件厚度(mm)	抗拉、抗压、抗弯 f (N/mm^2)	抗剪 f_v(N/mm^2)	端面承压(刨平顶紧) f_{ce} (N/mm^2)
非焊接结构用铸钢件	ZG230-450	≤100	180	105	290
	ZG270-500		210	120	325
	ZG310-570		240	140	370

续表

类别	钢号	铸件厚度(mm)	抗拉、抗压、抗弯 f (N/mm^2)	抗剪 f_v (N/mm^2)	端面承压(刨平顶紧) f_{ce} (N/mm^2)
焊接结构用铸钢件	ZG230-450H	≤100	180	105	290
	ZG270-480H		210	120	310
	ZG300-500H		235	135	325
	ZG340-550H		265	150	355

注：表中强度设计值仅适用于本表规定的厚度。

3. 新、旧强条的对比

1）屈服强度

碳素结构钢 Q235 屈服强度的新、旧强条完全一致。

新强条中，低合金高强度结构钢 Q355 取代了旧强条中的 Q345，改为了以上屈服点对应的上屈服强度 355N/mm^2 作为钢材牌号，相应的屈服强度最小值均比旧强条中的值大 10N/mm^2。

板厚或直径大于 16mm 的 Q420 和 Q460 钢材，其新强条中的屈服强度最小值均比旧强条中的屈服强度最小值大 10N/mm^2，也即屈服强度值有所增加。

2）抗拉强度

所有钢材牌号的抗拉强度方面，新、旧强条的规定完全一致。

3）断后伸长率

新强条与《钢标》中的旧强条完全一致：钢材应具有伸长率的合格保证。

新强条与《抗规》中的旧强条有所不同。旧强条中强调钢材伸长率不应小于 20%，但从表 2.11.1-2 和表 2.11.1-3 中可以看出，正常出厂的 Q460 钢材和厚度大于 40mm 的 Q420 钢材，其伸长率均达不到 20%的要求。新强条规定只要有断后伸长率检测数据并合格即可。

4）无缝钢管

结构用无缝钢管的强度指标属于废止的《钢标》第 4.3.3 条文，但在通用规范中没有被提及，可以认为被降到非强制性条文了，设计时应以现行国家标准《结构用无缝钢管》GB/T 8162 作为依据。

5）铸钢件

铸钢件的强度指标属于废止的《钢标》第 4.3.4 条文，但在通用规范中没有被提及，同样可以认为被降到非强制性条文了，设计时应以现行国家标准《焊接结构用铸钢件》GB/T 7659 作为依据。

2.11.2 如何执行强条

(1) 应将强条内容写入设计文件中。

(2) 应将强条要求的具有合格保证的具体数据（表 2.11.1-1～表 2.11.1-3）写入设计文件中以备查验。还应将《碳素结构钢》GB/T 700 及《低合金高强度结构钢》GB/T

1591列入设计依据中，作为合格保证的证据文件。

（3）在钢结构设计中不应采用A级钢。理由是：从表2.11.1-3可以看出，低合金高强度结构钢出厂时不提供A级钢材伸长率报告，也就是说没有钢材的合格保证。

（4）在钢结构设计中避免采用Q420D、Q460B及Q460D的钢材。理由是：从表2.11.1-3可以看出，低合金高强度结构钢出厂时不提供Q420的D级钢材伸长率报告及Q460的B级和D级钢材伸长率报告，也就是说没有钢材的合格保证。如需要采用高强度钢材时，可选用Q420GJ和Q460GJ各质量等级的建筑结构用钢板。

（5）高钢号Q420B、Q420C及Q460C钢材只提供型钢的伸长率报告，当设计中采用钢板焊接成箱形柱或焊接H型钢梁时，应采用Q420NB、Q420NC及Q460NC或者采用Q420MB、Q420MC及Q460MC两种轧制钢材，也可采用Q420GJ和Q460GJ各质量等级的建筑结构用钢板。低合金高强度结构钢按轧制工艺分为三种钢型：热轧钢：Q355、Q390、Q420、Q460；正火及正火轧制钢：Q355N、Q390N、Q420N、Q460N；热机械轧制及热机械轧制加回火钢：Q355M、Q390M、Q420M、Q460M等。正火及正火轧制钢和热机械轧制及热机械轧制加回火钢均提供伸长率报告。

（6）当采用正火及正火轧制钢和热机械轧制及热机械轧制加回火钢时，应将钢材的力学性能和化学成分指标写在钢结构说明中，理由是《钢标》中无此钢种。Q420GJ和Q460GJ的力学性能和化学成分指标见国家现行标准《建筑结构用钢板》GB/T 19879。

（7）钢结构深化设计单位应将设计单位的钢结构说明纳入其深化设计的图纸中。

（8）在结构竣工验收时应检查钢材的合格保证单（结构交底时就要提醒一下）。

2.12 冲击韧性

2.12.1 强制性条文规定

1. 新强条

在《钢通规》第3.0.2条中，对钢材冲击韧性的力学性能规定如下：

钢结构承重构件所用钢材应具有……在低温使用环境下尚应具有冲击韧性的合格保证。……对直接承受动力荷载或需进行疲劳验算的构件，其所用钢材尚应具有冲击韧性的合格保证。

合格的冲击韧性是指钢材在工作温度范围内的冲击韧性，例如，B级钢材在常温工作温度下的合格的冲击韧性为20℃冲击韧性。

1）冲击韧性

冲击韧性是指材料在冲击荷载作用下吸收塑性变形功和断裂功的能力，反映材料内部细微缺陷的大小和抗冲击性能，是反映钢材在冲击荷载作用下抵抗脆性破坏的能力，也是抗震结构对钢材性能的要求。

2）冲击功试验

冲击功试验（简称冲击试验）是冲击韧性的数据变现形式。工程中，冲击试验分为高温冲击韧性、常温（20℃）冲击韧性、0℃冲击韧性和负温（－20℃、－40℃及－60℃）冲击韧性。

冲击试验以一个截面为10mm×10mm，长为55mm，中间开有V形或U形小槽口的长方体作为试样，放在摆锤式冲击试验机上进行。采用这种标准试件和试验方法的冲击试验被称为夏比冲击试验。图2.12.1-1所示为夏比V形缺口冲击韧性试验示意图。通过试验可知，冲击韧性具有方向性，一般来说，对于轧制钢材，其纵向（沿轧制方向）性能较好，横向（垂直于轧制方向）性能较差。

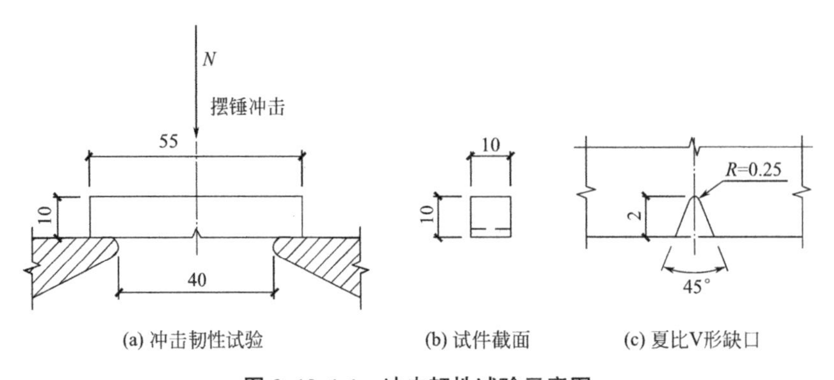

图2.12.1-1 冲击韧性试验示意图

低温对冲击韧性有显著影响，钢材随着温度的下降（0℃以下），材料的韧性逐渐降低，下降到某一温度时，材料易于发生脆性断裂，这种现象称为冷脆。温度越低、钢材厚度越大，其冲击韧性就越差，所以，工作温度越低，要求的钢材质量等级越高。

3）质量等级与冲击韧性

民用建筑钢结构构件通常采用常温（20℃）冲击韧性、0℃冲击韧性及负温（−20℃）冲击韧性。钢材质量等级、工作温度和冲击韧性关系见表 2.12.1-1。

钢材质量等级、工作温度和冲击韧性　　　**表 2.12.1-1**

钢材牌号		工作温度(℃)		
钢级	质量等级	$T>0$	$-20<T\leqslant 0$	$-40<T\leqslant -20$
Q235、Q355、Q390、Q420	B	20℃冲击韧性	—	—
Q235、Q355、Q390、Q420、Q460	C	—	0℃冲击韧性	—
Q235、Q355、Q390	D	—	—	−20℃冲击韧性

钢材出厂时提供的冲击试验见表 2.12.1-2

夏比（V 形缺口）冲击试验　　　**表 2.12.1-2**

钢材牌号		冲击试验温度				
钢级	质量等级	20℃	0℃	−20℃	−40℃	−60℃
Q235、Q355、Q390、Q420	B	提供	—	—	—	—
Q235、Q355、Q390、Q420、Q460	C	—	提供	—	—	—
Q235、Q355、Q390	D	—	—	提供	—	—
Q355N、Q390N、Q420N	B	提供	—	—	—	—
Q355N、Q390N、Q420N、Q460N	C	—	提供	—	—	—
	D	提供	提供	提供	—	—
	E	提供	提供	提供	提供	—
Q355N	F	提供	提供	提供	提供	提供
Q355M、Q390M、Q420M	B	提供	—	—	—	—
Q355M、Q390M、Q420M、Q460M	C	—	提供	—	—	—
	D	提供	提供	提供	—	—
	E	提供	提供	提供	提供	—
Q355M	F	提供	提供	提供	提供	提供
Q500M、Q550M、Q620M、Q690M	C	—	提供	—	—	—
	D	—	—	提供	—	—
	E	—	—	—	提供	—

注：Q355N、Q390N、Q420N、Q460N 为正火钢及正火轧制钢。Q355M、Q390M、Q420M、Q460M、Q500M、Q550M、Q620M、Q690M 为热机械轧制钢及热机械轧制加回火钢。

2. 旧强条

在废止的《建筑抗震设计规范》中，对钢结构钢材规定如下：

钢材应有良好的焊接性和合格的冲击韧性。

3. 新、旧强条的对比

新、旧强条完全一致。

2.12.2 如何执行强条

钢材在低温环境下（0℃以下）应注意以下几点：

（1）熟练掌握冲击韧性试验温度与钢材工作温度的对应关系，按表 2.12.1-1 确定钢材质量等级，从而保证钢材在工作温度环境下的合格的冲击韧性。

（2）在钢结构设计说明中，应根据表 2.12.1-1 的钢材工作温度给出冲击韧性试验的要求。还应将现行国家标准《碳素结构钢》GB/T 700 及《低合金高强度结构钢》GB/T 1591 的相关条文列入设计依据中，作为合格保证的证据文件。

（3）工作温度在负温度下，温度越低，要求的钢材质量等级越高，而冲击韧性试验温度就越低。应避免高配低就现象，造成不必要的浪费，如在常温工作温度环境下选择了高质量等级的钢材。

（4）不得在 0℃以下环境下采用 A 级钢，理由是钢材出厂时不提供冲击韧性的合格保证。

（5）不得在－20～0℃范围的环境中采用 B 级的 Q235、Q355、Q390、Q420 及 Q460 钢材，理由同上。这一点比《钢标》中对钢材质量等级的要求要严格。

（6）不得在－40～－20℃范围的环境中采用 C 级钢材，只能采用 D 级钢，理由同上。这一点比《钢标》中对钢材质量等级的要求要严格。

（7）应该让钢结构深化设计单位将设计单位的钢结构说明纳入其深化设计的图纸中。

（8）在结构竣工验收时应检查钢材的合格保证单（结构交底时需要提醒一下）。

2.13　弯曲试验

2.13.1　强制性条文规定

1. 新强条

在《钢通规》第 3.0.2 条中，对钢材弯曲试验的力学性能规定如下：

焊接承重结构以及重要的非焊接承重结构所用的钢材，应具有弯曲试验的合格保证。

弯曲试验也称为冷弯试验，在《碳素结构钢》GB/T 700—2008 和《钢标》中称为冷弯试验，而在《低合金高强度结构钢》GB/T 1591—2018 和《钢通规》中称为弯曲试验。

冷弯试验是确定钢材冷弯性能、衡量钢材塑性的一个重要指标。试验时按照规定的弯心直径在试验机上把试件弯曲成 180°（所以也称为弯曲试验），以试样表面不出现裂纹或分层作为合格标准。冷弯试验不仅能检验钢材承受规定的弯曲变形能力，还能显示其内部的冶金缺陷，因此，也是衡量钢材塑性应变能力和质量的一个综合性指标。

图 2.13.1-1 为冷弯试验示意图。

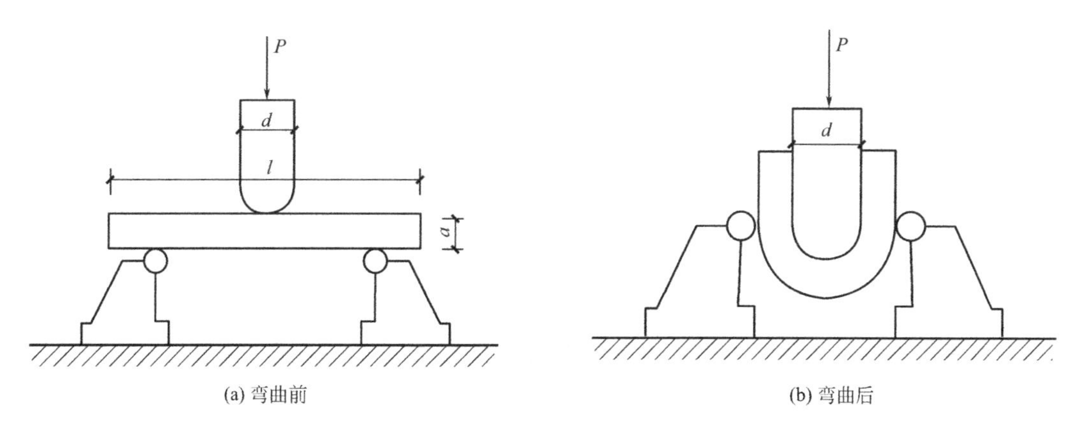

图 2.13.1-1　冷弯试验示意图

1）碳素结构钢冷弯性能

碳素结构钢冷弯试验的试样钢材：热轧钢板、钢带、型钢和钢棒。

轧制钢材的纵向（沿轧制方向）性能较好，横向（垂直于轧制方向）性能较差。根据这一特点，冷弯试验的试样长度方向应选择钢材性能较差的方向，如果较差方向的冷弯试验具有了合格保证，另一方向肯定也是合格的。所以，钢板、钢带试样的纵向轴线应垂直于轧制方向，简称横向试样；型钢、钢棒和受宽度限制的窄钢带试样，如果也取横向试样，则不能满足图 2.13.1-1（a）试样长度（l）的要求，所以，只能取试样的纵向轴线平行于轧制方向，简称纵向试样。

冷弯试验与碳素钢的质量等级无关。

碳素结构钢冷弯试验弯心直径的要求见表 2.13.1-1。

碳素结构钢冷弯性能 表 2.13.1-1

钢材牌号	试样方向	适用钢材类型	冷弯试验 180° $B=2a$	
			钢材厚度或直径(mm)	
			≤60	60～100
			弯心直径 d	
Q235	纵	型钢、钢棒、窄带钢	a	$2a$
	横	钢板、钢带	$1.5a$	$2.5a$

注：表中 B 为试样宽度，a 为试样厚度或直径。

2）低合金高强度结构钢弯曲性能

低合金高强度结构钢弯曲试验的试样钢材：钢板、钢带、型钢、钢棒等。

弯曲试验与低合金高强度结构钢的质量等级无关。

弯曲试验与低合金高强度结构钢的牌号无关。

弯曲试验的弯曲压头直径要求见表 2.13.1-2。

低合金高强度结构钢弯曲试验 表 2.13.1-2

钢材牌号	试样方向	适用钢材类型	180°弯曲试验	
			公称厚度或直径(mm)	
			≤16	16～100
			弯曲压头直径 D	
Q355～Q460	纵	型钢、钢棒、窄带钢	$D=2a$	$D=3a$
	横	公称宽度不小于 600mm 的钢板、钢带		

注：表中 a 为试样厚度或直径（mm）。

2. 旧强条

在《钢标》第 4.3.2 条中，对钢材的冷弯试验规定如下：

焊接承重结构以及重要的非焊接承重结构采用的钢材应具有冷弯试验的合格保证。

3. 新、旧强条的对比

新、旧强条完全一致。

2.13.2 如何执行强条

（1）应将强条写入设计文件中。

（2）以完成弯曲试验（冷弯试验）的试样表面不出现裂纹或分层作为合格标准。还应将现行国家标准《碳素结构钢》GB/T 700 及《低合金高强度结构钢》GB/T 1591 列入设计依据中，作为合格保证的依据文件。

（3）钢结构深化设计单位应将设计单位的钢结构说明纳入其深化设计的图纸中。

（4）在结构竣工验收时应检查钢材的合格保证单（结构交底时需要提醒一下）。

2.14　抗层状撕裂

2.14.1　强制性条文规定

1. 新强条

在《钢通规》第3.0.2条中，对钢材抗层状撕裂规定如下：

铸钢件和要求抗层状撕裂（Z向）性能的钢材尚应具有断面收缩率的合格保证。

1)《钢标》非强条新增为强条

当钢板厚度大于40mm时，在受力状态下有层状撕裂的可能性，所以，钢材出厂时要有抗层状撕裂的合格保证。铸钢件一般都壁厚较大且形状复杂，要求具有抗层状撕裂性能也是理所当然的。

简记：层状撕裂、≥40mm。

有时钢结构构件外形尺寸受到建筑空间的限值，需要将构件的壁板加厚，钢板厚度超过40mm的情况是很常见的，将Z向性能钢板（简称Z向钢）列入强条是很有必要的。

Z向钢的要求有三方面内容：硫含量、断面收缩率及超声波探伤检验。

2）Z向钢牌号的表示方法及性能级别

厚度方向性能钢板的牌号，由产品原牌号和要求的厚度方向性能级别组成。

例如Q355CZ15的Z向钢含义为：Q355C——原牌号；Z15——厚度方向性能级别。

厚度方向性能级别分为Z15、Z25、Z35。

3）Z向钢硫含量的规定

不要求有Z向性能的建筑用钢最大硫（S）含量为0.045%。对于厚度大于40mm的钢材，要求有Z向性能时，为了使钢材具有良好的厚度方向抗撕裂性能并避免夹层缺陷，就要进一步降低硫含量（0.01%以下）。不同厚度方向性能级别所对应的钢的硫含量（熔炼分析）应符合表2.14.1-1的规定。

硫含量（熔炼分析）　　**表2.14.1-1**

厚度方向性能级别	硫含量(质量分数)(%)
Z15	≤0.010
Z25	≤0.007
Z35	≤0.005

4）Z向钢断面收缩率的规定

Z15、Z25、Z35三个级别，分别代表其断面收缩率的保证值，是专门针对钢板厚度方向性能的规定。

钢板厚度方向性能级别及所对应的断面收缩率的平均值和单个试样最小值应符合表2.14.1-2的规定。

厚度方向性能级别及断面收缩率值 **表 2.14.1-2**

厚度方向性能级别	断面收缩率 Z(%)	
	三个试样的最小平均值	单个试样最小值
Z15	15	10
Z25	25	15
Z35	35	25

5）超声波探伤检验

满足表 2.14.1-1 和表 2.14.1-2 的钢板，应进行超声波探伤检验。

6）Z 向性能等级的选用

当翼缘板厚度≥40mm 且连接焊缝熔透高度≥25mm，或连接角焊缝单面高度>35mm 时，其厚度方向性能级别不宜低于 Z15。

当翼缘板厚度≥40mm 且连接焊缝熔透高度≥40mm，或连接角焊缝单面高度>60mm 时，其厚度方向性能级别宜为 Z25。

民用建筑钢结构的钢板厚度不超过 100mm，用不到 Z35 级别的钢板。

2.《钢标》中的非强条

在《钢标》第 4.3.5 条中，对钢材抗层状撕裂规定如下：

在 T 形、十字形和角形焊接的连接节点中，当其板件厚度不小于 40mm 且沿板厚方向有较高撕裂拉力作用，包括较高约束拉应力作用时，该部位板件所用钢材宜具有厚度方向抗撕裂性能即 Z 向性能的合格保证，其沿板厚方向端面收缩率不小于按现行国家标准《厚度方向性能钢板》GB/T 5313 规定的 Z15 级允许限值。

3. 新强条与《钢标》中的非强条的对比

新强条要求很严，**“应具有断面收缩率的合格保证”**；《钢标》中的非强条要求较松，“宜具有厚度方向抗撕裂性能即 Z 向性能的合格保证”。

2.14.2 如何执行强条

当设计中有厚度大于 40mm 的钢板的情况，应按下列措施执行：

（1）正确选择 Z 向性能等级。

（2）将相应的断面收缩率和硫含量要求写入钢结构说明中。

（3）应将现行国家标准《厚度方向性能钢板》GB/T 5313 列入设计依据中，作为合格保证的依据文件。

（4）钢结构深化设计单位应将设计单位的钢结构说明纳入其深化设计的图纸中。

（5）在结构竣工验收时应检查钢材的合格保证单（结构交底时需要提醒一下）。

2.15 碳含量和碳当量

2.15.1 强制性条文规定

1. 新强条

在《钢通规》第3.0.2条中，对钢材的碳或碳当量规定如下：

钢结构承重构件所用钢材应具有……对焊接结构尚应具有碳或碳当量的合格保证。

钢材的碳（C）含量越大，其强度越高。碳含量增大带来的负面影响是钢塑性、冲击韧性和疲劳强度的降低，尤其是可焊性变差。控制建筑用钢的碳含量，对保障钢的可焊性和机械性能是非常必要的。

碳素结构钢的碳含量不应超过0.22%，低合金高强度结构钢的碳含量不应超过0.24%。

简记：可焊性。

1）碳和碳当量

此处的碳是指碳素结构钢及低合金高强度结构钢中含有碳的化学成分（熔炼分析）。

碳当量（CEV）是指低合金高强度结构钢中，以碳含量为主，叠加上其他少量合金元素的含量，并通过公式计算得到的数据。

碳当量应由熔炼分析成分采用式（2.15.1-1）进行计算：

$$CEV(\%)=C+Mn/6+(Cr+Mo+V)/5+(Ni+Cu)/15 \quad (2.15.1\text{-}1)$$

式中：C、Mn、Cr、Mo、V、Ni、Cu为低合金高强度钢中的化学成分，此处也表示成分含量。

《钢结构焊接规范》GB 50661—2011根据碳当量的大小等指标确定了钢结构工程焊接难度等级。因此，对焊接承重工程中采用的低合金高强度钢应具有碳当量的合格保证。

提醒一点：对于Q355～Q460钢材，实行的是碳含量和碳当量双控指标要求。

2）碳素钢碳含量

供货时碳素结构钢的碳含量规定见表2.15.1-1。

碳素结构钢的C化学成分（熔炼分析）　　表2.15.1-1

钢材牌号	质量等级	C化学成分(质量分数)(%),不大于
Q235	A	0.22
	B	0.20
	C	0.17
	D	0.17

3）低合金高强度钢碳含量

供货时低合金高强度热轧钢的碳含量及其他元素的含量应符合表2.15.1-2的规定。

低合金高强度钢的化学成分（熔炼分析） 表 2.15.1-2

<table>
<tr><th rowspan="5">钢级</th><th rowspan="5">质量等级</th><th colspan="8">化学成分(质量分数)(%)</th></tr>
<tr><th colspan="2">C</th><th>Mn</th><th>Cr</th><th>Mo</th><th>V</th><th>N</th><th>Cu</th></tr>
<tr><th colspan="2">公称厚度或直径(mm)</th><th colspan="6" rowspan="3">不大于</th></tr>
<tr><th>≤40</th><th>>40</th></tr>
<tr><th colspan="2">不大于</th></tr>
<tr><td rowspan="3">Q355</td><td>B</td><td colspan="2">0.24</td><td rowspan="3">1.60</td><td rowspan="3">0.30</td><td rowspan="3">—</td><td rowspan="3">—</td><td rowspan="2">0.012</td><td rowspan="3">0.40</td></tr>
<tr><td>C</td><td rowspan="2">0.20</td><td rowspan="2">0.22</td></tr>
<tr><td>D</td><td>—</td></tr>
<tr><td rowspan="3">Q390</td><td>B</td><td colspan="2" rowspan="3">0.20</td><td rowspan="3">1.70</td><td rowspan="3">0.30</td><td rowspan="3">0.10</td><td rowspan="3">0.13</td><td rowspan="3">0.015</td><td rowspan="3">0.40</td></tr>
<tr><td>C</td></tr>
<tr><td>D</td></tr>
<tr><td rowspan="2">Q420</td><td>B</td><td colspan="2" rowspan="2">0.20</td><td rowspan="2">1.70</td><td rowspan="2">0.30</td><td rowspan="2">0.20</td><td rowspan="2">0.13</td><td rowspan="2">0.015</td><td rowspan="2">0.40</td></tr>
<tr><td>C</td></tr>
<tr><td>Q460</td><td>C</td><td colspan="2">0.20</td><td>1.80</td><td>0.30</td><td>0.20</td><td>0.13</td><td>0.015</td><td>0.40</td></tr>
</table>

4）低合金高强度钢碳当量

供货时低合金高强度热轧钢的碳当量应符合表 2.15.1-3 的规定。

热轧状态交货钢材的碳当量（基于熔炼分析） 表 2.15.1-3

<table>
<tr><th colspan="2" rowspan="2">钢材牌号</th><th colspan="3">碳当量 CEV(质量分析)(%)，不大于</th></tr>
<tr><th colspan="3">公称厚度或直径(mm)</th></tr>
<tr><th>钢级</th><th>质量等级</th><th>≤30</th><th>>30，≤63</th><th>>63，≤100</th></tr>
<tr><td rowspan="3">Q355</td><td>B</td><td rowspan="3">0.45</td><td rowspan="3">0.47</td><td rowspan="3">0.47</td></tr>
<tr><td>C</td></tr>
<tr><td>D</td></tr>
<tr><td rowspan="3">Q390</td><td>B</td><td rowspan="3">0.45</td><td rowspan="3">0.47</td><td rowspan="3">0.48</td></tr>
<tr><td>C</td></tr>
<tr><td>D</td></tr>
<tr><td rowspan="2">Q420</td><td>B</td><td rowspan="2">0.45</td><td rowspan="2">0.47</td><td rowspan="2">0.48</td></tr>
<tr><td>C</td></tr>
<tr><td>Q460</td><td>C</td><td>0.47</td><td>0.49</td><td>0.49</td></tr>
</table>

2. 旧强条

在废止的《建筑抗震设计规范》中，对钢材焊接性规定如下：

钢材应有良好的焊接性。

此处良好的焊接性指的是硫、磷和碳含量的限制值。

在《钢标》第 4.3.2 条中，对钢材的碳当量规定如下：

承重构件所用钢材应具有……对焊接结构尚应具有碳当量的合格保证。

3. 新、旧强条的对比

新、旧强条基本一致。

2.15.2 如何执行强条

焊接结构应做到以下几点：

(1) 应将强条写入设计文件中。

(2) 采用碳素结构钢时，应将最大碳含量要求写入文件中。还应将现行国家标准《碳素结构钢》GB/T 700 列入设计依据中，作为合格保证的证据文件。

(3) 采用低合金高强度结构钢时，应将最大碳含量要求和最大碳当量标准写入文件中。还应将现行国家标准《低合金高强度结构钢》GB/T 1591 列入设计依据中，作为合格保证的证据文件。

(4) 不得采用A级的低合金高强度结构钢，理由是钢材出厂时不提供碳含量和碳当量合格保证。

(5) 不得采用Q420D、Q460B及Q460D钢材，理由同上。如果有工作温度环境的要求，必须要使用D级钢时，可采用Q420ND或Q420MD、Q460ND或Q460MD，还可采用Q420GJ和Q460GJ。

(6) 当采用正火及正火轧制钢和热机械轧制及热机械轧制加回火钢时应将所需钢材指标写入说明中。

(7) 钢结构深化设计单位应将设计单位的钢结构说明纳入其深化设计的图纸中。

(8) 在结构竣工验收时应检查钢材的合格保证单（结构交底时需要提醒一下）。

2.16 硫、磷含量

2.16.1 强制性条文规定

1. 新强条

在《钢通规》第 3.0.2 条中，对钢材的硫、磷含量规定如下：

钢结构承重构件所用钢材应具有……硫、磷含量的合格保证。

硫（S）是有害元素，属于杂质，硫含量过大时，钢材在焊接过程中，当温度达到 800～1200℃高温时可能出现裂纹，这种现象称为热脆，不利于焊接加工，同时还降低钢的冲击韧性和疲劳强度。

简记：高温、热脆。

磷（P）同样是有害元素，属于杂质，随着磷含量增大，钢在低温时变脆，冷脆性增加，塑性降低，不利于焊接加工，冷弯性能变差。

简记：低温、冷脆。

1）碳素结构钢的硫、磷含量

供货时碳素结构钢的硫、磷含量规定见表 2.16.1-1。

碳素结构钢的硫（S）、磷（P）化学成分（熔炼分析）　　表 2.16.1-1

钢材牌号	质量等级	化学成分(质量分数)(%),不大于	
		S	P
Q235	A	0.050	0.045
	B	0.045	
	C	0.040	0.040
	D	0.035	0.035

2）热轧低合金高强度结构钢的硫、磷含量

供货时低合金高强度结构钢的硫、磷含量规定见表 2.16.1-2。

低合金高强度结构钢的硫、磷化学成分（熔炼分析）　　表 2.16.1-2

钢级	质量等级	化学成分(质量分数)(%),不大于	
		S	P
Q355	B	0.035	0.035
	C	0.030	0.030
	D	0.025	0.025
Q390	B	0.035	0.035
	C	0.030	0.030
	D	0.025	0.025

续表

钢级	质量等级	化学成分(质量分数)(%),不大于	
		S	P
Q420	B	0.035	0.035
	C	0.030	0.030
Q460	C	0.030	0.030

注：Q420、Q460仅适用于型钢和棒材。

2. 旧强条

在《钢标》第4.3.2条中，对钢材的硫、磷含量规定如下：

承重构件所用钢材应具有……硫、磷含量的合格保证。

3. 新、旧强条的对比

新、旧强条完全一致。

2.16.2 如何执行强条

（1）应将强条写入设计文件中。

（2）应将硫、磷含量的要求写入文件中。还应将现行国家标准《碳素结构钢》GB/T 700及《低合金高强度结构钢》GB/T 1591列入设计依据中，作为合格保证的证据文件。

（3）不得采用A级的低合金高强度结构钢，理由是钢材出厂时不提供硫、磷含量的合格保证。

（4）不得采用Q420D、Q460B及Q460D钢材，理由同上。如果有工作温度环境的要求，必须要使用D级钢时，可采用Q420ND或Q420MD、Q460ND或Q460MD，还可采用Q420GJ和Q460GJ。

（5）钢结构深化设计单位应将设计单位的钢结构说明纳入其深化设计的图纸中。

（6）在结构竣工验收时应检查钢材的合格保证单（结构交底时需要提醒一下）。

2.17 高钢号Q420和Q460的硫、磷、碳或碳当量

2.17.1 强制性条文规定

1. 新强条

在《钢通规》第3.0.2条中，对钢材的硫、磷、碳或碳当量规定如下：

钢结构承重构件所用钢材应具有……硫、磷含量的合格保证……对焊接结构尚应具有碳或碳当量的合格保证。

1）碳含量规定

Q420和Q460碳含量应符合表2.17.1-1的规定。

Q420和Q460碳含量化学成分（熔炼分析）　　表2.17.1-1

钢级	质量等级	碳含量C化学成分(质量分数)(%),不大于
Q420	B	0.20
	C	
Q460	C	0.20

注：仅适用于Q420和Q460的型钢和棒材。

2）碳当量规定

Q420和Q460碳当量应符合表2.17.1-2的规定。

Q420和Q460碳当量（基于熔炼分析）　　表2.17.1-2

钢材牌号		碳当量CEV(质量分析)(%),不大于		
		公称厚度或直径(mm)		
钢级	质量等级	≤30	>30,≤63	>63,≤100
Q420	B	0.45	0.47	0.48
	C			
Q460	C	0.47	0.49	0.49

注：仅适用于Q420和Q460的型钢和棒材。

3）硫、磷含量规定

Q420和Q460硫、磷含量规定见表2.17.1-3。

Q420和Q460硫（S）、磷（P）化学成分（熔炼分析）　　表2.17.1-3

钢级	质量等级	化学成分(质量分数)(%),不大于	
		S	P
Q420	B	0.035	0.035
	C	0.030	0.030
Q460	C	0.030	0.030

注：仅适用于Q420和Q460的型钢和棒材。

2. Q420 和 Q460 应用的局限性

从以上各表中可以看出，钢材出厂时仅提供 Q420B、Q420C 和 Q460C 的碳、硫、磷合格保证，而且仅适用于型钢和棒材，应用范围太小。

2.17.2 如何执行强条

(1) 设计中不应采用以 Q420 和 Q460 钢板焊接而成钢柱、钢梁等构件，理由是钢厂不提供钢板的碳、硫、磷合格保证。如必须使用钢板或焊接构件时，应采用 Q420N、Q460N、Q420M 及 Q460M，这 4 种钢材均可提供碳、硫、磷合格保证。图纸中应提供设计依据：现行国家标准《低合金高强度结构钢》GB/T 1591。另外，还可采用 Q420GJ 和 Q460GJ 钢材，图纸中应提供设计依据：现行国家标准《建筑结构用钢板》GB/T 19879。

(2) 设计中不应采用 Q420A、Q420D 和 Q460A、Q460B、Q460D 型钢或棒材，理由是钢厂仅提供 Q420B、Q420C 和 Q460C 型钢或棒材钢板的碳、硫、磷合格保证，不提供其他质量等级的合格保证。

2.18 钢材的强度设计值

2.18.1 强制性条文规定

1. 新强条

在《钢通规》第 3.0.3 条中，对钢材强度的取值规定如下：

按极限状态设计方法进行结构强度与稳定计算时，钢材强度应取钢材的强度设计值，此值应以钢材的屈服强度标准值除以钢材的抗力分项系数求得。

《钢通规》中，不再将《钢标》中被废止的结构用无缝钢管的强度指标、铸钢件的强度设计值、焊缝的强度指标和螺栓连接的强度指标等延续为新的强制性条文。在设计中，需要使用无缝钢管时，按《结构用无缝钢管》GB/T 8162—2018 进行设计；需要使用铸钢件时，按《焊接结构用铸钢件》GB/T 7659—2010 及《一般工程用铸造碳钢件》GB/T 11352—2009 进行设计；焊缝按《非合金钢及细晶粒钢焊条》GB/T 5117—2012、《热强钢焊条》GB/T 5118—2012、《埋弧焊用非合金钢及细晶粒钢实心焊丝、药芯焊丝和焊丝-焊剂组合分类要求》GB/T 5293—2018、《埋弧焊用热强钢实心焊丝、药芯焊丝和焊丝-焊剂组合分类要求》GB/T 12470—2018 等进行设计；螺栓按《紧固件机械性能 螺栓、螺钉和螺柱》GB/T 3098.1—2010、《钢结构用高强度大六角头螺栓、大六角螺母、垫圈技术条件》GB/T 1231—2006、《钢结构用扭剪型高强度螺栓连接副》GB/T 3632—2008 进行设计。

1）钢材的强度设计值

Q235、Q355、Q390、Q420、Q460 钢的设计用强度指标见表 2.18.1-1。

2）钢材的抗力分项系数

钢材的抗力分项系数应按概率论原理通过大数据统计分析方法确定。

钢材的设计用强度指标 **表 2.18.1-1**

钢材牌号		厚度或直径 (mm)	钢材强度		钢材强度设计值		
钢种	牌号		抗拉强度最小值 f_u (N/mm²)	屈服强度最小值 f_y (N/mm²)	抗拉、抗压和抗弯 f (N/mm²)	抗剪 f_v (N/mm²)	端面承压（刨平顶紧）f_{ce} (N/mm²)
碳素结构钢 (GB/T 700)	Q235	≤16	370	235	215	125	320
		>16，≤40		225	205	120	
		>40，≤100		215	200	115	

续表

钢材牌号		厚度或直径(mm)	钢材强度		钢材强度设计值		
钢种	牌号		抗拉强度最小值 f_u (N/mm²)	屈服强度最小值 f_y (N/mm²)	抗拉、抗压和抗弯 f (N/mm²)	抗剪 f_v (N/mm²)	端面承压(刨平顶紧) f_{ce} (N/mm²)
低合金高强度结构钢(GB/T 1591)	Q355	≤16	470	355	305	175	400
		>16,≤40		345	295	170	
		>40,≤63		335	290	165	
		>63,≤80		325	280	160	
		>80,≤100		315	270	155	
	Q390	≤16	490	390	345	200	415
		>16,≤40		380	330	190	
		>40,≤63		360	310	180	
		>63,≤100		340	295	170	
	Q420	≤16	520	420	375	215	440
		>16,≤40		410	355	205	
		>40,≤63		390	320	185	
		>63,≤100		370	305	175	
	Q460	≤16	550	460	410	235	470
		>16,≤40		450	390	225	
		>40,≤63		430	355	205	
		>63,≤100		410	340	195	
建筑结构用钢板(GB/T 19879)	Q345GJ	>16,≤50	490	345	325	190	415
		>50,≤100		335	300	175	

注：表中直径指实心棒材，厚度系指计算点的钢材厚度或钢管厚度，对轴心受拉和受压杆件系指截面中较厚板件的厚度。

2. 旧强条

在《钢标》第4.4.1条和第4.4.2条中，对钢材的强度设计值规定见表2.18.1-2。

钢材的设计用强度指标 **表2.18.1-2**

钢材牌号		厚度或直径(mm)	强度设计			屈服强度 f_y (N/mm²)	抗拉强度 f_u (N/mm²)
			抗拉、抗压、抗弯 f (N/mm²)	抗剪 f_v (N/mm²)	端面承压(刨平顶紧) f_{ce} (N/mm²)		
碳素结构钢	Q235	≤16	215	125	320	235	370
		>16,≤40	205	120		225	
		>40,≤100	200	115		215	

续表

钢材牌号		厚度或直径(mm)	强度设计			屈服强度 f_y (N/mm²)	抗拉强度 f_u (N/mm²)
			抗拉、抗压、抗弯 f (N/mm²)	抗剪 f_v (N/mm²)	端面承压(刨平顶紧) f_{ce} (N/mm²)		
低合金高强度结构钢	Q345	≤16	305	175	400	345	470
		>16,≤40	295	170		335	
		>40,≤63	290	165		325	
		>63,≤80	280	160		315	
		>80,≤100	270	155		305	
	Q390	≤16	345	200	415	390	490
		>16,≤40	330	190		380	
		>40,≤63	310	180		360	
		>63,≤100	295	170		340	
	Q420	≤16	375	215	440	420	520
		>16,≤40	355	205		400	
		>40,≤63	320	185		380	
		>63,≤100	305	175		360	
	Q460	≤16	410	235	470	460	550
		>16,≤40	390	225		440	
		>40,≤63	355	205		420	
		>63,≤100	340	195		400	
建筑结构用钢板	Q345GJ	>16,≤50	325	190	415	345	490
		>50,≤100	300	175		335	

注：表中直径指实心棒材直径，厚度指计算点的钢材或钢管厚度，对轴心受拉和轴心受压杆件系指截面中较厚板件的厚度。

《钢标》中被废止的结构用无缝钢管的强度指标、铸钢件的强度设计值、焊缝的强度指标和螺栓连接的强度指标四项强条，由于没有对比的需要，也就不再列表。

3. 新、旧强条的对比

除 Q345 改用 Q355 和部分钢材屈服强度调整外，新、旧强条基本完全一致。

《钢标》及过去的《钢结构设计规范》GB 50017—2003 中，都是取钢的下屈服点对应的下屈服强度 345N/mm² 为钢材牌号（Q345）。为了与欧洲对标，《低合金高强度结构钢》GB/T 1591—2018 中以规定的最小上屈服强度数值为钢材牌号，以钢的上屈服强度 355N/mm² 为钢材牌号（Q355）。

两者的区别为：由于 Q355 是上屈服强度，Q345 是下屈服强度，在钢材厚度或直径划分的各个区域内，前者比后者均高出 10N/mm²，见表 2.18.1-1 和表 2.18.1-2 的屈服强度项。

这一项的变化影响了钢号修正系数 ε_k（钢号计算值中由 345 变成了 355），对稳定限值、长细比限值等变得更加严格了一些。

2.18.2 如何执行强条

（1）应将强条写入设计文件中。

（2）板件厚度变化对强度设计指标的影响：

为了发挥板件的抗力优势，构件翼缘和腹板往往是不等厚的。因此，需要特别关注板件厚度分区的五个关键分区数值：16mm、40mm、63mm、50mm 及 100mm，查看同一截面两种不同的板厚是否跨区域，然后再检查强度设计指标是否吻合。

（3）板件厚度变化对螺栓计算的影响：

在高强度螺栓等强连接计算过程中，容易只关注螺栓，忽视了板材厚度的不同，对跨区域的不同板件的厚度采用一个强度设计指标，不仅违反了强条，还存在隐患。

（4）避免螺栓连接接头中采用错误的强度指标：

在中心支撑-框架结构中，中心支撑部分承担了绝大部分的水平地震作用，支撑体系中的横梁（框架梁）不仅承担重力荷载下的弯矩和剪力，更重要的是承担水平力，所以应该按压弯杆件或拉弯杆件进行设计，即钢梁的翼缘和腹板均应按抗压或抗拉等强设计，取抗压或抗拉强度设计值 f ，腹板不能取抗剪强度设计值 f_v 。支撑体系以外的框架中的框架梁，其翼缘按抗弯设计，取抗弯强度设计值 f ，腹板按抗剪等强设计，取抗剪强度设计值 f_v 。

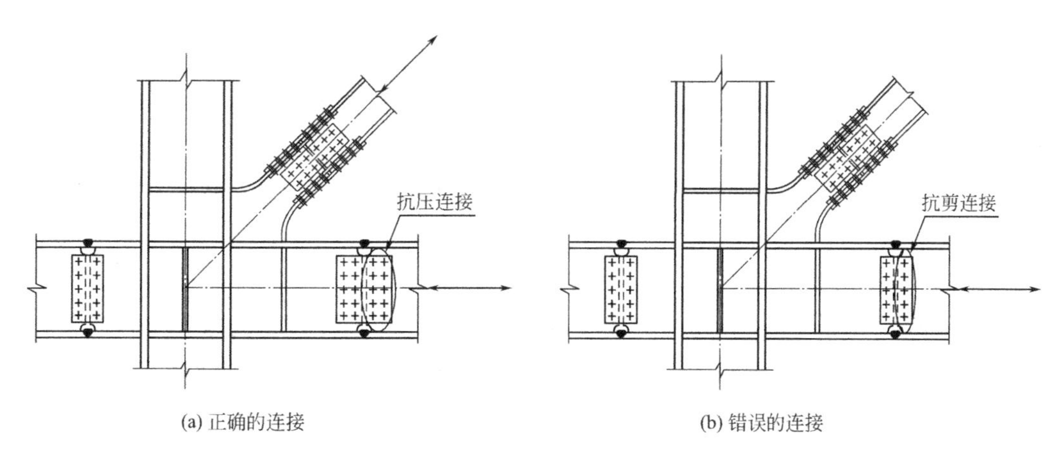

图 2.18.2-1 中心支撑节点螺栓连接

正确的连接设计：在支撑系统中，水平地震作用于斜杆上产生往复轴力，对支撑横梁产生往复的水平分力，所以横梁接头应按等强压杆设计，采用抗压强度设计值 f ，接头一端的高强度螺栓一般应不少于 2 列，见图 2.18.2-1（a）。

错误的连接设计：图 2.18.2（b）所示的螺栓为 1 列螺栓，显然为抗剪等强连接，而抗剪强度设计值 f_v 远小于抗压强度设计值 f ，当遭遇罕遇地震时，由于螺栓数量只有 1 列，比抗压计算约少了一半，连接接头处就会遭到破坏。

（5）应提供采用高强度螺栓进行等强连接接头设计的计算书。

2.19 二阶效应系数 θ_i^{II}

2.19.1 强制性条文规定

1. 新强条

在《钢通规》第 5.2.3 条第 2 款中，对结构进行稳定性验算时应符合如下规定：

高层钢结构的二阶效应系数不应大于 0.2，多层钢结构不应大于 0.25。

该条为新增的强条，将钢结构的二阶弹性分析提高到了重要的地位。

1）与传统方法对比

在传统方法中，结构分析有三种方法：一阶弹性分析、二阶 P-Δ 弹性分析及直接分析。按照新强条的要求，只能采用前两种分析方法。

2）一阶弹性分析

一阶弹性分析就是不考虑几何非线性对结构内力和变形产生的影响，根据未变形的结构建立平衡条件，按弹性阶段分析结构内力及位移。分析时应考虑以下几点：

（1）未承受水平荷载作用的钢结构，按一阶弹性分析考虑。

（2）承受水平荷载作用的钢结构，但属于侧移不敏感结构（层间位移角很小的结构，如框架-支撑结构），按一阶弹性分析考虑。

简记：位移很小。

（3）在一阶弹性分析中，结构的内力和位移按受弯构件、轴心受力构件及拉弯、压弯构件的有关规定进行计算。

（4）对于复杂结构，应按结构弹性稳定理论确定构件的计算长度系数，并按上条进行构件设计。

3）二阶 P-Δ 弹性分析

初始缺陷是结构或者构件失稳的重要诱因，二阶 P-Δ 弹性分析就是仅考虑结构整体初始缺陷及几何非线性对结构内力和变形产生的影响，根据位移后的结构建立平衡条件，按弹性阶段分析结构内力及位移。

简记：初始缺陷。

分析时应考虑如下几点：

（1）承受水平荷载作用的钢框架结构，且属于侧移敏感结构，按二阶 P-Δ 效应考虑。

（2）二阶 P-Δ 效应可按近似的二阶理论对在水平荷载作用下结构产生的一阶弯矩进行放大来考虑，也称为放大系数法。

简记：弯矩放大。

（3）结构稳定性设计应考虑二阶效应。

4）直接分析

残余应力会降低构件的强度，直接分析设计法就是直接考虑对结构稳定性和强度性能有显著影响的初始几何缺陷、残余应力、材料非线性、节点连接刚度等因素，以整个结构体系为对象进行二阶非线性分析的设计方法。

简记：残余应力。

5）二阶效应系数与结构分析方法

（1）二阶效应

二阶效应也称为重力二阶效应。结构在水平荷载的作用下有一个水平位移，重力荷载在此位移的基础上继续作用，还会产生一个附加的位移，也就是在水平荷载作用位移的基础上引起的二阶效应（有时也称为二阶重力 P-Δ 效应）。

分析时，重力荷载采用设计值，水平荷载采用标准值。

（2）二阶效应系数 θ_i^{II}

二阶效应系数 θ_i^{II} 就是二阶层间位移和一阶层间位移的位移差与二阶层间位移的比值，表达式如下：

$$\theta_i^{\mathrm{II}}=\frac{\Delta u_i^{\mathrm{II}}-\Delta u_i}{\Delta u_i^{\mathrm{II}}} \tag{2.19.1-1}$$

式中：Δu_i^{II} ——按二阶弹性分析求得的计算 i 楼层的层间位移；

Δu_i ——按一阶弹性分析求得的计算 i 楼层的层间位移。

（3）二阶效应系数判别规则

采用何种分析方法，应根据最大二阶效应系数 $\theta_{i,\max}^{\mathrm{II}}$ 进行判别，见表 2.19.1-1。

最大二阶效应系数 $\theta_{i,\max}^{\mathrm{II}}$ 与分析方法　　表 2.19.1-1

类型	最大二阶效应系数	分析方法
高层钢结构	$\theta_{i,\max}^{\mathrm{II}}\leqslant 0.1$	一阶弹性分析
	$0.1<\theta_{i,\max}^{\mathrm{II}}\leqslant 0.20$	二阶 P-Δ 弹性分析
	$\theta_{i,\max}^{\mathrm{II}}>0.20$	增大侧移刚度后重新计算
多层钢结构	$\theta_{i,\max}^{\mathrm{II}}\leqslant 0.1$	一阶弹性分析
	$0.1<\theta_{i,\max}^{\mathrm{II}}\leqslant 0.25$	二阶 P-Δ 弹性分析
	$\theta_{i,\max}^{\mathrm{II}}>0.25$	增大侧移刚度后重新计算

2.《钢标》中的非强条

在《钢标》第 5.1.6 条中，对采用的结构内力分析方法规定如下：

结构内力分析可采用一阶弹性分析、二阶 P-Δ 弹性分析或直接分析，应根据下列公式计算的最大二阶效应系数 $\theta_{i,\max}^{\mathrm{II}}$，选用适当的分析方法。当 $\theta_{i,\max}^{\mathrm{II}}\leqslant 0.1$ 时，可采用一阶弹性分析；当 $0.1<\theta_{i,\max}^{\mathrm{II}}\leqslant 0.25$ 时，宜采用二阶 P-Δ 弹性分析或采用直接分析；当 $\theta_{i,\max}^{\mathrm{II}}>0.25$ 时，应增大结构的侧移刚度或采用直接分析。

规则框架结构的二阶效应系数按下式计算：

$$\theta_i^{\mathrm{II}}=\frac{\sum N_i\cdot\Delta u_i}{\sum H_i\cdot h_i} \tag{2.19.1-2}$$

式中：$\sum N_i$ ——所计算 i 楼层各柱轴心压力设计值之和（N）；

$\sum H_i$ ——产生层间侧移 Δu 的计算楼层及以上各层的水平力标准值之和（N）；

h_i ——所计算 i 楼层的层高（mm）；

Δu_i——$\sum H_i$ 作用下按一阶弹性分析求得的计算楼层的层间侧移（mm）。

一般结构的二阶效应系数按下式计算：

$$\theta_i^{\mathrm{II}} = \frac{1}{\eta_{\mathrm{cr}}} \quad (2.19.1\text{-}3)$$

式中：η_{cr} ——整体结构最低阶弹性临界荷载与荷载设计值的比值。

3. 新强条与《钢标》中的非强条的对比

（1）新强条中，将钢结构细化为高层钢结构和多层钢结构，将前者的最大二阶效应系数由 0.25 降至 0.20，凸显了高层钢结构的重要性。

（2）新强条中不允许二阶效应系数超标，而在《钢标》中允许超标，但需采用直接法进行分析。

（3）新强条带来的益处就是要保证钢结构有足够的抗侧刚度，同时也省去了复杂而又耗时的直接分析法的计算。

2.19.2 如何执行强条

（1）结构稳定分析应考虑二阶效应。

（2）应根据钢结构类型在设计中采用一阶弹性分析与设计或二阶 P-Δ 弹性分析与设计。

（3）应检查二阶效应系数是否与采用的分析方法相符合。

（4）对于大跨度钢结构和超高层钢结构可以采用直接分析设计法作为辅助手段，但前提是二级效应系数不能超限，即：应满足强条要求。

2.20　一阶分析时框架柱的计算长度系数

2.20.1　强制性条文规定

1. 新强条

在《钢通规》第 5.2.3 条第 3 款中，对结构进行稳定性验算时应符合如下规定：

一阶分析时，框架结构应根据抗侧刚度按照有侧移屈曲或无侧移屈曲的模式确定框架柱的计算长度系数。

该条为新增的强条，将钢结构一阶分析时框架柱的计算长度系数提高到了重要的地位。这里的框架结构指纯框架结构或框架-支撑体系中的框架结构。

2. 一阶分析时框架柱的计算长度系数

1）大前提

大前提是指对结构进行稳定性验算。这里的结构稳定性不是指构件的整体稳定性，而是指结构整体的稳定性（如框架支撑结构的稳定性、纯框架结构的稳定性等）。

2）小前提

小前提是指对钢结构进行一阶分析。一阶分析是一种简称，准确的说法是一阶弹性分析。

满足一阶弹性分析方法的结构也称为侧移不敏感结构（层间位移角还很小的结构）。

采用一阶弹性分析时，其最大二阶效应系数 $\theta_{i,\max}^{\mathrm{II}}$ 应满足下式规定：

$$\theta_{i,\max}^{\mathrm{II}} \leqslant 0.1 \tag{2.20.1-1}$$

3）满足一阶弹性分析的框架结构

（1）未承受水平荷载作用的框架结构；

（2）柱子较密、框架柱和框架梁的截面较大，承受水平荷载作用时产生水平侧移较小的框架结构；

（3）承受水平荷载作用时，框架-支撑体系中的框架结构。

4）无侧移框架柱和有侧移框架柱

框架分为有支撑的框架和无支撑的框架：

（1）无侧移框架柱：框架-支撑体系中框架结构的钢柱（也称为有支撑框架柱）；

（2）有侧移框架柱：纯框架结构中的钢柱（也称为无支撑框架柱）。

5）框架柱的计算长度

等截面柱，在框架平面内的计算长度（h_{i0}）应等于该层柱的高度（h_i）乘以计算长度系数（μ_{i0}），即：

$$h_{i0}=\mu_{i0}h_i \tag{2.20.1-2}$$

求解计算长度的过程实际上就是求解计算长度系数的过程。

6）有支撑框架柱计算长度系数

当支撑结构（支撑桁架、剪力墙等）满足式（2.20.1-3）要求时，为强支撑框架，框架柱的计算长度系数 μ 可按式（2.20.1-4）计算，也可按表 2.20.1-1 无侧移框架柱的计算长度系数 μ 确定。

$$S_b \geqslant 4.4\left[\left(1+\frac{100}{f_y}\right)\sum N_{bi}-\sum N_{0i}\right] \tag{2.20.1-3}$$

$$\mu=\sqrt{\frac{(1+0.41K_1)(1+0.41K_2)}{(1+0.82K_1)(1+0.82K_2)}} \tag{2.20.1-4}$$

式中：$\sum N_{bi}$、$\sum N_{0i}$——分别为第 i 层层间所有框架柱用无侧移框架和有侧移框架柱计算长度系数算得的轴压杆稳定承载力之和（N）；

S_b——支撑结构层侧移刚度，即施加结构上的水平力与其产生的层间位移角的比值；

K_1、K_2——分别为相交于柱上端、柱下端的横梁线刚度之和与柱线刚度之和的比值。其中 K_1、K_2 的修正见表 2.20.1-1 注。

无侧移框架柱的计算长度系数 μ　　表 2.20.1-1

K_2 \ K_1	0	0.05	0.1	0.2	0.3	0.4	0.5	1	2	3	4	5	≥10
0	1.000	0.990	0.981	0.964	0.949	0.935	0.922	0.875	0.820	0.791	0.773	0.760	0.732
0.05	0.990	0.981	0.971	0.955	0.940	0.926	0.914	0.867	0.814	0.784	0.766	0.754	0.726
0.1	0.981	0.971	0.962	0.946	0.931	0.918	0.906	0.860	0.807	0.778	0.760	0.748	0.721
0.2	0.964	0.955	0.946	0.930	0.916	0.903	0.891	0.846	0.795	0.767	0.749	0.737	0.711
0.3	0.949	0.940	0.931	0.916	0.902	0.889	0.878	0.834	0.784	0.756	0.739	0.728	0.701
0.4	0.935	0.926	0.918	0.903	0.889	0.877	0.866	0.823	0.774	0.747	0.730	0.719	0.693
0.5	0.922	0.914	0.906	0.891	0.878	0.866	0.855	0.813	0.765	0.738	0.721	0.710	0.685
1	0.875	0.867	0.860	0.846	0.834	0.823	0.813	0.774	0.729	0.704	0.688	0.677	0.654
2	0.820	0.814	0.807	0.795	0.784	0.774	0.765	0.729	0.686	0.663	0.648	0.638	0.615
3	0.791	0.784	0.778	0.767	0.756	0.747	0.738	0.704	0.663	0.640	0.625	0.616	0.593
4	0.773	0.766	0.760	0.749	0.739	0.730	0.721	0.688	0.648	0.625	0.611	0.601	0.580
5	0.760	0.754	0.748	0.737	0.828	0.719	0.710	0.677	0.638	0.616	0.601	0.592	0.570
≥10	0.732	0.726	0.721	0.711	0.701	0.693	0.685	0.654	0.615	0.593	0.580	0.570	0.549

注：表中的计算长度系数 μ 值系按下式计算得出：

$$\left[\left(\frac{\pi}{\mu}\right)^2+2(K_1+K_2)-4K_1K_2\right]\frac{\pi}{\mu}\sin\frac{\pi}{\mu}-2\left[(K_1+K_2)\left(\frac{\pi}{\mu}\right)^2+4K_1K_2\right]\cos\frac{\pi}{\mu}+8K_1K_2=0$$

式中，K_1、K_2 分别为相交于柱上端、柱下端的横梁线刚度之和与柱线刚度之和的比值。当梁远端为铰接时，应将横梁线刚度乘以 1.5；当梁远端为嵌固时，则将横梁线刚度乘以 2。

7）无支撑框架柱计算长度系数

无支撑框架柱也称为有侧移框架柱，其计算长度系数 μ 可按式（2.20.1-5）计算，也可按表 2.20.1-2 有侧移框架柱的计算长度系数 μ 确定。

$$\mu=\sqrt{\frac{7.5K_1K_2+4(K_1+K_2)+1.52}{7.5K_1K_2+K_1+K_2}} \quad (2.20.1\text{-}5)$$

有侧移框架柱的计算长度系数 μ **表 2.20.1-2**

K_2 \ K_1	0	0.05	0.1	0.2	0.3	0.4	0.5	1	2	3	4	5	≥10
0	∞	6.02	4.46	3.42	3.01	2.78	2.64	2.33	2.17	2.11	2.08	2.07	2.03
0.05	6.02	4.16	3.47	2.86	2.58	2.42	2.31	2.07	1.94	1.90	1.87	1.86	1.83
0.1	4.46	3.47	3.01	2.56	2.33	2.20	2.11	1.90	1.79	1.75	1.73	1.72	1.70
0.2	3.42	2.86	2.56	2.23	2.05	1.94	1.87	1.70	1.60	1.57	1.55	1.54	1.52
0.3	3.01	2.58	2.33	2.05	1.90	1.80	1.74	1.58	1.49	1.46	1.45	1.44	1.42
0.4	2.78	2.42	2.20	1.94	1.80	1.71	1.65	1.50	1.42	1.39	1.37	1.37	1.35
0.5	2.64	2.31	2.11	1.87	1.74	1.65	1.59	1.45	1.37	1.34	1.32	1.32	1.30
1	2.33	2.07	1.90	1.70	1.58	1.50	1.45	1.32	1.24	1.21	1.20	1.19	1.17
2	2.17	1.94	1.79	1.60	1.49	1.42	1.37	1.24	1.16	1.14	1.12	1.12	1.10
3	2.11	1.90	1.75	1.57	1.46	1.39	1.34	1.21	1.14	1.11	1.10	1.09	1.07
4	2.08	1.87	1.73	1.55	1.45	1.37	1.32	1.20	1.12	1.10	1.08	1.08	1.06
5	2.07	1.86	1.72	1.54	1.44	1.37	1.32	1.19	1.12	1.09	1.08	1.07	1.05
≥10	2.03	1.83	1.70	1.52	1.42	1.35	1.30	1.17	1.10	1.07	1.06	1.05	1.03

注：表中的计算长度系数 μ 值系按下式计算得出：

$$\left[36K_1K_2-\left(\frac{\pi}{\mu}\right)^2\right]\sin\frac{\pi}{\mu}+6(K_1+K_2)\frac{\pi}{\mu}\cos\frac{\pi}{\mu}=0$$

式中，K_1、K_2 分别为相交于柱上端、柱下端的横梁线刚度之和与柱线刚度之和的比值。当梁远端为铰接时，应将横梁线刚度乘以 0.5；当梁远端为嵌固时，则将横梁线刚度乘以 2/3。

2.20.2 如何执行强条

(1) 最大二阶效应系数 $\theta_{i,\max}^{\text{II}} \leqslant 0.10$，确保满足一阶弹性分析的有效性。

(2) 有支撑（无侧移）框架柱的计算长度系数 μ 的范围为 0.549～1.00 之间。

(3) 无支撑（有侧移）框架柱的计算长度系数 μ 的范围为 1.03～∞之间。

(4) 在纯框架设计中，当柱子长细比超限，很难调整下来时，应考虑改变结构体系，采用框架-支撑体系，这时柱子计算长度系数 $\mu \leqslant 1.0$，使得柱子的计算长度变小，很容易满足长细比要求。

2.21 二阶分析时框架柱的假想水平荷载

2.21.1 强制性条文规定

1. 新强条1

在《钢通规》第5.2.3条第4款中，对结构稳定性验算有如下规定：

二阶分析时应考虑假想水平荷载，框架柱的计算长度系数应取1.0。

该条为新增的强条，将钢结构二阶分析时框架柱的假想水平荷载提高到了重要的地位。

二阶分析是一种简称，准确的说法是二阶 P-Δ 弹性分析。

1）二阶 P-Δ 弹性分析的方法

初始几何缺陷是结构或者构件失稳的诱因，二阶 P-Δ 弹性分析就是仅考虑结构整体初始缺陷及几何非线性对结构内力和变形产生的影响，根据位移后的结构建立平衡条件，按弹性阶段分析结构内力及位移。采用二阶 P-Δ 弹性分析方法时应考虑下面三个条件：

（1）承受水平荷载作用的钢结构，且属于侧移敏感结构，按二阶 P-Δ 效应考虑。

（2）二阶 P-Δ 效应可按近似的二阶理论对在水平荷载作用下结构产生的一阶弯矩进行放大来考虑，也称为放大系数法。

（3）框架柱的计算长度系数应取1.0。

2）二阶分析时假想水平荷载取值

采用放大系数法进行二阶 P-Δ 弹性分析时，应在每层柱顶施加假想水平力（H_{ni}）：

$$H_{ni}=\frac{G_i}{250}\sqrt{0.2+\frac{1}{n_s}} \tag{2.21.1-1}$$

其中：

$$\frac{2}{3}\leqslant\sqrt{0.2+\frac{1}{n_s}}\leqslant 1.0$$

当 $\sqrt{0.2+\frac{1}{n_s}}<\frac{2}{3}$ 时取此根号值$=\frac{2}{3}$；当 $\sqrt{0.2+\frac{1}{n_s}}>1.0$ 时取此根号值$=1.0$。

式中：G_i ——第 i 楼层的总重力荷载设计值（N）；

n_s ——结构总层数。

3）二阶分析时初始缺陷取值

（1）结构整体初始几何缺陷模式可按最低阶整体屈曲模态采用。

（2）框架及支撑结构整体初始几何缺陷代表值的最大值 Δ_0［图2.21.1-1（a）］可取为 $H/250$，H 为结构的总高度。

（3）框架及支撑结构整体初始几何缺陷代表值可按式（2.21.1-2）确定［图2.21.1-1（a）］；或可通过假想水平力按式（2.21.1-1）计算，施加方向应考虑荷载的最不利组合

(图 2.21.1-2)。

$$\Delta_i=\frac{h_i}{250}\sqrt{0.2+\frac{1}{n_s}} \tag{2.21.1-2}$$

式中：Δ_i ——所计算第 i 层的初始几何缺陷代表值（mm）；

h_i ——所计算楼层的高度（mm）；

n_s ——结构总层数，当 $\sqrt{0.2+\frac{1}{n_s}}<\frac{2}{3}$ 时，取此根号值为 $\frac{2}{3}$；当 $\sqrt{0.2+\frac{1}{n_s}}>$ 1.0 时，取此根号值为 1.0。

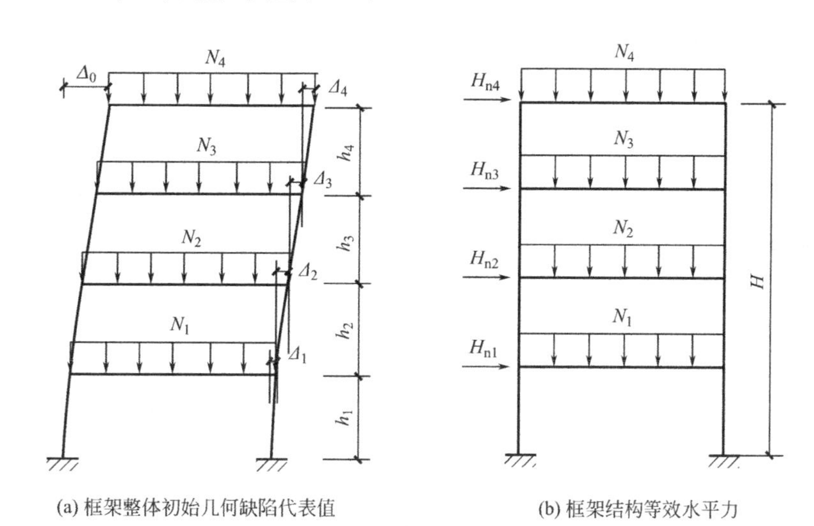

(a) 框架整体初始几何缺陷代表值　(b) 框架结构等效水平力

图 2.21.1-1　框架结构整体初始几何缺陷代表值及等效水平力

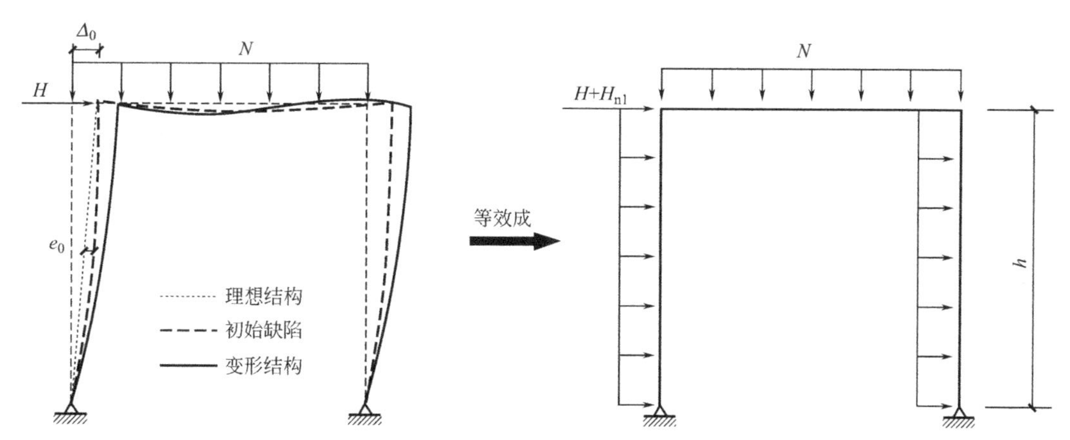

h —层高；H —水平力；H_{ni} —假想水平力；e_0 —构件中点处的初始变形值

图 2.21.1-2　框架结构计算模型

2. 新强条 2

在《钢通规》第 5.2.3 条第 5 款中，对结构进行稳定性验算有如下规定：

假想水平荷载的方向与风荷载或地震荷载作用的方向应一致，假想水平荷载的荷载分

项系数应取 1.0，风荷载参与组合的工况，组合系数应取 1.0，地震作用参与组合的工况，组合系数应取 0.5。

该条为新增的强条，将钢结构二阶分析时假想水平荷载的方向提高到了重要的地位。

假想水平荷载的施加方向与组合系数规定如下：

（1）采用假想水平荷载时，其水平力应施加在结构最不利的方向，即假想水平荷载不能抵消外荷载（风荷载或水平地震荷载）的效果。

（2）假想水平荷载与风荷载参与组合的工况，其组合系数应取 1.0（标准组合）。

（3）假想水平荷载与地震作用参与组合的工况，其组合系数应取 0.5（地震组合）。（$\theta_{i,\max}^{\mathrm{II}}$）。

2.21.2 如何执行强条

（1）为了保证二阶 P-Δ 弹性分析的真实性及有效性，最大二阶效应系数（$\theta_{i,\max}^{\mathrm{II}}$）的范围如下：高层钢结构的二阶效应系数范围为 0.10～0.20 之间；多层钢结构的二阶效应系数范围为 0.10～0.25 之间。

（2）采用假想水平荷载方法进行二阶 P-Δ 弹性分析时，框架柱的计算长度系数应取 1.0。设计中应检查电算结果中框架柱的计算长度是否与层高一致，保证计算的可靠性。计算结果中，钢柱计算长度小于层高，则不安全；计算长度大于层高，则梁、柱截面因计算错误而偏大。

（3）施加的假想水平荷载应与风荷载及地震荷载作用方向为叠加关系（方向一致）。

（4）应保证假想水平荷载与风荷载及地震荷载组合时的组合系数的正确性。

2.22 钢梁平面外整体稳定性

2.22.1 强制性条文规定

1. 新强条中的构造规定

在《抗震通规》第5.3.2条中，对钢梁平面外整体稳定性的构造规定如下：

框架结构以及框架-中心支撑结构和框架-偏心支撑结构中的无支撑框架，框架梁潜在塑性铰区的上下翼缘应设置侧向支撑或采取其他有效措施，防止平面外失稳破坏。

该条为新增的强条，将框架梁的整体稳定性的构造措施提高到了重要的地位。

1）梁的侧向支撑

钢梁的稳定性针对的是受压翼缘。钢梁与钢柱不同，钢梁的功能就是支撑楼板或屋面板，在上翼缘顶面铺设的楼板或檩条成为钢梁的天然侧向支撑，而框架梁的下翼缘在梁端部一定的区域内（负弯矩）受压，一般的做法是在梁端下翼缘受压区设置水平隅撑或加劲板，形成钢梁的侧向支撑。在构造上解决钢梁整体稳定性是经济的方法。

简记：水平隅撑。

2）梁的塑性铰区

框架梁潜在塑性铰区是指两种情况：一是在恒载作用下，框架梁跨中区域为受压区，梁端部下翼缘也为受压区，当受到的弯矩达到一定程度时，梁端就会出现塑性铰，称为潜在的塑性铰区；二是在水平地震力作用下，框架梁端部上翼缘也可能成为受压区，当受到的弯矩达到一定程度时，梁端同样会出现塑性铰，也称为潜在的塑性铰区。综合起来，框架梁潜在塑性铰区就是框架梁的梁端上下翼缘潜在的受压区，其范围一般约为钢梁跨度的四分之一。

简记：塑性铰区。

3）钢梁侧向支撑

上翼缘铺设的现浇楼板、预制楼板及檩条等对钢梁起到了约束作用，属于天然的上翼缘侧向支撑；下翼缘主要通过设置隅撑来起到侧向支撑的作用，有时从美观考虑不希望隅撑影响空间效果，也可以通过在下翼缘受压区范围内设置横向加劲肋来达到目的。

简记：横向加劲肋。

4）钢梁平面外失稳破坏

工字形钢梁（含H型钢梁）的截面特点是高而窄，受弯方向刚度很大，但侧向刚度较小。这样既可以提高抗弯承载力，又可以节省钢材。其受力特点是，当弯矩较小时，梁的弯曲平衡状态是稳定的，由于梁的侧向支撑较弱，当荷载继续增大时，在弯曲应力尚未达到钢材屈服点之前，就会在没有明显征兆的情况下突然发生梁的侧向弯曲和扭转变形，使梁丧失继续承载的能力，造成了梁的整体失稳。

梁的整体失稳其实就是梁的侧向弯扭屈曲。弯扭屈曲表现为受压翼缘发生较大侧向变形及受拉翼缘发生较小侧向变形的整体弯扭变形。所以，提高梁整体稳定性的有效方法就是增强梁受压翼缘的侧向稳定性。

简记：侧向弯扭屈曲。

5）防止钢梁平面外失稳方法

可以通过构造措施在钢梁受压翼缘区域设置侧向支撑达到整体稳定性，这是首选方案，既经济又简单。也可以通过计算使钢梁满足整体稳定性，这与钢柱相同，靠计算来满足构件的整体稳定性。

简记：首重构造，次重计算。

2. 新强条中的计算规定

在《钢通规》第 4.2.2 条中，对钢梁平面外整体稳定性的验算规定如下：

受弯构件应进行稳定性验算。

该条为新增的强条，将钢梁整体稳定性的验算要求提高到了重要的地位。

在工程实际中，有时框架梁或次梁是无法实现侧向支撑的，如图 2.22.1-1 所示，对于没有楼板作为侧向支撑的框架梁 GKL2，建筑师为了大堂效果，不允许设置隅撑。还有像吊车梁这样的次梁，无侧向约束。针对这些特殊情况，只能通过计算方法验算钢梁的整体稳定性，从而达到防止钢梁平面外失稳破坏的目的。

钢梁一般为单轴受弯构件，在最大刚度主平面内受弯（绕强轴）时，其整体稳定性应按下式计算：

$$\frac{M_x}{\varphi_b W_x f} \leqslant 1.0 \tag{2.22.1-1}$$

式中：M_x ——绕强轴作用的最大弯矩设计值（N·mm）；

W_x ——按受压最大纤维确定的梁毛截面模量，当截面板件宽厚比等级为 S1 级、S2 级、S3 级或 S4 级时，应取全截面模量；当截面板件宽厚比等级为 S5 级时，应取有效截面模量，均匀受压翼缘有效外伸宽度可取 $15\varepsilon_k$，腹板有效截面可按《钢标》第 8.4.2 条的规定采用（mm^3）；

φ_b ——梁的整体稳定性系数，应按《钢标》附录 C 确定；

梁的整体稳定性系数实质上就是临界应力与屈服强度的比值，即 $\varphi_b = \sigma_{cr}/f_y$；

f——钢梁翼缘的钢材抗压强度设计值（N/mm^2）。

说明：

（1）钢梁的整体稳定性针对的是受压翼缘。当钢梁上翼缘受压时，$W_x = W_x^{上}$；当钢梁下翼缘受压时，$W_x = W_x^{下}$。

（2）绕强轴的毛截面不考虑塑性发展系数（γ_x）。

简记：稳定系数。

3. 构造上防止钢梁平面外失稳

当受压翼缘在构造上有可靠的侧向约束时，可不计算钢梁的整体稳定性，只计算强度

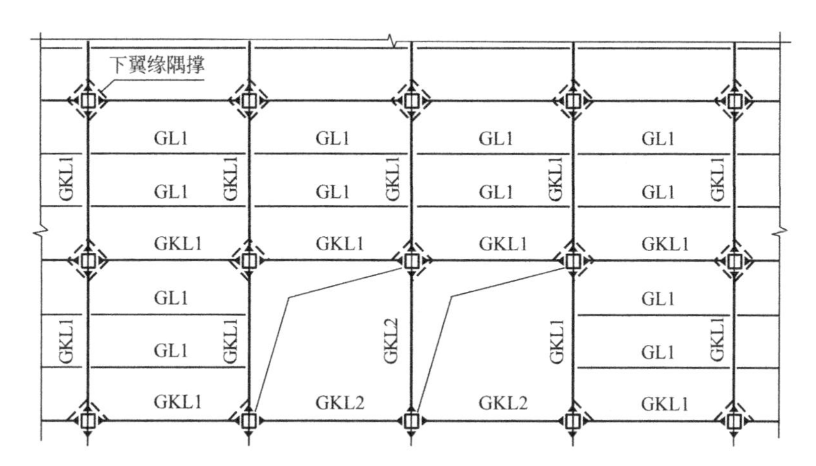

图 2.22.1-1 钢框架平面布置图

即可。

构造上按照上、下翼缘受压区两种情况设置侧向约束构件。

1）上翼缘设置侧向约束

（1）当有混凝土楼板或钢板等与上翼缘牢固相连，能够阻止受压上翼缘的侧向位移时，可认为钢梁有可靠的侧向约束，无需考虑梁的整体稳定性。

（2）檩条系统的铺板或预制板属于密铺板。钢梁上翼缘铺设有檩条或预制楼板与其牢固相连，形成上翼缘侧向支撑点，可认为钢梁有可靠的侧向约束，无需考虑梁的整体稳定性。

总之，檩条或预制板也是钢梁可靠的侧向约束，但檩条间距或预制板宽度不能太大，否则将起不到侧向约束的限制作用。檩条间距不大于 1.5m，预制板宽度不大于 1.5m。

简记：侧向约束。

2）下翼缘设置侧向约束

（1）在框架梁梁端下翼缘受压区设置水平隅撑，如图 2.22.1-2 所示，θ 为被撑钢梁与隅撑之间的夹角。隅撑杆件按轴心受力构件设计，要求长细比 $\lambda \leqslant 120\varepsilon_k$。

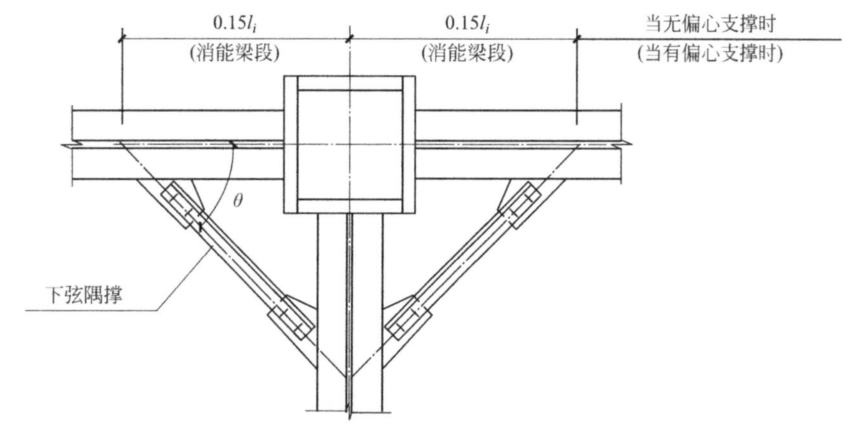

图 2.22.1-2 下翼缘隅撑做法

对于一般框架梁，隅撑支撑点选在离柱中心线 0.15 倍跨度的位置。

偏心支撑中的消能钢梁，隅撑支撑点选在消能梁段与非消能梁段的分界处。

简记：下翼缘隅撑。

（2）在框架梁梁端下翼缘受压区范围内（一般取梁跨度的四分之一）设置成对的与钢梁等宽的横向加劲肋，其间距不大于 2 倍的梁高，见图 2.22.1-3。

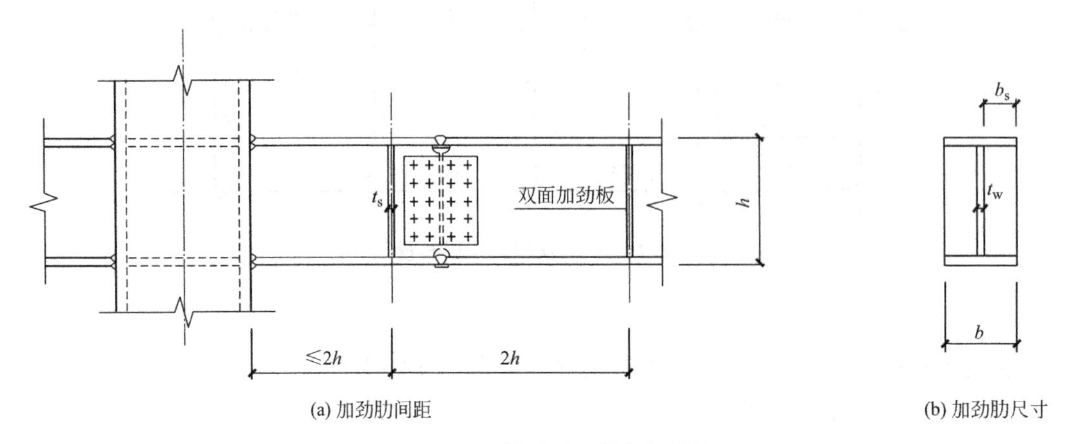

图 2.22.1-3 梁端设置横向加劲肋

特别指出，这是一种间接性的可靠的侧向支撑，其依靠的是上翼缘有可靠的侧向支撑。举一个例子，图 2.22.1-1 中的框架梁 GKL2，由于楼板开大洞，没有侧向支撑，就不能采用设置横向加劲肋的方法解决侧向支撑的问题，只能通过验算整体稳定来保证不失稳。

简记：2 倍梁高。

柱边与第一对加劲肋的间距不大于 2 倍梁高，便于躲开腹板高强螺栓节点区。

加劲肋厚度 t_s 按下式计算：

$$t_s \geqslant \frac{b_s}{19} \tag{2.22.1-2}$$

式中：b_s——加劲肋宽度（mm）。

加劲肋最小厚度 t_s 也可按表 2.22.1-1 选取。

加劲肋最小厚度 t_s（mm） **表 2.22.1-1**

加劲肋最小厚度	框架梁下翼缘宽度 b(mm)						
	200	250	300	350	400	450	500
t_s	6	8	8	10	12	12	14

4. 构造与计算两种方法的经济对比

1）采取构造措施后的计算方法

采用构造措施防止钢梁整体失稳时，增加了少量隅撑或加劲肋等构件，但可不考虑整体稳定性，只需按下式验算钢梁的强度。

$$\sigma=\frac{M_x}{\gamma_x W_{nx}}\leqslant f \tag{2.22.1-3}$$

式中：M_x ——同一截面处绕 x 轴的弯矩设计值（N·mm）；

W_{nx} ——对 x 轴的净截面模量，当截面板件宽厚比等级为 S1 级、S2 级、S3 级或 S4 级时，应取全截面模量，当截面板件宽厚比等级为 S5 级时，应取有效截面模量，均匀受压翼缘有效外伸宽度可取 15 ε_k，腹板有效截面可按《钢标》第 8.4.2 条的规定采用；

γ_x ——对 x 轴的截面塑性发展系数；

f——钢材的抗弯强度设计值（N/mm^2）。

按式（2.22.1-1）计算方法防止钢梁整体失稳时，钢梁截面与采用构造措施下的截面相比会增加较大的面积。

2）两种方法的经济对比

（1）假定在两种方法下钢梁截面形式为 H 型钢，其所承受的弯矩（M_x）相同，跨度相同，钢号相同，截面高度（h）和腹板厚度（t_w）相同（受腹板高宽比控制），不同之处是翼缘的截面积。

假定两种情况下截面无孔洞，正应力相同。

（2）采用构造措施防止钢梁整体失稳时，钢梁 1 的正应力按式（2.22.1.-3）为：

$$\sigma_1=\frac{M_x}{\gamma_x W_1}=\frac{M_x(h/2)}{\gamma_x I_1} \tag{2.22.1-4}$$

按计算方法防止钢梁整体失稳时，将式（2.22.1-1）两边各乘以 f 后得到钢梁 2 的正应力为：

$$\sigma_2=\frac{M_x}{\varphi_b W_2}=\frac{M_x(h/2)}{\varphi_b I_2} \tag{2.22.1-5}$$

让 $\sigma_1=\sigma_2$，得到：

$$\frac{I_1}{I_2}=\frac{\varphi_b}{\gamma_x} \tag{2.22.1-6}$$

假设钢梁的整体稳定性系数在 0.6～0.8 范围内，即 $\varphi_b=0.6\sim0.8$。H 型钢梁绕 x 轴的截面塑性发展系数为 $\gamma_x=1.05$。

将 φ_b 值和 γ_x 值带入式（2.22.1-6）得到：

$$\frac{I_1}{I_2}=0.57\sim0.76 \tag{2.22.1-7}$$

由于钢梁 1 和钢梁 2 的梁高是相等的，两者的截面积比值与两者的截面惯性矩比值近似相等。即：

$$\frac{A_1}{A_2}=\frac{I_1}{I_2}=0.57\sim0.76 \tag{2.22.1-8}$$

从式（2.22.1-8）可以看出，采用构造措施防止钢梁整体失稳时，钢梁的截面积 A_1 为按计算法确定的钢梁 A_2 截面积的 57%～76%，其经济效益是可观的。

2.22.2 违反强条的情况

设计人员经常漏设隅撑，会造成两种不利情况：一是钢梁的应力比很小（低于整体稳定系数 φ_b 值），本来是应该作为安全储备之用，但被稳定系数值消耗掉了，浪费了钢材，实际上变成了依靠稳定计算来防止侧向失稳破坏；二是钢梁的应力比偏高（高于整体稳定系数 φ_b 值），不足以抵扣 φ_b 值，则存在侧向失稳的可能性。

2.22.3 原因分析

一是不了解隅撑在整体稳定中所起的作用而漏设隅撑，二是画图过程中漏设隅撑（由于在整体建模中不体现隅撑杆件，隅撑被遗忘也是常事）。

2.22.4 如何执行强条

（1）应将针对框架梁采用的可靠的侧向支撑或采取其他有效措施以大样形式表现在设计中。

（2）当采用横向加劲肋作为钢梁侧向支撑时，如果加劲肋兼做次梁的承压加劲肋，则加劲肋的板厚应满足 $t_s \geqslant b_s/15$ 的要求。

（3）对无法通过构造措施达到侧向约束的钢梁（如类似于图 2.22.1-1 的 GKL2 或吊车梁等），需要提供钢梁稳定性验算的计算书。仅对无侧向约束的钢梁进行包络设计。

2.23　钢梁竖向隅撑注意事项

2.23.1　强制性条文规定

1. 新强条

在《抗震通规》第 5.3.2 条中，对钢梁平面外整体稳定性的构造规定如下：

框架结构以及框架-中心支撑结构和框架-偏心支撑结构中的无支撑框架，框架梁潜在塑性铰区的上下翼缘应设置侧向支撑或采取其他有效措施，防止平面外失稳破坏。

1）采用竖向隅撑的情况

对于跨度较大的框架梁或门式刚架的钢梁，需要设置若干道水平隅撑，才能解决钢梁端部下翼缘侧向支撑问题，看起来不美观，且靠近跨中的隅撑长度也会较大，其截面尺寸也随之变大。所以，有时会采用竖向隅撑的措施解决侧向稳定，如图 2.23.1-1 所示。

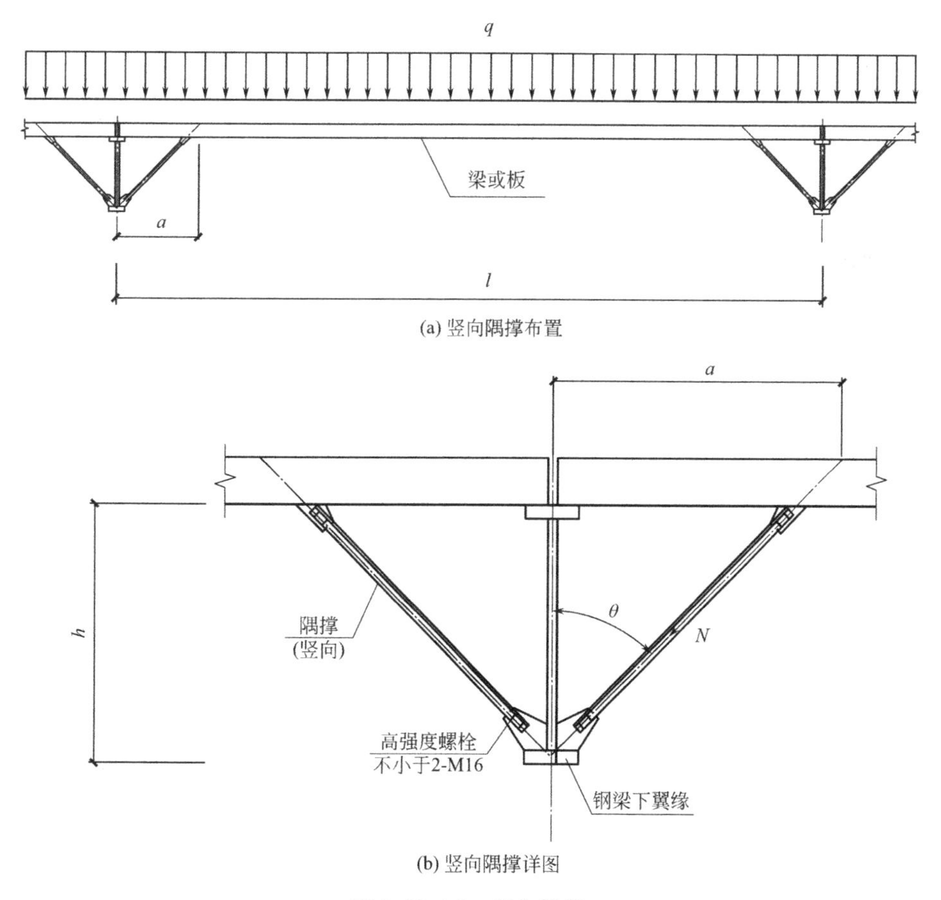

(a) 竖向隅撑布置

(b) 竖向隅撑详图

图 2.23.1-1　竖向隅撑

2）惯性思维与结构安全

由于设置竖向隅撑不当造成结构安全隐患或安全事故是必须要正确认识的问题。

举个门式刚架中竖向隅撑设计失败的例子。在惯性思维下，按水平隅撑的构造方法设计竖向隅撑，即隅撑杆件轴力（N）按钢梁下翼缘截面满应力的6%计算（$N=0.06b_{\mathrm{f}}\cdot t_{\mathrm{f}}f/\sin\theta$）。但是，有时竖向斜杆承受的轴力远大于此，造成隅撑失稳屈曲。竖向隅撑失稳后，钢梁失去了侧向支撑，就会形成整体失稳。

2. 竖向隅撑轴力计算

按图2.23.1-1所示，斜杆轴向压力为：

$$N=\frac{0.5(l-2a)q}{\cos\theta} \tag{2.23.1-1}$$

当下式（2.23.1-2）成立时，就应考虑斜杆整体稳定性，否则就会存在安全隐患。

$$\frac{0.5(l-2a)q}{\cos\theta}>\frac{0.06b_{\mathrm{f}}t_{\mathrm{f}}f}{\sin\theta} \tag{2.23.1-2}$$

隅撑杆件的整体稳定性按下式计算：

$$\frac{0.5(l-2a)q}{\varphi Af\cos\theta}\leqslant 1.0 \tag{2.23.1-3}$$

式中：φ——隅撑杆件整体稳定系数；

A——隅撑杆件截面积（mm^2）；

f——钢材抗压强度设计值（$\mathrm{N/mm}^2$）；

θ——隅撑与钢梁腹板间的夹角。

2.23.2 如何执行强条

（1）竖向隅撑必须进行整体稳定性验算，且提供计算书。

（2）采用单杆件隅撑与节点板单面连接时，螺栓计算应增大10%，其理由是杆件受力状态为偏心传递轴力。

2.24　禁止钢柱偏心受压及钢柱整体稳定性

2.24.1　强制性条文规定

1. 新强条 1：轴心受压构件的稳定性

在《钢通规》第 4.1.1 条中，对轴心受压构件稳定性验算规定如下：

轴心受压构件应进行稳定验算。

该条为新增的强条，将轴心受压构件稳定性验算提高到了重要的地位。

实腹式轴心受压构件，其整体稳定性计算应符合下式要求：

$$\frac{N}{\varphi A f} \leqslant 1.0 \tag{2.24.1-1}$$

式中：N ——轴心压力（N）；

φ——轴心受压构件的稳定系数；

A ——构件的毛截面积（mm^2）；

f ——钢材的抗压强度设计值（N/mm^2）。

2. 新强条 2：压弯构件的稳定性

在《钢通规》第 4.1.6 条中，对压弯构件稳定性验算规定如下：

压弯构件必须保证在压力和弯矩共同作用下的整体稳定性。

该条为新增的强条，压弯构件稳定性验算与轴心受压构件稳定性验算同样重要。

双轴对称截面单向实腹式压弯构件弯矩作用平面内稳定性计算方法如下：

$$\frac{N}{\varphi_x A f} + \frac{\beta_{mx} M_x}{\gamma_x W_{1x}\left(1 - 0.8\dfrac{N}{N'_{Ex}}\right) f} \leqslant 1.0 \tag{2.24.1-2}$$

其中：

$$N'_{Ex} = \frac{\pi^2 EA}{1.1\lambda_x^2} \tag{2.24.1-3}$$

双轴对称截面单向实腹式压弯构件弯矩作用平面外稳定性计算以相关公式表达如下：

$$\frac{N}{\varphi_y A f} + \eta \frac{\beta_{tx} M_x}{\varphi_b W_{1x} f} \leqslant 1.0 \tag{2.24.1-4}$$

式中：N ——所计算构件范围内轴心压力设计值（N）；

N'_{Ex} ——参数，按公式（2.24.1-3）计算（N）；

φ_x ——弯矩作用平面内轴心受压构件整体稳定系数；

M_x ——所计算构件段范围内的最大弯矩设计值（N · mm）；

W_{1x} ——在弯矩作用平面内对受压最大纤维的毛截面模量（mm^3）；

φ_y ——弯矩作用平面外的轴心受压构件稳定系数；

φ_b——均匀弯曲的受弯构件整体稳定系数，按《钢标》附录C计算，其中工字形和T形截面的非悬臂构件，可按附录C第C.0.5条的规定确定；对闭口截面$\varphi_b=1.0$；

η——截面影响系数，闭口截面$\eta=0.7$，其他截面$\eta=1.0$。

3. 压杆受力特点

无论是轴心受压构件还是压弯构件，其压力（N）均为轴力。

简记：轴心受力。

设计中不允许使用偏心受压构件，这是因为偏心受压构件承载力很低，一旦用于设计中，所需截面会很大。20世纪80年代初，清华大学土木系承担了两个钢结构规范的课题，一个课题是轴心受压构件极限承载力的研究，另一个课题是偏心受压构件极限承载力的研究。采用有限元进行的理论分析和试验结果相一致，均证明了偏心受压构件的整体稳定承载能力远低于轴心受压构件的整体稳定承载能力，偏心率越大，承载力越低。所以，偏心受压构件不适合应用于设计，只能用于研究或特殊行业的设计。

4. 框架梁、柱关系

钢梁与钢柱刚接时，框架柱为压弯构件。框架梁端部的剪力传给柱子，变为钢柱承受的一部分轴力，框架梁端部的弯矩按照梁、柱线刚度的比例分配给柱子，变为钢柱承受的一部分弯矩。

《钢标》中规定的压弯构件是指钢柱轴心受到压力的状况，也就是框架梁中心线与钢柱中心线相交的情况，如图2.24.1-1所示。当钢柱上有悬挑梁或悬挑牛腿时，只要梁、柱中心线相交，则为轴心受压的压弯构件。

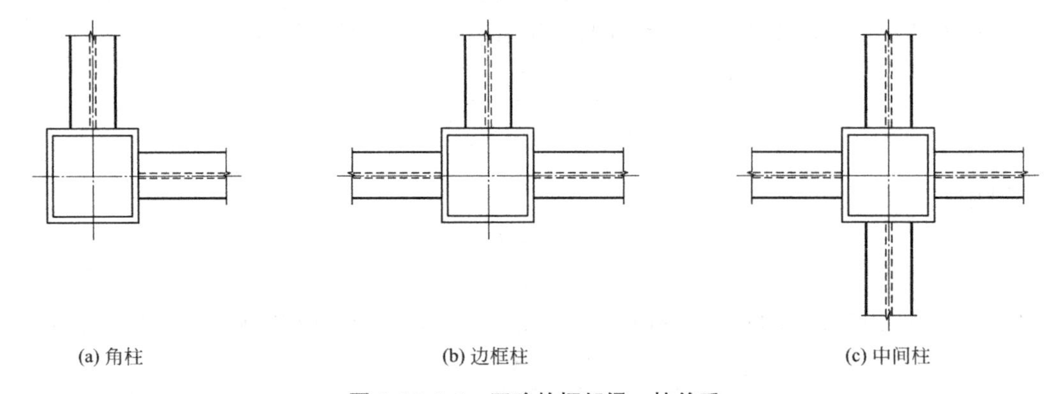

图2.24.1-1　正确的框架梁、柱关系

当梁、柱中心线不相交时，则为偏心压弯构件，如图2.24.1-2所示。应禁止这种情况。

正确的框架梁、柱布置见图2.24.1-1。

简记：各向居中。

错误的框架梁、柱布置见图2.24.1-2，尤其是在高层或超高层钢结构房屋设计中易出现钢柱偏心受压而导致失稳屈曲的情况。在设计中应该杜绝偏心钢柱的布置。

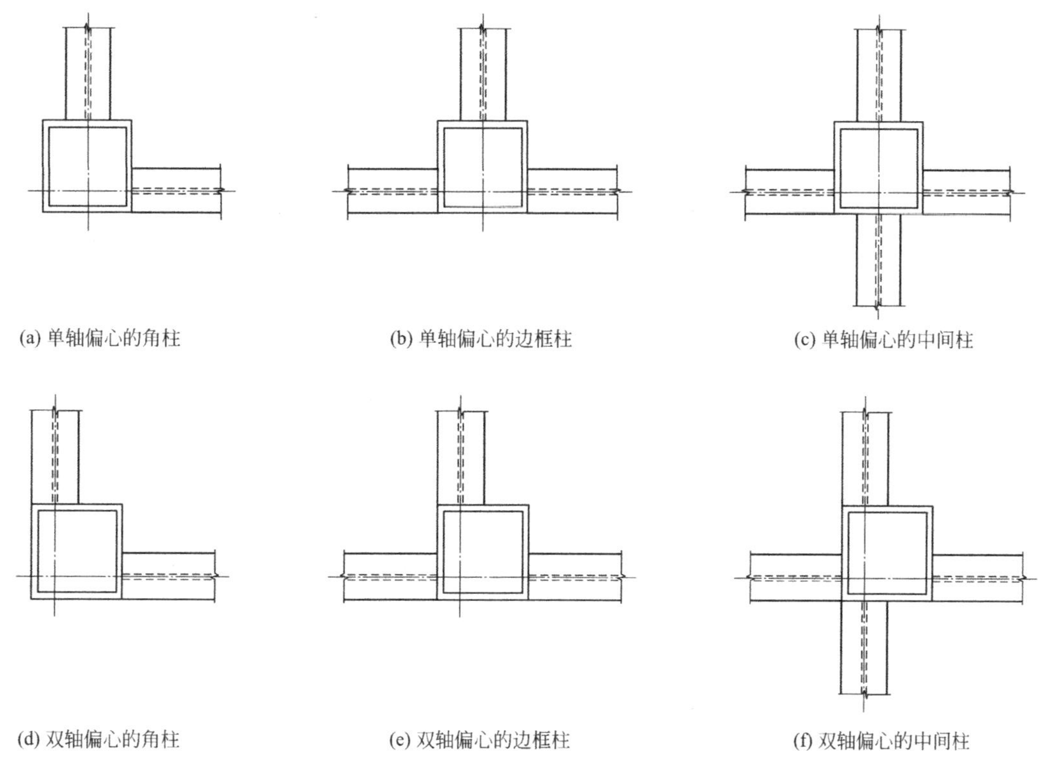

(a) 单轴偏心的角柱　(b) 单轴偏心的边框柱　(c) 单轴偏心的中间柱

(d) 双轴偏心的角柱　(e) 双轴偏心的边框柱　(f) 双轴偏心的中间柱

图 2.24.1-2　错误的框架梁、柱关系

5. 钢柱变截面

在高层钢结构中，随着楼层的增加，柱截面逐渐变小是很正常的事情，但是当上下层钢柱的轴心有了偏心后，同样会产生偏心受压的结果。

正确的柱子变截面方法见图 2.24.1-3，变截面后，柱子的轴线位置不变。

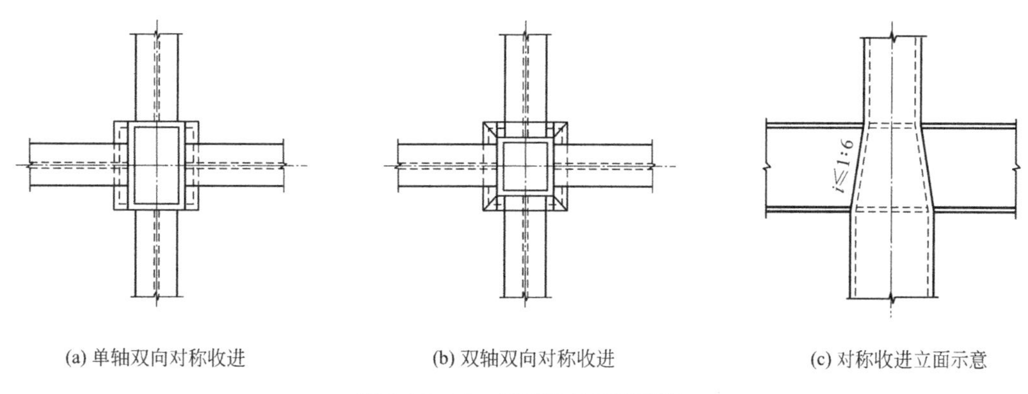

(a) 单轴双向对称收进　(b) 双轴双向对称收进　(c) 对称收进立面示意

图 2.24.1-3　正确的柱子变截面

简记：轴线不变。

错误的柱子变截面方法见图 2.24.1-4，尤其是在高层或超高层钢结构房屋设计中同样易出现钢柱偏心受压而导致失稳屈曲的情况。在设计中应该杜绝这种情况。

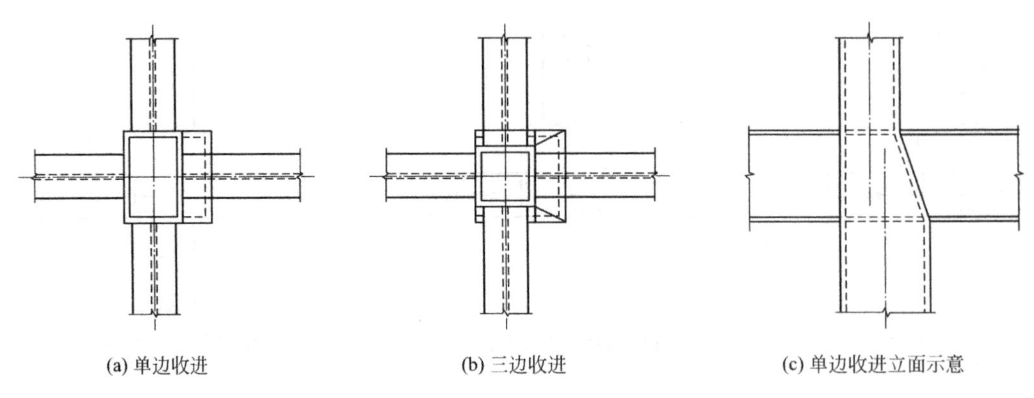

图 2.24.1-4 错误的柱子变截面

2.24.2 如何执行强条

（1）受压构件的稳定性计算中没有偏心受压，只有轴心受压，所以在设计中应杜绝偏心受压柱的布置，避免安全隐患。

（2）禁止钢柱偏心受压不仅是强制性条文要求，更是对高层钢结构的安全保证。

（3）应在设计中禁止类似图 2.24.1-2 的错误框架梁、柱布置方式。

（4）应在设计中禁止类似图 2.24.1-4 的错误柱子变截面方式。

（5）在多层钢结构中，确实不能避开偏心框架梁时（如大跨度空间的边框柱为大矩形截面，相邻边框柱为小方柱，建筑师不允许边框梁在平面内布置，而出现偏心布置），可采取可靠的结构措施。

2.25　格构柱分肢稳定性

2.25.1　强制性条文规定

1. 新强条

在《钢通规》第 4.1.1 条中，对格构柱分肢稳定性规定如下：

格构柱轴心受压构件中柱肢屈曲不应先于构件整体失稳。

该条为新增的强条，将格构柱分肢稳定性提高到了重要的地位，需要提醒一点是：对于格构柱，首先应进行整个构件的强度和稳定性计算。

2. 格构柱的截面形式

格构式组合构件是由两个或多个分肢构件通过缀件（也称为缀材）连接的组合体。

格构柱的截面形式分为双肢组合构件、四肢组合构件及三肢组合构件，如图 2.25.1-1 所示。

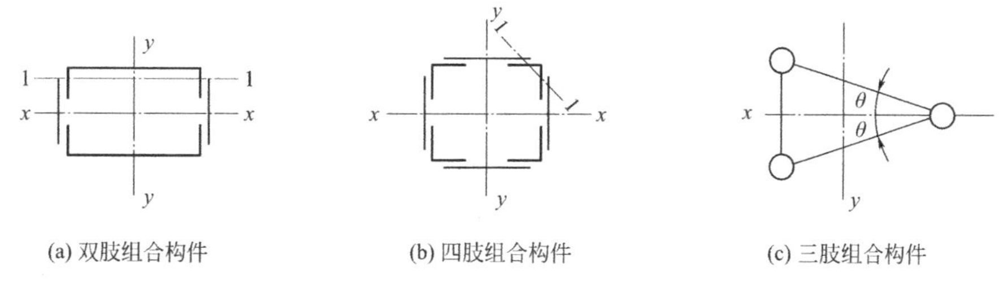

图 2.25.1-1　格构式组合构件截面

缀件分为缀条和缀板。

3. 格构柱的特点

(1) 当构件较长，采用实腹轴心受压构件难以满足长细比要求时，就需要采用格构式轴心受压构件，由两个或两个以上的分肢通过缀件连成一个整体构件，拉大了分肢间的距离，使长细比得以减小。

简记：减小长细比。

(2) 格构柱在单肢截面设计和单肢平面布置上应该具有对称轴，这种情况下，当格构柱失稳时，一般发生绕截面主轴的弯曲屈曲，不大可能发生扭转屈曲和弯扭屈曲。

简记：弯曲屈曲。

4. 格构柱的整体稳定性

格构柱的整体稳定性分为绕实轴的整体稳定和绕虚轴的整体稳定两种情况。后者的整体稳定性是通过格构柱绕虚轴弯曲失稳的临界力推导出换算长细比来保证整体稳定性的。

（1）绕实轴的整体稳定

双肢格构柱相当于两个并列的实腹式轴心受压构件，对实轴的整体稳定承载力的计算与实腹式轴心受压构件相同，计算上按式（2.24.1-1）验算整体稳定性，构造上控制构件的长细比。

（2）绕虚轴的整体稳定

格构柱绕虚轴稳定性计算也分为两部分，计算上验算整体稳定性和构造上控制格构柱的换算长细比。

实腹式轴心受压构件的腹板是连续的，其抗剪刚度大，在弯曲失稳时，剪切变形影响很小，对实腹构件临界力的降低不足1%，可以忽略不计。但格构柱绕虚轴弯曲失稳时，由于分肢靠缀件连接，不是实体连接，缀件的抗剪刚度比实腹式构件的腹板弱，构件在微弯平衡时，除考虑弯曲变形外，还应考虑剪切变形的影响，必然导致稳定承载力有所降低，意味着长细比有所放大。这种放大了的长细比（λ_{0x} 或 λ_{0y}）称为绕格构柱虚轴的换算长细比。根据弹性稳定理论分析，建立格构柱绕虚轴弯曲失稳的临界应力公式，就可以求解出换算长细比（λ_{0x} 或 λ_{0y}）。《钢标》中的换算长细比是将理论值根据一定的限定情况简化而得。

简记：虚轴；换算长细比。

5. 格构柱的分肢稳定性

格构柱的分肢稳定性不应低于整体稳定性。

分肢（柱肢）为独立的实腹式轴心受压构件。从安全角度讲，分肢的稳定性要高于整体的稳定性，即，应保证分肢失稳不先于格构柱整体失稳。《钢标》中控制分肢的稳定性是通过构造要求规定分肢的长细比及缀板与分肢的线刚度比值来实现的，要求如下：

缀件为缀条时，缀条柱的分肢长细比要满足下式要求：

$$\lambda_1 \leqslant 0.7\lambda_{max} \tag{2.25.1-1}$$

缀件为缀板时，缀板柱的分肢长细比要满足下式要求：

$$\lambda_1 \leqslant 0.5\lambda_{max} \tag{2.25.1-2}$$

$$\lambda_1 \leqslant 40\varepsilon_k \tag{2.25.1-3}$$

缀板与分肢的线刚度比值要满足：

$$\frac{i_b}{i_1} \geqslant 6 \tag{2.25.1-4}$$

式中：λ_{max}——两个方向长细比（对虚轴取换算长细比）的较大值，当 $\lambda_{max} < 50$ 时，取 $\lambda_{max} = 50$；

i_b——$i_b = I_b/a$，为两侧缀板线刚度之和，I_b 为各缀板的惯性矩之和，a 为两分肢的轴线距离；

i_1——$i_1 = I_1/l_1$，为一个分肢的线刚度，I_1 为分肢绕图 2.25.1-1 中 1-1 轴的惯性矩，l_1 为相邻缀板间中心距。

2.25.2　如何执行强条

（1）在格构柱设计中应将此强条写入说明中。

（2）格构柱的分肢应按式（2.25.1-1）～式（2.25.1-4）进行验算。

（3）应提供计算书。

2.26 钢梁局部稳定性

2.26.1 强制性条文规定

1. 新强条

在《钢通规》第 4.2.2 条及条文解释中提到了受弯构件局部稳定的验算：

受弯构件应进行稳定性验算。

该条为新增的强条，将稳定性验算提高到了重要的地位。

构件的稳定性验算分为整体稳定性验算和局部稳定性验算。后者是保证局部稳定高于整体稳定的重要基础。钢结构的精髓就是构件的整体稳定和局部稳定。只有构件的板件受压才有可能出现失稳现象，受拉板件不存在失稳问题。

条文解释中明确了稳定性验算分为局部稳定性验算和整体稳定性验算。

2. 局部稳定的力学原理

1）欧拉临界应力公式

欧拉临界应力公式是分析板件稳定的基本公式。

根据弹性理论，可以建立板件发生屈曲时的平衡微分方程式，求解出板件的临界应力。临界应力与板件的宽（高）厚比、板件支撑情况（图 2.26.1-1）、材料性质等因素有关。

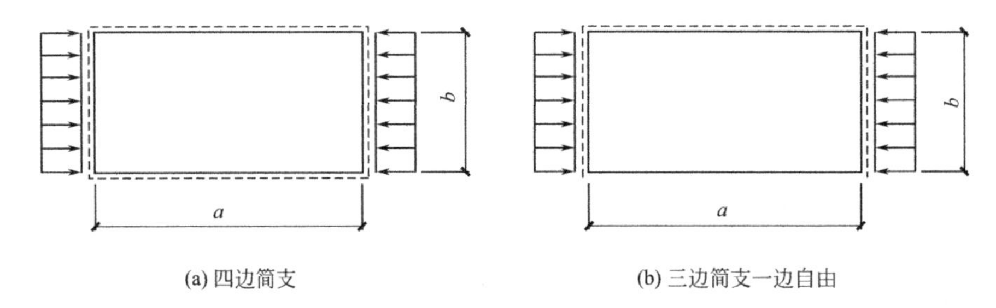

(a) 四边简支 (b) 三边简支一边自由

图 2.26.1-1 板件均匀受压模型

单向均匀受压矩形板件的临界应力 σ_{cr} 的形式为下式：

$$\sigma_{cr}=\chi\frac{k\pi^2E}{12(1-\nu^2)}\cdot\left(\frac{t}{b}\right)^2 \tag{2.26.1-1}$$

式中：χ ——嵌固系数，反映翼缘对腹板的弹性嵌固作用时：

在纯剪应力作用下，梁的翼缘对腹板有一定的约束作用，但并非完全固定，可取 1.23；

在纯弯曲应力作用下取 1.61；

在局部压应力下取 1.69；

反映腹板对翼缘的弹性嵌固作用时，对受压翼缘取 1.0；

k ——弹性屈曲系数，腹板视作四边简支板，两平行边均匀受压时 $k=4.0$，两平行边受弯时 $k=23.9$；翼缘视作三边简支、一边自由板，忽略 $\left(\frac{b}{a}\right)^2$ 项的影响，取 $k=0.425$。根据支撑情况和应力状态，弹性屈曲系数 k 取值见表 2.26.1-1；

ν——钢材泊松比；

E ——弹性模量：

t——板件厚度；

b——板件宽度。

板的屈曲系数 k　　**表 2.26.1-1**

项次	支撑情况	应力状态	k	说明
1	四边简支	两平行边均匀受压	$k_{min}=4$	
2	三边简支，一边自由	两平行简支边受压	$k_{min}=0.425+\left(\frac{b}{a}\right)^2$	a、b 见图 2.26.1-1 用于受压翼缘
3	四边简支	两平行边受弯	$k_{min}=23.9$	用于腹板纯弯
4	两平行边简支另两边固定	两平行简支边受弯	$k_{min}=39.6$	
5	四边简支	一边局部受压	当 $\frac{b}{a}\leqslant 1.5$，$k=\left(4.5\frac{b}{a}+7.4\right)\frac{b}{a}$ 当 $\frac{b}{a}>1.5$，$k=\left(11-0.9\frac{b}{a}\right)\frac{b}{a}$	a、b 见图 2.26.1-1
6	四边简支	四边均匀受剪	当 $\frac{b}{a}\leqslant 1.0$，$k=4.0+5.34\left(\frac{b}{a}\right)^2$ 当 $\frac{b}{a}>1.0$，$k=4.0\left(\frac{b}{a}\right)^2+5.34$	a 为长边，b 为短边 用于腹板纯剪

注：设计时取 $k=k_{min}$ 趋于安全。

2）局部稳定的验算

局部稳定的验算就是板件宽（高）厚比的验算。临界应力与板件的宽（高）厚比有关，从式（2.26.1-1）可知，控制局部稳定，实际上就是控制板件的宽（高）厚比的限值，增大板件临界力的有效办法就是增大板件厚度（t）或减小板件宽度（b）。

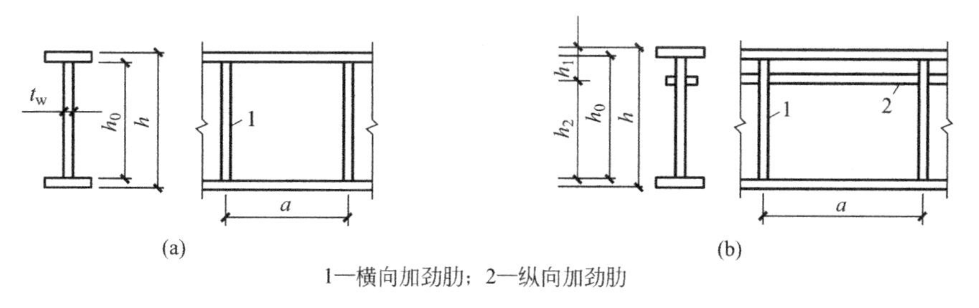

1—横向加劲肋；2—纵向加劲肋

图 2.26.1-2　加劲肋布置

当翼缘不满足局部稳定计算时一般应将翼缘加厚。

当腹板不满足局部稳定的计算要求时，应设置横向加劲肋及纵向加劲肋（图 2.26.1-2），将腹板划分为合适的板格，使其满足高厚比的要求。

3. 钢梁的局部稳定

1）钢梁受剪腹板局部稳定的规定

《钢标》规定，腹板不配置横向加劲肋时应满足下式要求：

$$\frac{h_0}{t_w} \leqslant 80\varepsilon_k \tag{2.26.1-2}$$

该公式的推导见《钢结构设计精讲精读》中受弯构件的局部稳定章节。

当不满足式（2.26.1-2）的要求时应配置横向加劲肋，见图 2.26.1-2（a）。横向加劲肋的间距应满足宽厚比的要求。

《钢标》规定，腹板的宽厚比还应符合与截面板件宽厚比等级相对应的要求，见表 2.26.1-2。

受弯构件的腹板宽厚比限值及对应的截面板件宽厚比等级　　表 2.26.1-2

构件	截面板件宽厚比等级		S1 级	S2 级	S3 级	S4 级	S5 级
受弯构件（梁）	工字形截面	腹板 h_0/t_w	$65\varepsilon_k$	$72\varepsilon_k$	$93\varepsilon_k$	$124\varepsilon_k$	250
	箱形截面	腹板 h_0/t_w	$65\varepsilon_k$	$72\varepsilon_k$	$93\varepsilon_k$	$124\varepsilon_k$	250

简记：横向加劲肋。

2）钢梁腹板纯弯时的局部稳定

当腹板又高又薄时，在纯弯曲应力作用下，由于弯曲应力在梁高度上有一部分为压应力，因而可能发生局部屈曲。

为了防止弯曲应力可能引起的腹板失稳，在工程设计中，应按《钢标》的规定控制腹板的高厚比。腹板不配置纵向加劲肋时应满足下列要求：

受压翼缘扭转受到约束（如连有刚性铺板、檩条等）时：

$$\frac{h_0}{t_w} \leqslant 170\varepsilon_k \tag{2.26.1-3}$$

受压翼缘扭转未受到约束时：

$$\frac{h_0}{t_w} \leqslant 150\varepsilon_k \tag{2.26.1-4}$$

对单轴对称截面，当要配置纵向加劲肋时，h_0 应取受压区高度 h_c 的 2 倍

当不满足时（2.26.1-3）或式（2.26.1-4）要求时，首先按式（2.26.1-2）设置横向加劲肋，然后再在腹板受压区设置纵向加劲肋，见图 2.26.1-2（b）。

简记：纵向加劲肋。

3）钢梁翼缘纯弯时的局部稳定

翼缘主要承受弯曲应力，一般采用宽厚比限值来保证局部稳定性。

工字形和箱形截面（图 2.26.1-3）受压翼缘板件宽厚比应根据截面板件宽厚比等级（S1～S5）的要求按表 2.26.1-3 执行。

当不满足表 2.26.1-3 要求时应加大翼缘的厚度。

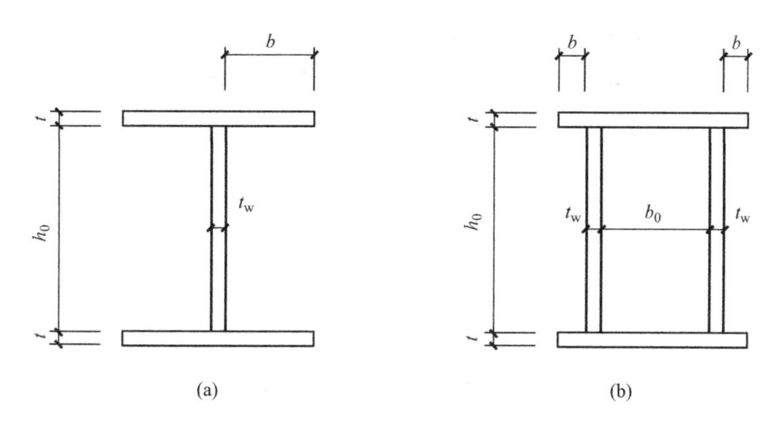

图 2.26.1-3 工字形和箱形截面

焊接截面梁翼缘最大宽厚比限值 **表 2.26.1-3**

宽厚比等级	S1 级	S2 级	S3 级	S4 级	S5 级
工字形截面翼缘 b/t	$9\varepsilon_k$	$11\varepsilon_k$	$13\varepsilon_k$	$15\varepsilon_k$	20
箱形截面翼缘 b_0/t	$25\varepsilon_k$	$32\varepsilon_k$	$37\varepsilon_k$	$42\varepsilon_k$	—

2.26.2 如何执行强条

（1）对钢梁应进行局部稳定性验算。型钢自然满足局部稳定，不需验算。

（2）提供计算书。

（3）当钢梁通过采用横向加劲肋、纵向加劲肋来达到局部稳定时，应提供采用构造措施后的局部稳定验算的计算书。

2.27 实腹式轴心受压构件局部稳定的屈服准则和等稳准则

2.27.1 强制性条文规定

1. 新强条

在《钢通规》第4.1.2条中，对实腹式轴心受压构件局部稳定的设计原则规定如下：

实腹式轴心受压构件承载力计算中，当不允许板件局部屈曲时，板件的局部屈曲不应先于构件的整体失稳。

该条为新增的强条，将实腹式轴心受压构件的局部稳定原则提高到了重要的地位。

保证板件的局部屈曲不应先于构件的整体失稳，就是要限制板件的宽（高）厚比，采用的方法是屈服准则和等稳准则。

2. 屈服准则和等稳准则

1）屈服准则

局部失稳临界应力（σ_{crj}）不低于屈服应力（f_y），即，板件在构件应力达到屈服前不发生局部失稳。构件应力达到屈服前可理解为构件发生强度破坏之前。

屈服准则的力学表达式为：

$$\sigma_{crj} \geqslant f_y \tag{2.27.1-1}$$

2）等稳准则

局部失稳临界应力（σ_{crj}）不低于构件整体失稳临界应力（σ_{cr}），即，板件在构件达到整体失稳前不发生局部失稳。由于整体稳定承载力与整体稳定系数相关联，而整体稳定系数又与构件的长细比相关联，所以，局部稳定与构件的长细比相关联。

等稳准则的力学表达式为：

$$\sigma_{crj} \geqslant \sigma_{cr} \tag{2.27.1-2}$$

3）屈服准则和等稳准则的适用情况

实腹式轴心受压构件承载能力的状况决定了两种准则的选用方法。对于短柱，其构件应力接近或可达到屈服荷载，以发生强度破坏为主，此时采用屈服准则比较合适。对于中、长柱，其构件应力远达不到屈服荷载时，构件就产生了整体失稳，此时采用等稳准则比较合适。

《钢标》中，对各种截面形式的构件均综合运用了屈服准则和等稳准则对板件的宽（高）厚比做出了规定。

4）屈服准则和等稳准则的应用

H形截面腹板的板件宽厚比限值应符合下式规定：

$$h_0/t_w \leqslant (25+0.5\lambda)\varepsilon_k \tag{2.27.1-3}$$

式中：λ——构件的较大长细比（绕弱轴的长细比），当$\lambda<30$时，取为30；当$\lambda>100$时，取为100；

h_0、t_w——分别为腹板的计算高度和厚度（mm）。

式（2.27.1-3）实际上代表了三个公式，可用关系图来表达，以Q235为例，图2.27.1-1的h_0/t_w-λ线性关系图表达得一目了然。

当$\lambda<30$时，代表的是短柱，此时采用屈服准则，公式为：

$$h_0/t_w=40\varepsilon_k$$

当$\lambda\geqslant30$时，代表的是中、长柱，此时采用等稳准则，理由是构件极限承载力由整体稳定承载力控制，其值低于强度值，相应的局部屈曲临界力可以降低，即宽厚比限值可以放宽。

其中，当$\lambda>100$时，代表的是长柱，相应的局部屈曲临界力很低了，再放宽宽厚比限值意义不大了，此时，公式为中柱的上限值，即：

$$h_0/t_w=75\varepsilon_k$$

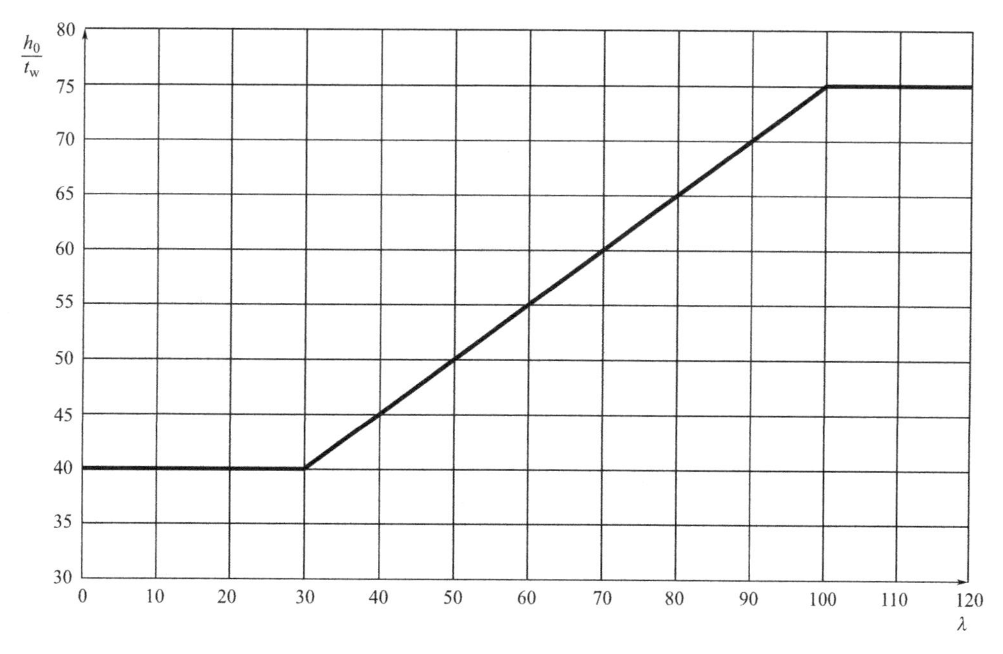

图 2.27.1-1　h_0/t_w-λ 线性关系图

H形截面翼缘的板件宽厚比限值为：

$$b_1/t_f\leqslant(10+0.1\lambda)\varepsilon_k \tag{2.27.1-4}$$

式中：b_1——翼缘板自由外伸宽度，焊接截面取腹板厚度边缘至翼缘板边缘的距离，轧制截面取内圆弧起点至翼缘板边缘的距离；

t_f——翼缘板厚度。

上式采用关系图来表达，以Q235为例，见图2.27.1-2的(b_1/t_f)-λ线性关系图。

由于翼缘较窄而板件较厚，翼缘的宽厚比远小于腹板的宽厚比，与长细比有关的系数（0.1）远小于腹板中长细比的系数（0.5）。在短柱范围内，即腹板达到局部失稳临界应力前，翼缘还处于局部稳定状态，此时，翼缘宽厚比限值可以放宽；在中、长柱范围内，理由与腹板的情况一样，构件极限承载力由整体稳定承载力控制，其值低于强度值，相应的局部屈曲临界力可以降低，即宽厚比限值可以放宽。所以，对于翼缘来说，不管是短柱，还是中、长柱，均采用了等稳准则。

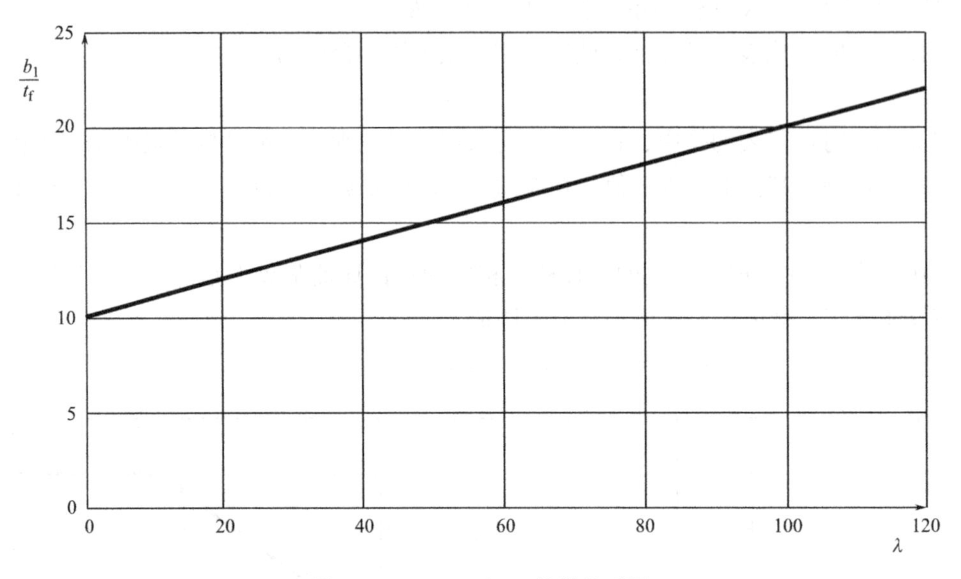

图 2.27.1-2 b_1/t_f-λ **线性关系图**

箱形截面壁板：

$$b_0/t \leqslant 40\varepsilon_k \tag{2.27.1-5}$$

式中：b_0——壁板的净宽度，当箱形截面设有纵向加劲肋时，为壁板与加劲肋之间的净宽度；

t——壁板的厚度。

由于箱形截面具有双实轴，在计算长度和截面外观尺寸大致相同的情况下与 H 形截面相比较，前者的长细比约为后者的 60%，而当 H 形截面构件 $\lambda=100$ 时（大概为中、长柱分界点），箱形截面构件的长细比仅为 $\lambda=60$，靠近短柱。从安全性和简化计算考虑，采用屈服准则是合适的。

2.27.2 如何执行强条

（1）大跨屋盖桁架、转换桁架及柱间支撑中的实腹式轴心受压构件，其轴力较大，截面外观尺寸又不能太大，一般采用不允许采用板件局部屈曲的方法进行设计（屈服准则或等稳准则）。为了保证板件的局部屈曲不先于构件的整体失稳，应进行局部稳定的验算。

（2）提供局部稳定验算的计算书。

2.28 实腹式轴心受压构件屈曲后强度

2.28.1 强制性条文规定

1. 新强条

在《钢通规》第4.1.2条中，对实腹式轴心受压构件屈曲后强度的设计原则规定如下：

实腹式轴心受压构件承载力计算中……当允许板件局部屈曲时，应考虑局部屈曲对截面强度和整体失稳的影响；三边支撑板件不应利用屈曲后强度。

该条为新增的强条，将实腹式轴心受压构件屈曲后强度的利用提升到了重要的地位。

2. 屈曲后强度的利用

1）板件屈曲后强度的概念

当箱形截面壁板或工字形截面腹板的高度较高且壁板又较薄时，板件的局部稳定不能满足要求，其局部应力就会大于临界应力而发生局部屈曲；但由于板件受到周围其他板件的约束，板件在屈曲后具有能够继续承担更大荷载的能力，这一现象称为实腹式轴心受压构件屈曲后强度。

2）板件屈曲后的工作原理

板件超过局部稳定的要求时，发生局部屈曲的一小部分截面退出工作，其他截面继续参与工作。所谓屈曲强度的利用，就是板件在不满足局部稳定的情况下，扣除屈曲的一小部分截面，采用有效净截面重新进行构件的强度计算和稳定性计算。当满足新的要求时，可不考虑腹板的局部稳定。

3）适用的截面类型

可考虑屈曲后强度的截面类型一般为箱形截面的壁板和工字形截面的腹板。

4）考虑屈曲后强度的计算

当可考虑屈曲后强度时，实腹式轴心受压构件的强度和稳定性可按下列公式计算：

（1）强度计算

$$\frac{N}{A_{ne}} \leqslant f \tag{2.28.1-1}$$

（2）稳定性计算

$$\frac{N}{\varphi A_e f} \leqslant 1.0 \tag{2.28.1-2}$$

$$A_{ne} = \sum \rho_i A_{ni} \tag{2.28.1-3}$$

$$A_e = \sum \rho_i A_i \tag{2.28.1-4}$$

式中：A_{ne} ——为构件的有效净截面面积（mm^2）；

A_e——为构件的有效毛截面面积（mm^2）；

A_{ni}——为各板件净截面面积（mm^2）；

A_i——为各板件毛截面面积（mm^2）；

φ——轴心受压构件稳定系数，可按毛截面计算；

ρ_i——组成构件截面的各板件有效截面系数。

注：1. 当板件没有螺栓孔或开小洞时，$A_{ni}=A_i$，即，板件净截面面积=板件毛截面面积。

2. 翼缘不考虑屈曲后强度，其有效截面系数 $\rho_i=1.0$。

5）轴心受压构件的有效截面系数 ρ 可按下列情况计算：

箱形截面的壁板、H形或工字形截面的腹板：

（1）当 $b/t\leqslant 42\varepsilon_k$ 时：

$$\rho=1.0 \tag{2.28.1-5}$$

（2）当 $b/t>42\varepsilon_k$ 时：

$$\rho=\frac{1}{\lambda_{n,p}}\left(1-\frac{0.19}{\lambda_{n,p}}\right) \tag{2.28.1-6}$$

其中

$$\lambda_{n,p}=\frac{b/t}{56.2\varepsilon_k}$$

并且，当 $\lambda>52\varepsilon_k$ 时，$\rho\geqslant(29\varepsilon_k+0.25\lambda)t/b$。

式中：b、t——分别为壁板或腹板的净宽度和厚度。

实际上，ρ 为双控值。

6）工字形截面的翼缘不应利用屈曲后强度

工字形截面的翼缘一般不会设计成又宽又薄的板件（不满足局部宽厚比要求），都是宽厚比很小的板件，很容易满足宽厚比的要求，所以翼缘（三边支撑板件）不应利用屈曲后强度。

2.28.2 如何执行强条

箱形截面壁板或工字形截面腹板的宽厚比很大，超出局部稳定要求时应采取两种方法进行设计：

（1）采用构造方法：增设纵向加劲肋（最有效的方法）。

（2）采用计算方法：可考虑壁板屈曲后强度的利用。提供计算书。

2.29　受弯构件的强度要求

2.29.1　强制性条文规定

1. 新强条

受弯构件的强度分为三个方面：截面的弯曲应力、剪切应力和局部压应力。

在《钢通规》第 4.1.3 条中，对受弯构件的强度规定如下：

受弯构件截面的弯曲应力、剪切应力不应大于相应的强度设计值。对于承受集中荷载的受弯构件，应考虑局部压应力的影响。

该条为新增的强条，将受弯构件的应力计算提高到了重要的地位。

2. 受弯构件的弯曲应力

1）单向受弯时的正应力

在钢结构中，大部分钢梁都是单向受弯构件。钢梁在弯矩作用下，可视为理想弹塑性体，截面中的应变始终符合平截面假定，弯曲应力随弯矩的增加而变化，截面中正应力发展过程可以分为弹性、弹塑性和塑性三个阶段，见图 2.29.1-1。

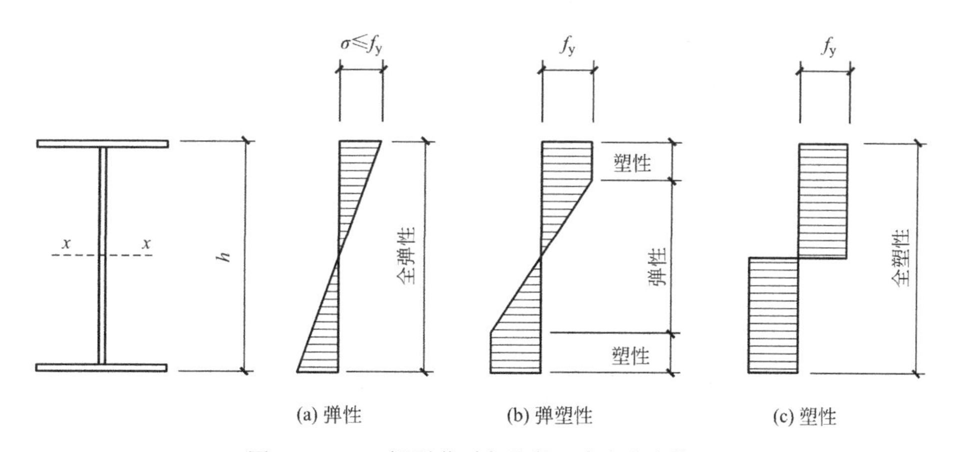

图 2.29.1-1　梁受荷时各阶段正应力分布状况

我国从节省钢材的角度出发，在计算正应力时允许截面最大边缘处达到屈服，并向内有一段塑性发展。这一阶段为弹塑性工作阶段，如图 2.29.1-1（b）所示。考虑截面塑性发展系数后，受弯的实腹式钢梁在主平面内的正应力（单向受弯强度）应按下式计算：

$$\sigma = \frac{M_x}{\gamma_x W_{nx}} \leqslant f \qquad (2.29.1\text{-}1)$$

2）双向受弯时的正应力

在钢结构中，也有一部分钢梁为双向受弯构件，如斜屋面檩条或平行于檩条方向的钢梁（腹板与地面不垂直）、空旷的厂房或演播厅的边框梁（无楼板支撑，承受幕墙的重力荷载和水平风荷载）等，其在主平面内的正应力（双向受弯强度）应按下式计算：

$$\sigma = \frac{M_x}{\gamma_x W_{nx}} + \frac{M_y}{\gamma_y W_{ny}} \leqslant f \tag{2.29.1-2}$$

式中：M_x 、M_y ——同一截面处绕 x 轴和 y 轴的弯矩设计值（N·mm）；

W_{nx} 、W_{ny} ——对 x 轴和 y 轴的净截面模量，当截面板件宽厚比等级为 S1 级、S2 级、S3 级或 S4 级时，应取全截面模量，当截面板件宽厚比等级为 S5 级时，应取有效截面模量，均匀受压翼缘有效外伸宽度可取 $15\varepsilon_k$，腹板有效截面可按《钢标》第 8.4.2 条的规定采用；

γ_x 、γ_y ——对 x 轴和 y 轴的截面塑性发展系数，按下面规定取值；

f——钢材的抗弯强度设计值（N/mm^2）。

3）截面塑性发展系数的取值

（1）对工字形和箱形截面，当截面板件宽厚比等级为 S4 级或 S5 级时，截面塑性发展系数应取为 1.0，当截面板件宽厚比等级为 S1 级、S2 级及 S3 级时，截面塑性发展系数应按下列规定取值：

工字形截面（x 轴为强轴，y 轴为弱轴）：$\gamma_x = 1.05$，$\gamma_y = 1.20$；

箱形截面：$\gamma_x = \gamma_y = 1.05$。

（2）其他截面的塑性发展系数可按《钢标》表 8.1.1 规定取值。

（3）对需要计算疲劳的钢梁，宜取 $\gamma_x = \gamma_y = 1.0$。

3. 受弯构件的剪切应力

一般情况下钢梁受到线荷载或集中荷载作用时，梁截面伴随着弯矩的同时还产生剪力。工字形截面和槽形截面的剪力分布如图 2.29.1-2 所示。

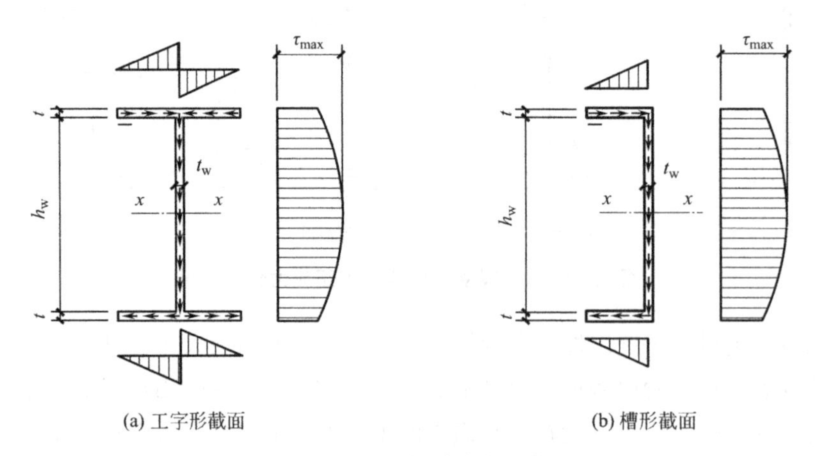

图 2.29.1-2 梁剪应力分布

最大剪应力在腹板的中和轴处。《钢标》规定以截面最大剪应力达到抗剪屈服极限作为抗剪承载力极限状态。

在主平面内绕强轴（x 轴）受弯的实腹钢梁，除考虑腹板屈曲后强度者外，腹板剪应力（受剪强度）应按下式计算：

$$\tau = \frac{VS}{It_{w}} \leqslant f_{v} \tag{2.29.1-3}$$

式中：V——计算截面沿腹板平面作用的剪力设计值（N）；

S——计算剪应力处以上（或以下）毛截面对中和轴的面积矩（mm^3）；

I——构件的毛截面惯性矩（mm^4）；

t_w——构件的腹板厚度（mm）；

f_v——钢材的抗剪强度设计值（N/mm^2）。

从图2.29.1-2中可以看出，腹板是承受剪力的主要板件，提高钢梁抗剪强度最有效的方法是增大腹板的截面积，即增大腹板的高度 h_w 和厚度 t_w。

4. 受弯构件的局部压应力

1）钢梁局部承压的三种形式

一般情况下钢梁在集中力作用处（如支座处、次梁处）都会在其腹板两侧设置加劲肋。局部承压指的是未设置加劲肋的情况下，处于集中力作用下的腹板在与受压翼缘结合处承受的局部压力。

作用在腹板平面内的集中力是通过翼缘传递给腹板的，在与翼缘接触的腹板边缘处，会产生很大的局部横向压应力，甚至可能达到抗压屈服极限，所以要进行局部承压强度的验算。

局部承压分为三种形式：支座处局部承压（图2.29.1-3）、一般梁跨中上翼缘局部承压（图2.29.1-4）和吊车梁上翼缘局部承压（图2.29.1-5）。

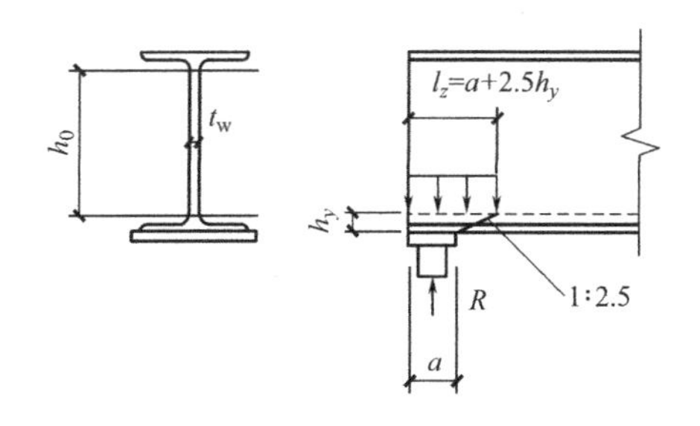

图2.29.1-3 支座处局部承受压应力

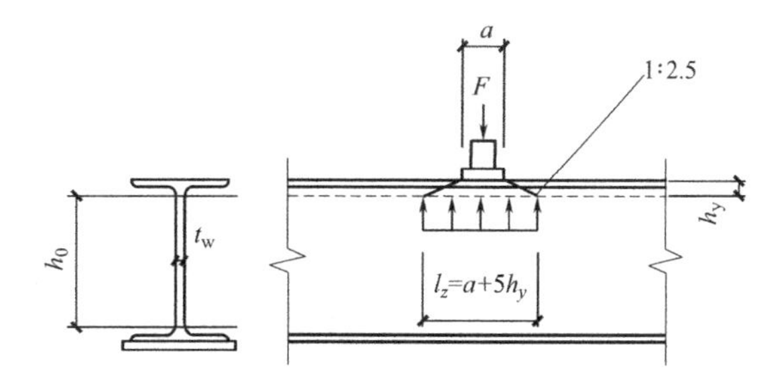

图2.29.1-4 上翼缘局部承受压应力

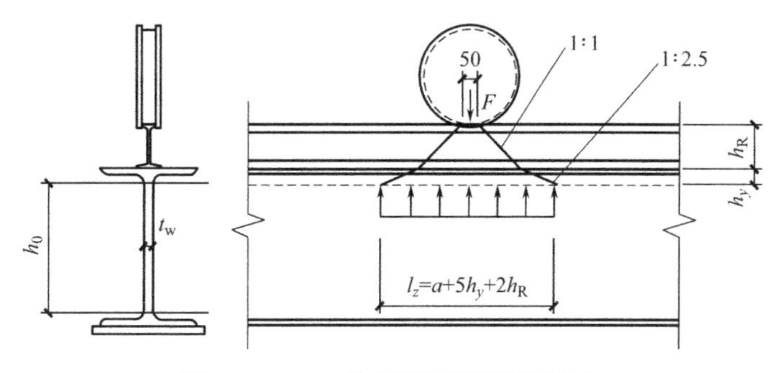

图2.29.1-5 吊车梁局部承受压应力

2）腹板局部承压长度 l_z 规定

（1）局部承压扩散角的规定：《钢标》中规定，集中力在受压翼缘中的扩散角度按 1∶2.5 坡度计算（图 2.29.1-3～图 2.29.1-5），吊车轮压在钢轨中的扩散角度按 1∶1 坡度（45°角）计算（图 2.29.1-5）。

（2）腹板局部承压长度 l_z 的取值：腹板局部承压长度 l_z 在《钢标》中定义为集中荷载在腹板计算高度上边缘的假定分布长度。在支座处局部承压情况下（图 2.29.1-3），l_z 应为在受压翼缘处腹板边缘的假定分布长度。

一般情况下，集中荷载通过垫板再传给受压翼缘，见图 2.29.1-3、图 2.29.1-4。

支座处按一侧扩散传力（图 2.29.1-3），其假定分布长度 l_z 为：

$$l_z = a + 2.5h_y \tag{2.29.1-4}$$

在梁中区域，集中力处按双侧扩散传力（图 2.29.1-4），其假定分布长度 l_z 为：

$$l_z = a + 5h_y \tag{2.29.1-5}$$

在吊车轮压处按双侧扩散传力（图 2.29.1-5），其假定分布长度 l_z 按下列公式计算：

$$l_z = 3.25 \cdot \sqrt[3]{\frac{I_R + I_f}{t_w}} \tag{2.29.1-6}$$

$$l_z = a + 5h_y + 2h_R \tag{2.29.1-7}$$

式（2.29.1-7）为工程设计中常用的简化公式，是由式（2.29.1-6）引进和拟合而成的。

式中：a ——集中荷载沿梁跨度方向（即腹板长度方向）的支承长度（mm），对钢轨上的轮压可取 50mm；关于式（2.29.1-7）中用轮压的支承长度为定数 50mm 的解读为：吊车轮子与钢轨之间的真正接触面长度应该在 20～30mm 之间，式（2.29.1-7）是从式（2.29.1-6）引进的，为了拟合式（2.29.1-6）而取 a = 50mm，这样就不易被理解为轮子与轨道的接触面长度；

h_y ——自梁顶面至腹板计算高度上边缘的距离（mm）；对焊接梁为上翼缘厚度，对轧制工字形截面梁，是梁顶面到腹板过渡完成点的距离；对于支座处则为自梁底面至腹板计算高度下边缘的距离（mm）；

h_R ——轨道的高度（mm），对梁顶为轨道的梁取值为 0，正好与式（2.29.1-5）相一致；

I_R ——轨道绕自身形心轴的惯性矩（mm^4）；

I_f ——梁上翼缘绕翼缘中面的惯性矩（mm^4）；

t_w ——腹板的厚度（mm）。

3）局部压应力计算

（1）局部压应力的性质：首先，集中荷载是通过受压翼缘扩散后作用在腹板边缘上的（即作用在腹板上），其次，作用方向与腹板局部受压面是垂直关系。所以，局部压应力应为正应力，钢材强度应用抗拉强度设计值 f。

（2）局部压应力的计算方法如下：

跨中集中荷载处，明确了受力性质和局压受力尺寸，当钢梁支座处或上翼缘受有沿腹板平面作用的集中荷载，且该荷载处又未设置支撑加劲肋时，腹板在支座处下翼缘边缘或腹板计算高度上边缘的局部压应力（局部承压强度）按照正应力的定义，为集中力除以受压面积，其计算公式为：

$$\sigma_{c}=\frac{F}{t_{w}l_{z}}\leqslant f \tag{2.29.1-8}$$

吊车梁轮压处，首先，集中荷载为动力荷载，应考虑动力系数（即，F 中包含了荷载规范中规定的1.05～1.1的动力系数）；其次，还要考虑增大系数。于是，吊车梁移动轮压处的局部压应力（局部承压强度）计算公式在上式的基础上增加了集中荷载的增大系数 ψ 和 F 中包含的动力系数，为：

$$\sigma_{c}=\frac{\psi F}{t_{w}l_{z}}\leqslant f \tag{2.29.1-9}$$

式中：F ——集中荷载设计值，对吊车梁上的动力荷载应考虑动力系数（N）；

ψ ——集中荷载的增大系数；对重级工作制吊车梁，$\psi=1.35$；其他梁，$\psi=1.0$；

f——钢材的抗压强度设计值（N/mm^2）。

钢梁支座处，当支座处不设置支撑加劲肋时，也应按式（2.29.1-9）计算腹板计算高度下边缘的局部压应力，但取 $\psi=1.0$。支座集中反力的假定分布长度，应根据支座具体尺寸按式（2.29.1-4）计算。

2.29.2 如何执行强条

1. 受弯构件截面的正应力

（1）每跨次梁应设计为简支梁，全跨上翼缘受压，但上翼缘与楼板为可靠的连接，能阻止受压上翼缘的侧向移动，可不考虑次梁的整体稳定性，只进行强度计算。

（2）框架梁上翼缘与楼板为可靠的连接，能阻止受压上翼缘的侧向移动；框架梁端部为受压区，应在下翼缘设置水平支撑或者其他的侧向约束，阻止受压下翼缘的侧向移动，可不考虑框架梁的整体稳定性，只进行强度计算。

（3）绝大部分钢梁只进行强度计算，不做稳定验算，所以，正应力计算很重要。作为强度的要求，应提供计算书。

（4）当个别梁无法实现侧向约束时，应对该梁进行整体稳定性验算。

2. 受弯构件的剪切应力

一般工程中，钢梁腹板在线荷载作用下最大剪力位于梁的端部，所以，在梁端腹板上不应开洞。当水管、电线及小风管需要穿梁而过时，可按构造在腹板上开洞，其构造方法见图2.29.2-1～图2.29.2-4。

1）圆形洞口

用环形加劲肋补强：

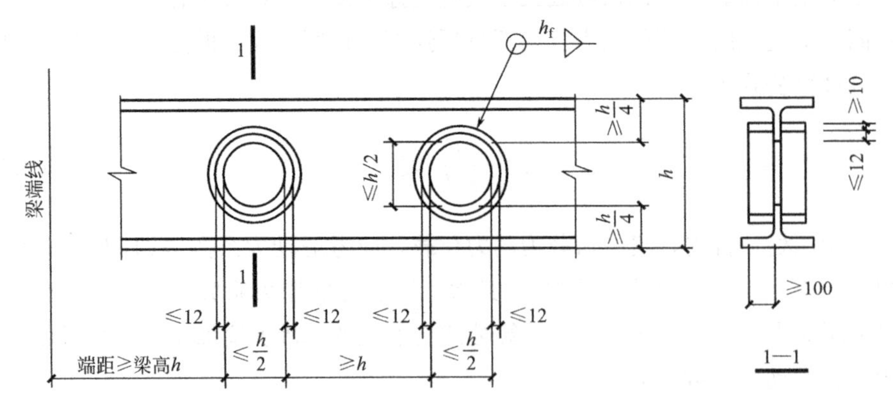

图 2.29.2-1　梁腹板圆形洞口的补强措施（一）

用套管补强：

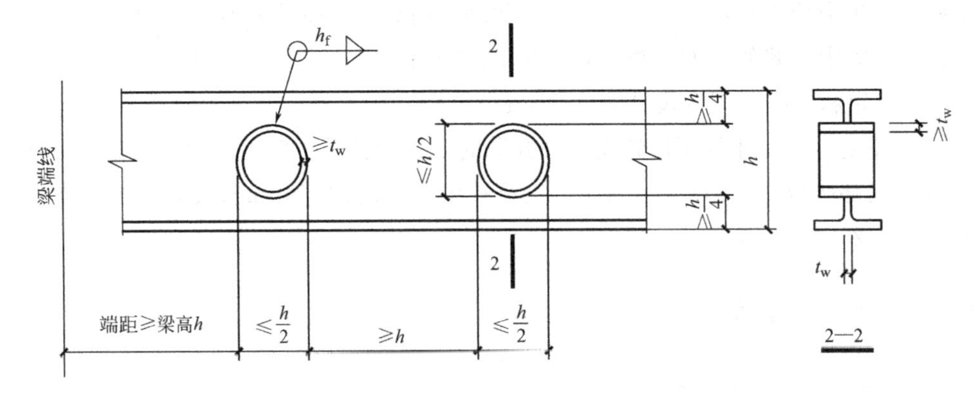

图 2.29.2-2　梁腹板圆形洞口的补强措施（二）

用环形板补强：

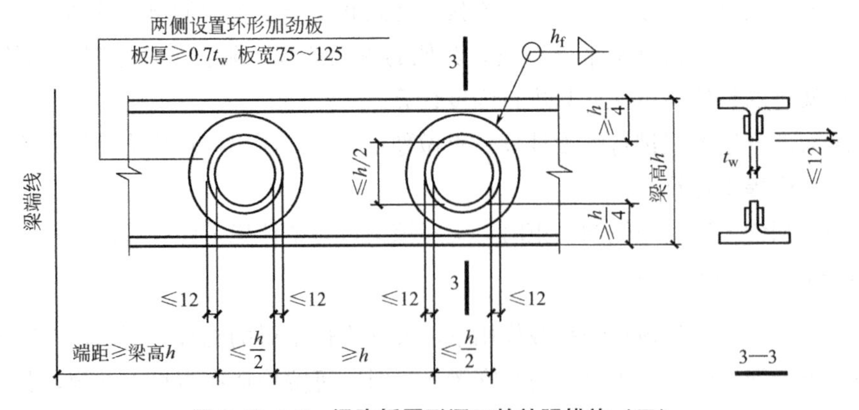

图 2.29.2-3　梁腹板圆形洞口的补强措施（三）

2）矩形洞口

用加劲肋补强：

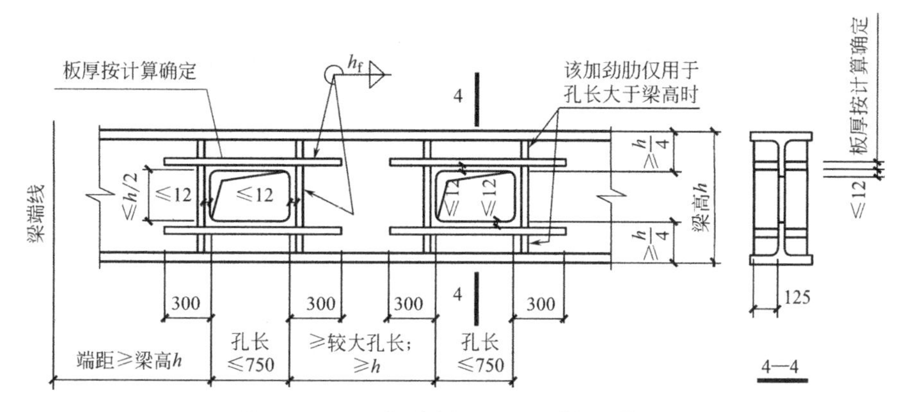

图 2.29.2-4　梁腹板矩形洞口的补强措施

研究表明，腹板开矩形洞口时，采用纵向加劲肋补强的方法明显优于横向或沿孔外围加劲的效果，综合考虑后，采用如图 2.29.2-4 的补强措施。矩形孔被补强后，钢梁弯矩仍可由翼缘承担，剪力由腹板和补强板共同承担。

3）腹板开洞要求

（1）在抗震设防的结构中，不应在隅撑范围内开洞。

（2）不应在距两端相当于梁高范围内开洞。

（3）用于补强的板件应采用与母材强度相同的钢材。

（4）圆洞直径不大于 1/3 梁高时，可不予补强。

3. 受弯构件的局部压应力

（1）当钢梁上作用有固定位置的集中力时，应通过设置腹板加劲肋的方式从构造上解决局部压应力。

（2）当无法设置腹板加劲肋时（如吊车梁移动的轮压），应进行局部承压验算，并应提供计算书。

2.30 防止简支梁支座处扭转

2.30.1 强制性条文规定

1. 新强条

在《钢通规》第4.1.4条中，对受弯构件支座处措施规定如下：

对侧向弯扭未受约束的受弯构件，应验算其侧向弯扭失稳承载力；在构件约束端及内支座处应采取措施保证截面不发生扭转。

该条是将《钢标》中的非强条新增为强条，将钢梁支座处防止扭转提高到了重要的地位（钢梁整体稳定性验算已在前面讲过了，不再赘述）。

2.《钢标》中的非强条

《钢标》第6.2.5条中，为了防止简支梁在支座处的扭转，规定如下：

梁的支座处应采取构造措施，以防止梁端截面的扭转。当简支梁仅腹板与相邻构件相连，钢梁稳定性计算时侧向支撑点距离应取实际距离的1.2倍。

1）侧向弯扭未受约束时的稳定性验算

简支梁与主梁或其他构件采用腹板连接时，由于钢梁抗扭刚度小，钢梁受扭后，腹板容易变形而发生扭转（图2.30.1-1）。当需要进行整体稳定验算时，支座处抗扭转可通过适当增大次梁的计算跨度来实现。梁的计算跨度取1.2倍的实际跨度。当整体稳定性有保证时（如受压上翼缘有可靠的约束，铺有混凝土板或檩条等情况）可不验算支座处的扭转。

简记：1.2倍跨度。

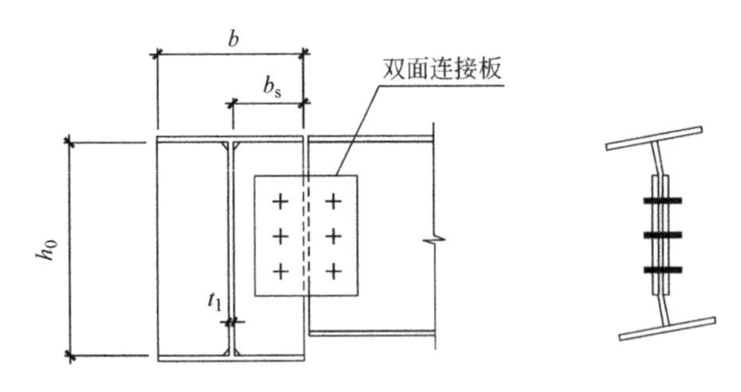

图2.30.1-1 梁端部仅腹板受到约束的简支梁

2）采用构造措施防止简支梁梁端扭转

采用构造措施防止简支梁梁端扭转是经济而可靠的方法，分为三种类型。

（1）类型一，上翼缘有侧向约束：当简支梁受压的上翼缘有混凝土楼板或钢板等与其牢固相连，能阻止受压上翼缘的侧向位移时，可认为能够防止梁端扭转。

（2）类型二，吊车梁：对于梁截面高而窄的吊车梁，受压上翼缘无侧向约束，需要进行梁的整体稳定性计算，但也可通过构造措施防止吊车梁梁端的可能扭转，见图 2.30.1-2。

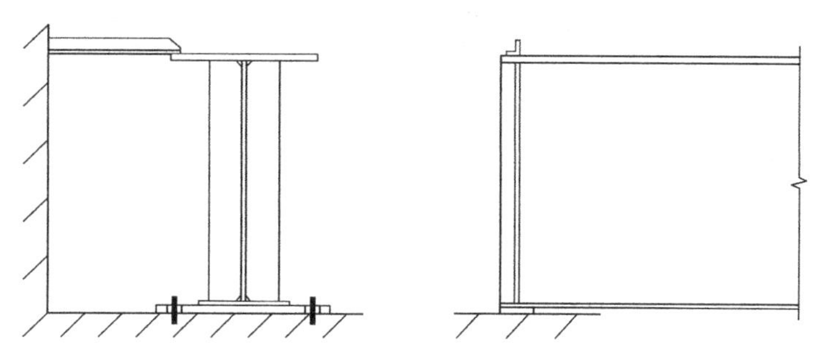

图 2.30.1-2 梁端部上下翼缘受到约束的吊车梁

（3）类型三，上翼缘无侧向约束：对于截面适中的简支梁，当下翼缘有约束，而上翼缘无约束时，端部截面可能产生如图 2.30.1-3（a）所示的扭转。为了防止梁端发生扭转，应采用端部设置加劲肋的构造措施，腹板两侧的加劲肋可以有效约束上翼缘的扭转，见图 2.30.1-3（b）。

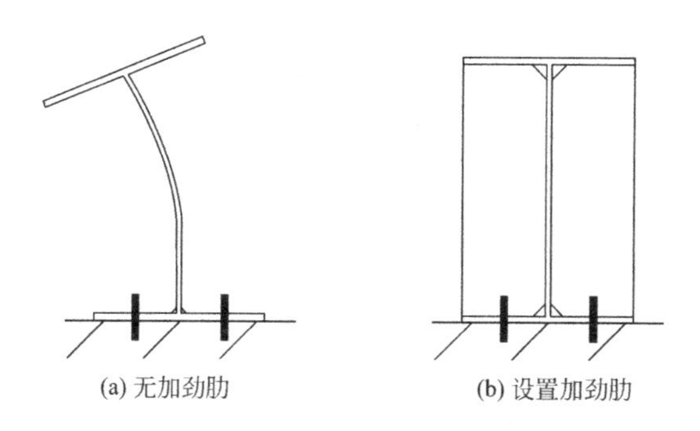
(a) 无加劲肋　　(b) 设置加劲肋

图 2.30.1-3 梁端部下翼缘受到约束的简支梁

2.30.2 如何执行强条

当上翼缘无楼板也无檩条对钢梁进行侧向约束时，简支梁的梁端截面有可能发生扭转，因此，应采用构造措施或通过计算加以解决。

（1）对吊车梁及下翼缘有约束的简支梁宜优先采用构造措施防止梁端扭转。

（2）对梁端仅采用腹板连接的简支梁，由于无法施加构造措施，可采用加大简支梁计算跨度的方法进行钢梁的整体稳定性计算，从而使梁端扭转在可控范围内。

（3）当上翼缘有楼板或檩条连接，能够保证钢梁的侧向约束时，可不考虑简支梁梁端的扭转影响。

2.31 承压加劲肋的稳定性规定

2.31.1 强制性条文规定

1. 新强条

在《钢通规》第 4.1.1 条中，对构件稳定性验算规定如下：

轴心受压构件应进行稳定性验算。

该条为新增的强条，将构件的稳定性验算提高到了重要的地位。

构件稳定性验算分为杆件稳定性验算和板件稳定性验算。

2. 承压加劲肋的稳定性公式推导

1）板件稳定的基本公式

欧拉临界应力公式是分析板件稳定的基本公式。

根据弹性理论，可以建立板件发生屈曲时的平衡微分方程式，求解出板件的临界应力。临界应力与板件的宽（高）厚比、板件支撑情况（图 2.31.1-1）、材料性质等因素有关。

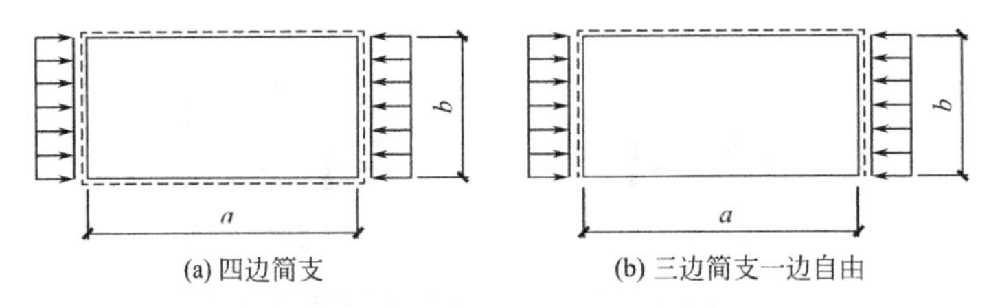

图 2.31.1-1 板件均匀受压模型

单向均匀受压矩形板件的临界应力 σ_{cr} 的形式为下式（为便于一目了然，将 2.26 节公式重新给出）：

$$\sigma_{cr}=\chi\frac{k\pi^2E}{12(1-\nu^2)}\cdot\left(\frac{t}{b}\right)^2 \tag{2.31.1-1}$$

式中的字母含义及说明详见 2.26 节。

2）计算加劲肋时基本参数的取值

（1）嵌固系数：腹板对加劲肋的约束较弱，χ 取 1.0。

（2）弹性屈曲系数 k 的取值：加劲肋视为三边支撑、一面自由的约束形式，$k=0.425$。

（3）弹性模量 E 的取值：$E=2.06\times10^5\text{N/mm}^2$。

（4）钢材泊松比 ν 取值：$\nu=0.3$。

（5）临界应力的要求：为了充分发挥材料强度，必须保证钢梁在发生强度破坏之前受压加劲肋不能发生局部失稳。因此，要求临界应力 $\sigma_{cr}\geqslant f_y$。

推导局部稳定的宽厚比公式，将（1）～（5）项数据带入式（2.31.1-1），得到：

$$\sigma_{cr}=1.0\cdot\frac{0.425\cdot\pi^2\cdot E}{12(1-\nu^2)}\cdot\left(\frac{t}{b}\right)^2\geqslant f_y$$

导出：

$$\frac{b}{t}\leqslant 18.4\varepsilon_k \tag{2.31.1-2}$$

式中：b ——加劲肋的宽度（mm）；

t ——加劲肋的厚度（mm）。

钢结构工程中，一般钢梁的钢号取到Q355，加劲肋的厚度小于16mm，则 $\varepsilon_k=0.814$。以《钢标》中的符号为准，b_s 代替 b，t_s 代替 t，式（2.31.1-2）可写成《钢标》中承压加劲肋的稳定公式：

$$t_s\geqslant\frac{b_s}{15} \tag{2.31.1-3}$$

式中：t_s ——加劲肋的厚度（mm）；

b_s ——加劲肋的宽度（mm）。

当钢梁为Q235时，加劲肋也为Q235，同样采用式（2.31.1-3）作为稳定验算是偏于安全的。

3. 主、次梁连接板设计中易被忽视的稳定问题

1）设计中常出现的被忽视的稳定问题

在主、次梁连接中经常采用横向承压加劲肋与次梁腹板厚度等厚的连接方法，见图2.31.1-2（b），一旦忽视了使用条件，就会造成加劲肋不满足板件稳定的要求。

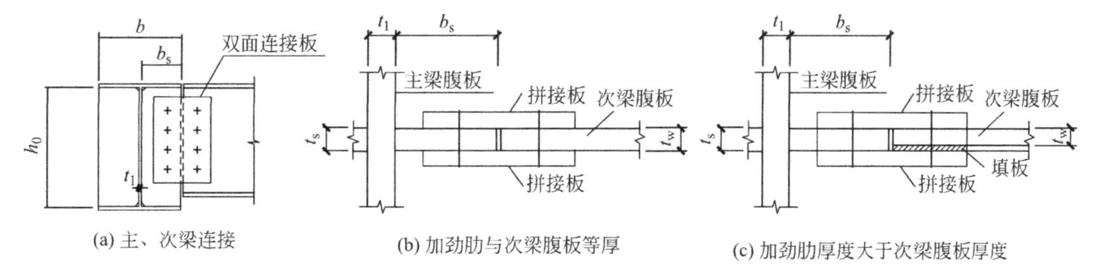

图2.31.1-2　横向支撑加劲肋与次梁的构造连接

举一个例子，主梁为焊接H型钢，截面为H750×14×400×30；次梁为成品H型钢，HN400×200（400mm×8mm×200mm×13mm）。横向承压加劲肋的板厚取的是次梁的腹板厚度 t_w=8mm，因此造成主、次梁连接时加劲肋不满足稳定性。

验算如下。

加劲肋最小外伸宽度：

$$b_{smin}=\frac{h_0}{30}+40=\frac{750-30\times2}{30}+40=63\text{mm}$$

设计中一般按加劲肋外边缘与主梁翼缘的外边缘一致，所以，加劲肋的实际外伸宽度应为：

$$b_s = \frac{400-14}{2} = 193\text{mm} > 63\text{mm}$$

横向承压加劲肋最小厚度的理论值应为：

$$t_s \geqslant \frac{b_s}{15} = \frac{193}{15} = 13\text{mm} > 8\text{mm}$$

从计算结果可以看出，实际设计的加劲肋的厚度值（8mm）远小于理论值（13mm），厚度差的比值为：

$$\Delta = \frac{13-8}{13} = 38\%$$

即，实际设计的板厚只有理论值的 62%，造成横向承压加劲肋不满足稳定要求。

2）横向承压加劲肋和支座承压加劲肋的尺寸设计

加劲肋的外伸最小宽度理论值为：

$$b_s = \frac{h_0}{30} + 40$$

设计中为了方便连接，考虑加劲肋外边缘与主梁翼缘的外边缘一致。由于其值通常远远大于理论值，于是，加劲肋外伸宽度 b_s 实际为：

$$b_s = \frac{b-t_1}{2} \tag{2.31.1-4}$$

承压加劲肋最小厚度值 t_s 为：

$$t_s = \frac{b_s}{15} = \frac{b-t_1}{30}$$

主梁腹板的厚度一般为 6～25mm 之间，$t_1/30$ 的值为 0.2～0.8mm，所以略去 $t_1/30$ 影响很小，且偏于安全。于是，加劲肋的最小厚度 t_s 按上式可简化为：

$$t_s = \frac{b}{30} \tag{2.31.1-5}$$

式中：b ——双轴对称主梁的翼缘宽度（mm）；

t_1 ——双轴对称主梁的腹板厚度（mm）；

b_s ——承压加劲肋的宽度（mm）；

t_s ——承压加劲肋的厚度（mm）。

考虑钢板厚度的规格后，主梁不同的翼缘宽度对应的承压加劲肋厚度由式（2.31.1-5）所得计算值见表 2.31.1-1。

横向承压加劲肋最小构造厚度 t_s（mm）　　表 2.31.1-1

加劲肋	主梁翼缘宽度 b					
	200	250	300	350	400	450
横向承压加劲肋	8	10	10	12	14	16
支座承压加劲肋	10	12	12	14	16	18

注：1. 计算加劲肋时，不需考虑钢号修正系数 ε_k。

2. 支座加劲肋厚度比横向支撑加劲肋厚 2mm。

3）加劲肋与次梁腹板等厚设计

当按表 2.31.1-1 选择的主梁加劲肋厚度小于或等于次梁的腹板厚度时（即 $t_s \leqslant t_w$），取加劲肋的厚度与次梁腹板的厚度相同（$t_s = t_w$），横向承压加劲肋与次梁的构造连接如图 2.31.1-2（b）所示。

当次梁采用成品 H 型钢时，会出现次梁腹板厚度不是 2mm 的模数，此时可将加劲肋的厚度向上调整至 2mm 的模数。例如，次梁为 HN600×200（600mm×11mm×200mm×17mm）时，其腹板厚度为 11mm，则取加劲肋的厚度 t_s=12mm；再例如，次梁为 HN300×150（300mm×6.5mm×150mm×9mm）时，其腹板厚度为 6.5mm，则取加劲肋的厚度 t_s=8mm。

简记：$t_s \leqslant t_w$。

4）加劲肋与次梁腹板非等厚设计

当按表 2.31.1-1 选择的主梁加劲肋厚度 t_s 大于次梁的腹板厚度 t_w 时（即 $t_s > t_w$），为了保证加劲肋的局部稳定性，就必须限定加劲肋的最小厚度值。因此，横向承压加劲肋与次梁的构造连接应采用增设填板的方法，次梁腹板厚度与垫板厚度之和等于承压加劲肋的厚度，见图 2.31.1-2（c）。

当次梁采用成品 H 型钢时，会出现次梁腹板厚度不是 2mm 的模数，此时可将加劲肋的厚度向上调整至 2mm 的模数。例如，主梁翼缘宽度为 450mm，次梁为 HN400×200（396mm×7mm×199mm×11mm）时，查表 2.31.1-1，得出加劲肋的最小厚度为 16mm，次梁的腹板厚度为 7mm，则取加劲肋的厚度 t_s=（7+1+8）=16mm，其中 8mm 为填板厚度，1mm 为调整值；再例如，主梁翼缘宽度为 400mm，次梁为 HN300×150（300mm×6.5mm×150mm×9mm）时，查表 2.31.1-1，得出加劲肋的最小厚度为 14mm，次梁的腹板厚度为 6.5mm，取 1.5mm 的调整值，则取加劲肋的厚度 t_s=（6.5+1.5+6）=14mm，其中 6mm 为填板厚度。

当按表 2.31.1-1 选择的主梁加劲肋厚度 t_s 大于次梁的腹板厚度 t_w 时（即 $t_s > t_w$），在保证加劲肋的最小厚度值不变的情况下，还可以采用次梁端部腹板直接与加劲肋连接的方法（图 2.31.1-3）。由于摩擦面仅为一个面，传力摩擦面数目减少了一半，一个高强度螺栓的受剪承载力也减少了一半，所以，螺栓的数目也需要相应地增加一倍。当加劲肋宽度可以容下 2 排螺栓时，采用图 2.31.1-3（a）的连接方式，否则采用图 2.31.1-3（b）的连接方式。

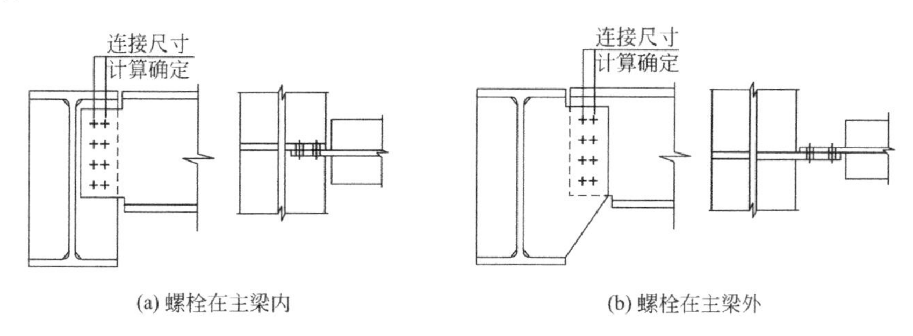

(a) 螺栓在主梁内　　(b) 螺栓在主梁外

图 2.31.1-3　横向承压加劲肋与次梁的直接连接

简记：$t_s > t_w$。

2.31.2 如何执行强条

（1）应按式（2.31.1-2）验算承压加劲肋的稳定性，并提供计算书。

（2）当计算得出的承压加劲肋厚度不大于次梁腹板厚度时，加劲肋厚度应加厚至不小于次梁腹板的厚度，采用等厚连接，如图 2.31.1-2（b）所示。

（3）当计算得出的承压加劲肋厚度大于次梁腹板厚度时，应采用在次梁腹板位置设置填板的连接方式，如图 2.31.1-2（c）所示，也可采用图 2.31.1-3 的连接方式。

2.32 构件刚度

2.32.1 强制性条文规定

1. 新强条

在《钢通规》第4.2.2条中，对构件刚度验算规定如下：

轴心受压构件、受弯构件、压弯构件和以受弯为主的拉弯构件，应进行刚度验算。

该条为新增的强条，将构件的刚度验算提高到了重要的地位。

2. 实腹式轴心受压构件的刚度

实腹式轴心受力构件的刚度是以构件的容许长细比［λ］来定义的。

最大长细比λ_{max}的计算为：

$$\lambda_{max}=\frac{l_0}{i}\leqslant[\lambda] \qquad (2.32.1\text{-}1)$$

其中：

$$i=\sqrt{\frac{I}{A}} \qquad (2.32.1\text{-}2)$$

式中：l_0——为轴心受力构件的计算长度；拉杆的计算长度取节点之间的距离；压杆的计算长度取节点之间的距离l与计算长度系数μ的乘积（mm）；

i——构件截面的回转半径（mm）；

$[\lambda]$——长细比容许值；

I——构件截面惯性矩（mm^4）；

A——构件截面积（mm^2）。

长细比容许值［λ］的限值：

轴心受压构件主要用在桁架、网架、柱间支撑、隅撑、格构柱的分肢等位置。实腹式轴心受力构件的容许长细比［λ］见表2.32.1-1。

简记：容许长细比。

3. 受弯构件的刚度

受弯构件的刚度用荷载作用下的挠度大小来衡量，所以，梁的刚度也称为梁的挠度。刚度验算应根据梁的实际受力情况计算最大挠度或最大相对挠度，使其不超过规范规定的限值。

受压构件的容许长细比　　表 2.32.1-1

构件名称	容许长细比
轴心受压柱、桁架和天窗架中的压杆	150
柱的缀条、吊车梁或吊车桁架以下的柱间支撑	150
支撑	200
用以减小受压构件计算长度的杆件	200
框架梁水平隅撑	200
楼板开大洞时洞边设置的水平支撑	200

注：1. 验算容许长细比时，可不考虑扭转效应。

2. 计算单角钢受压构件的长细比时，应采用角钢的最小回转半径，但计算在交叉点相互连接的交叉杆件平面外的长细比时，可采用与角钢肢边平行的轴的回转半径。

3. 跨度等于或大于 60m 的桁架，其受压弦杆、端压杆和直接承受动力荷载的受压腹杆的长细比不宜大于 120。

4. 当杆件内力设计值不大于承载能力的 50%时，容许长细比值可取 200。

1）变形规定

《钢标》中规定，梁的挠度分别不能超过下列限值：

$$v_T \leqslant [v_T] \tag{2.32.1-3}$$

$$v_Q \leqslant [v_Q] \tag{2.32.1-4}$$

式中：v_T——永久和可变荷载标准值产生的最大挠度（如有起拱应减去拱度）；

v_Q——可变荷载标准值产生的最大挠度；

$[v_T]$——永久和可变荷载标准值产生的挠度（如有起拱应减去拱度）的容许值；

$[v_Q]$——可变荷载标准值产生的挠度的容许值。

计算挠度时，不考虑荷载分项系数和动力系数。

计算结构或构件变形时，采用毛截面（不考虑螺栓孔引起的截面削弱）。

2）挠度计算

（1）等截面简支梁，跨中最大弯矩 M 处的挠度 v_T 或 v_Q 应满足下式要求：

$$\begin{Bmatrix} v_T \\ v_Q \end{Bmatrix} = \frac{5Ml^2}{48EI_x} \leqslant \begin{Bmatrix} [v_T] \\ [v_Q] \end{Bmatrix} \tag{2.32.1-5}$$

（2）等截面简支梁在均布荷载 q 作用下，跨中最大挠度 v_T 或 v_Q 应满足下式要求：

$$\begin{Bmatrix} v_T \\ v_Q \end{Bmatrix} = \frac{5ql^4}{384EI_x} \leqslant \begin{Bmatrix} [v_T] \\ [v_Q] \end{Bmatrix} \tag{2.32.1-6}$$

（3）翼缘截面改变的简支梁（图 8.1.5-1），跨中最大弯矩 M 处的挠度 v_T 或 v_Q 应满足下式要求：

$$\begin{Bmatrix} v_T \\ v_Q \end{Bmatrix} = \frac{5Ml^2}{48EI_x}\left(1 + \frac{3}{25} \cdot \frac{I_x - I'_x}{I_x}\right) \leqslant \begin{Bmatrix} [v_T] \\ [v_Q] \end{Bmatrix} \tag{2.32.1-7}$$

式中：l——简支梁的跨度（mm）；

E——钢材的弹性模量（N/mm^2）；

I_x——跨中毛截面惯性矩（mm^4）；

I'_x——支座附近毛截面惯性矩（mm^4）。

3）受弯构件的挠度允许值

正常使用情况下，应对结构或构件的挠度规定相应的限值，见表 2.32.1-2。

受弯构件的挠度容许值　　　　表 2.32.1-2

项次	构件类别	挠度容许值	
		$[v_T]$	$[v_Q]$
1	吊车梁和电车桁架(按自重和起重量最大的一台吊车计算挠度) 1)手动起重机和单梁起重机(含悬挂起重机) 2)轻级工作制桥式起重机 3)中级工作制桥式起重机 4)重级工作制桥式起重机	 $l/500$ $l/750$ $l/900$ $l/1000$	—
2	手动或电动葫芦的轨道梁	$l/400$	—
3	有重轨(重量等于或大于 38kg/m)轨道的工作平台梁 有轻轨(重量等于或小于 24kg/m)轨道的工作平台梁	$l/600$ $l/400$	—
4	楼(屋)盖梁或桁架、工作平台梁(第 3 项除外)和平台板 1)主梁或桁架(包括设有悬挂起重设备的梁和桁架) 2)仅支承压型金属板屋面和冷弯型钢檩条 3)除支承压型金属板屋面和冷弯型钢檩条外，尚有吊顶 4)抹灰顶棚的次梁 5)除第 1)款～第 4)款外的其他梁(包括楼梯梁) 6)屋盖檩条 　支承压型金属板屋面者 　支承其他屋面材料者 　有吊顶 7)平台板	 $l/400$ $l/180$ $l/240$ $l/250$ $l/250$ $l/150$ $l/200$ $l/240$ $l/150$	 $l/500$ — — $l/350$ $l/300$ — — — —

注：1. l 为受弯构件的跨度（悬臂梁和伸臂梁为悬臂长度的 2 倍）；
2. $[v_T]$ 为永久和可变荷载标准值产生的挠度（如有起拱应减去拱度）的容许值，$[v_Q]$ 为可变荷载标准值产生的挠度的容许值；
3. 当吊车梁或吊车桁架跨度大于 12m 时，其挠度容许值 $[v_T]$ 应乘以 0.9 的系数；
4. 当墙面采用延性材料或与结构采用柔性连接时，墙架构件的支柱水平位移容许值可采用 $l/300$，抗风桁架（作为连续支柱的支撑时）水平位移容许值可采用 $l/800$。

4. 实腹式压弯构件的刚度

实腹式压弯构件不仅应满足承载能力状态的要求，同时还应满足正常使用极限状态的要求。

在满足正常使用极限状态方面，实腹式压弯构件与实腹式轴心受压构件一样，通过限制构件长细比来保证构件的刚度要求。实腹式压弯构件的计算长度系数和容许长细比等与实腹式轴心受压构件相同。

5. 以受弯为主的拉弯构件的刚度

实腹式拉弯构件不仅应满足承载能力状态的要求，同时还应满足正常使用极限状态的要求。

在满足正常使用极限状态方面，实腹式拉弯构件以受弯为主，所以，与受弯构件一样，通过限制构件的挠度来保证构件的刚度要求。实腹式拉弯构件的挠度计算及限值与受弯构件相同。

2.32.2 如何执行强条

应提供钢柱或桁架杆件长细比和钢梁或桁架挠度计算书。

2.33 普通螺栓连接的受剪承载力

2.33.1 强制性条文规定

1. 新强条

在《钢通规》第4.4.2条中，对普通螺栓连接时的受剪承载力规定如下：

对于普通螺栓连接，应计算螺栓受剪承载力，以及连接板的承压承载力，并应考虑螺栓孔削弱和连接板撬力对连接承载力的影响。

该条将《钢标》中的非强条上升为新增的强条，将普通螺栓连接的受剪承载力提高到了重要的地位。

2. 普通螺栓连接的三种形式

普通螺栓连接可分为普通螺栓受剪连接、普通螺栓受拉连接和普通螺栓同时受剪受拉连接三种连接形式。

简记：三种形式。

本节讲解的是普通螺栓受剪连接承载力，图2.33.1-1为普通螺栓受剪简图。

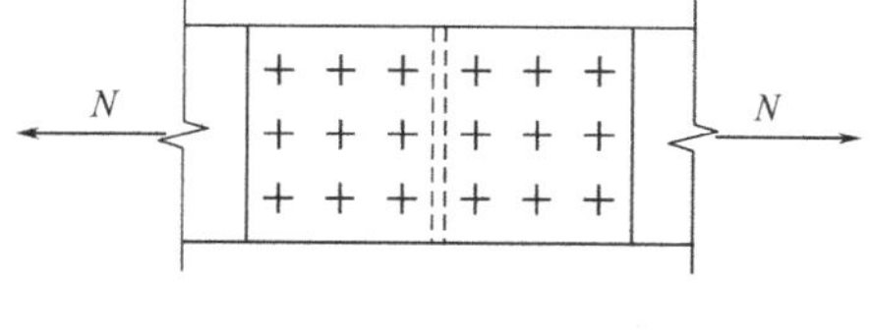

图2.33.1-1 普通螺栓受剪连接简图

3. 普通螺栓的分级

普通螺栓分为A级螺栓、B级螺栓和C级螺栓。

A级螺栓、B级螺栓为精制普通螺栓，成孔为Ⅰ类孔，螺栓直径与孔径相差0.3～0.5mm，用于机械设备行业。精制螺栓的抗拉、抗剪性能良好，其制造费用较高，安装较复杂。

C级螺栓为粗制普通螺栓，成孔为Ⅱ类孔，螺栓直径与孔径相差1.0～2.0mm，用于工业与民用建筑行业。粗制螺栓的抗剪性能较差，但其制造费用较低，主要用作民用建筑受剪、受拉、剪拉三种工程连接或安装连接中的临时定位螺栓。C级螺栓性能等级有4.6级和4.8级两种，小数点前的“4”表示螺栓经热处理后的最低抗拉强度为400N/mm^2，“.6”及“.8”分别表示屈强比（屈服强度与抗拉强度之比）为0.6及0.8。

简记：C级螺栓。

4. 普通螺栓受剪时的抗剪强度设计值

普通螺栓受剪时的抗剪设计包含两方面的内容：螺栓抗剪和螺栓承压。

用于民用建筑普通C级螺栓连接的抗剪和承压强度指标应按表2.33.1-1采用。

5. 普通螺栓受剪连接承载力

1）普通螺栓抗剪连接的一般形式

普通螺栓抗剪连接主要有单面受剪、双面受剪及四面受剪三种形式。

普通螺栓连接的抗剪和承压强度指标 **表 2.33.1-1**

螺栓的性能等级和构件钢材牌号		普通C级螺栓抗剪和抗拉强度设计值	
		抗剪 f_v^b	承压 f_c^b
普通C级螺栓	4.6级	140	—
	4.8级	140	—
构件钢材牌号	Q235	—	305
	Q355	—	385
	Q390	—	400
	Q420	—	425
	Q460	—	450
	Q345GJ	—	400

单面受剪：两块板件被紧固后，对螺杆形成一个剪切面，称为单面受剪，如图 2.33.1-2（a）所示。

双面受剪：三块板件被紧固后，对螺杆形成两个剪切面，称为双面受剪，如图 2.33.1-2（b）所示。

四面受剪：五块板件被紧固后，对螺杆形成四个剪切面，称为四面受剪，如图 2.33.1-2（c）所示。

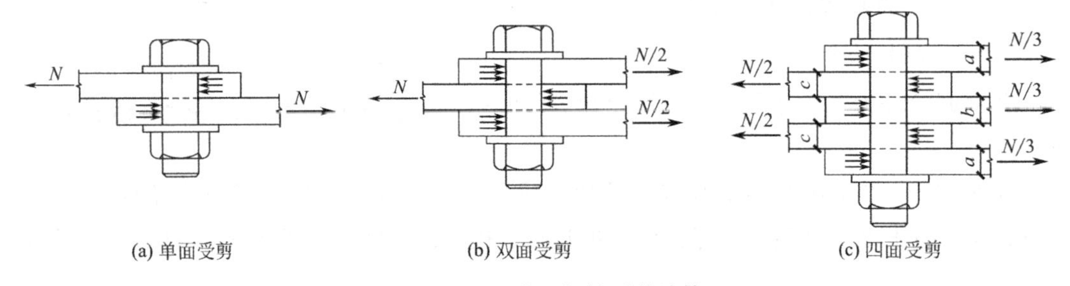

(a) 单面受剪　(b) 双面受剪　(c) 四面受剪

图 2.33.1-2　普通螺栓受剪计算

2）普通螺栓承受剪力时的几种破坏形式及设计

（1）螺杆直径较小而板件较厚时，螺杆可能先被剪断，此种破坏形式称为螺杆的受剪破坏。这种情况需要进行螺栓的抗剪承载力验算。

（2）螺杆直径较大而板件较薄时，板件可能先被挤坏，此种破坏形式称为孔壁承压破坏，也叫作螺栓承压破坏。这种情况需要进行螺栓的承压承载力验算。

（3）当一排螺栓较多，造成板件净截面因螺栓孔削弱太多时，板件可能被拉断。这种情况需要通过验算构件净截面进行控制。

（4）螺栓距离板件边缘太小时，在端距范围内的板件有可能被螺杆冲剪而破坏。为了杜绝这种情况的发生，需要控制端距不小于 $2d$。

（5）当需要把三层及三层以上的板件进行螺栓受剪连接时，由于板件太厚，螺杆太长，可能使螺杆在叠加的板件层范围内发生弯曲破坏。为了避免发生这种情况，需要控制螺栓的夹紧长度不超过 $5d$（板件叠加的厚度越大，需要的螺栓直径就越大）。

3）普通C级螺栓抗剪连接的计算

（1）单个普通螺栓的抗剪连接计算：根据受剪破坏的第一种形式，应进行抗剪计算。单个螺栓受剪承载力设计值按下式计算：

$$N_v^b = n_v \frac{\pi d^2}{4} f_v^b \tag{2.33.1-1}$$

（2）单个普通螺栓的承压计算：根据受剪破坏的第二种形式，应进行承压计算。单个螺栓承压承载力设计值按下式计算：

$$N_c^b = d \sum t f_c^b \tag{2.33.1-2}$$

式中：n_v ——受剪面数目，单面受剪 $n_v=1$，双面受剪 $n_v=2$，四面受剪 $n_v=4$；

d ——螺杆直径（mm）；

$\sum t$ ——在不同受力方向中一个受力方向承压构件总厚度的较小值（mm），如图2.33.1-2（c）中取（$a+b+a$）和（$c+c$）的较小值；

f_v^b ——普通螺栓的抗剪强度设计值（N/mm^2）；

f_c^b ——普通螺栓的承压强度设计值（N/mm^2）。

在普通螺栓抗剪设计中，需要同时考虑第一种受剪破坏形式和第二种受剪破坏形式，将承载力较小的值作为控制值。单个受剪螺栓连接的承载力设计值 N_{min}^b 应取式（2.33.1-1）和式（2.33.1-2）计算出的数值中取较小值，即：

$$N_{min}^b = \min\{N_v^b, N_c^b\} \tag{2.33.1-3}$$

简记：抗剪和承压双控。

（3）普通螺栓群轴心受剪时的螺栓个数：当连接长度 $l_1 \leqslant 15d_0$（d_0 为螺栓孔径）时，假定两个条件：

① 外力通过螺栓群的中心；

② 在螺栓群中每个普通螺栓承受的剪力相等。

于是，在外力 N 的作用下，普通螺栓群抗剪所需的螺栓个数 n 按下式计算：

$$n = \frac{N}{N_{min}^b} \tag{2.33.1-4}$$

构件由多排普通螺栓组成群栓时，基于计算的考虑，尽管假定每个螺栓承受的剪力相等，但沿外力作用方向传递剪力时，每个螺栓的受力实际上是不均匀的。其传力途径可理解为，当外力施加于螺栓群时，靠近外力的第一排螺栓（该排每个螺栓到外力作用点的距离相等）先承担一部分外力并达到极限承载力，以此类推，第二排螺栓再承担一部分外力……远离外力的最后一排螺栓承担剩余的最后一部分外力。针对这种逐次传力的情况，需要考虑剪力不均匀分布的影响，螺栓的承载力应考虑折减。

当连接长度 $60d_0 \geqslant l_1 > 15d_0$ 时，考虑折减后的普通螺栓群抗剪所需的螺栓个数 n 按下式计算：

$$n = \frac{N}{\eta N_{min}^b} \tag{2.33.1-5}$$

折减系数 η 按下式计算：

$$\eta=1.1-\frac{l_1}{150d_0} \tag{2.33.1-6}$$

当连接长度 $l_1>60d_0$ 时，η 为：

$$\eta=0.7 \tag{2.33.1-7}$$

实际上，当连接长度 $l_1\leqslant 15d_0$ 时，$\eta=1.0$，也就是说不考虑折减系数，即理解为式(2.33.1-4)是式(2.33.1-5)的特殊情况（$\eta=1.0$）。

折减系数 η 与连接长度 l_1 关系曲线见图 2.33.1-3（$l_1\leqslant 15d_0$ 时，变化趋势一目了然）。

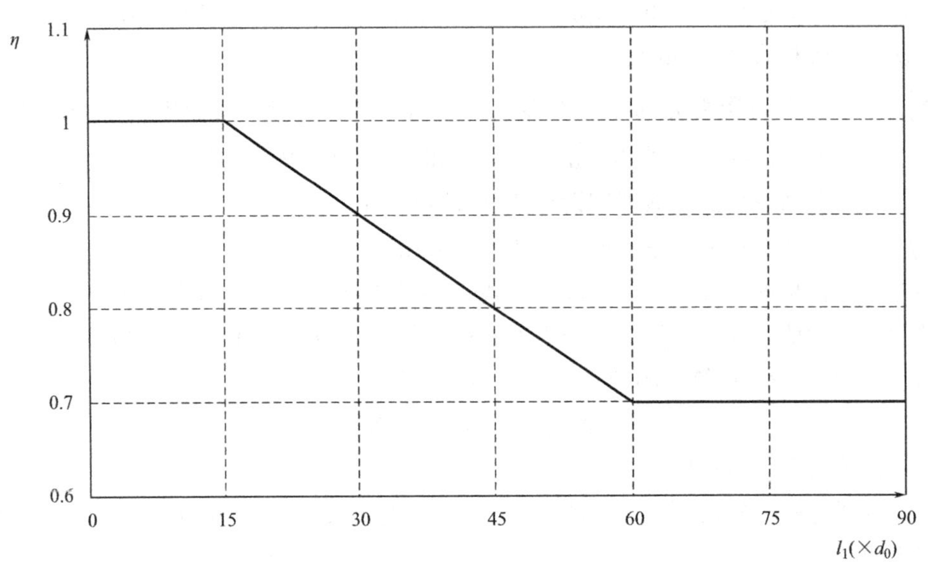

图 2.33.1-3 η-l_1 关系图

（4）抗剪、承压承载力列表：一个普通 C 级螺栓的抗剪、承压承载力设计值见表 2.33.1-2。

一个普通 C 级螺栓的抗剪、承压承载力设计值　　表 2.33.1-2

螺栓直径 d(mm)	构件钢材牌号	承压的承载力设计值 N_c^b(kN)								受剪承载力设计值 N_v^b(kN)
		当承压板的厚度 t(mm)为								
		6	8	10	12	14	16	18	20	单剪/双剪
12	Q235	22.0	29.3	36.6	43.9	51.2	58.6	65.9	73.2	15.8/31.7
	Q355	27.7	37.0	46.2	55.4	64.7	73.9	83.2	92.4	
	Q390	28.8	38.4	48.0	57.6	67.2	76.8	86.4	96.0	
	Q420	30.6	40.8	51.0	61.2	71.3	81.6	91.8	102.0	
	Q460	32.5	43.2	53.5	64.7	75.5	86.5	97.2	108.0	
	Q345GJ	28.8	38.4	48.0	57.6	67.2	76.8	86.4	96.0	

续表

螺栓直径 d(mm)	构件钢材牌号	承压的承载力设计值 N_c^b(kN) 当承压板的厚度 t(mm)为								受剪承载力设计值 N_v^b(kN)
		6	8	10	12	14	16	18	20	单剪/双剪
14	Q235	25.6	34.2	42.7	51.2	59.8	68.3	76.9	85.4	21.6/43.1
	Q355	32.3	43.1	53.9	64.7	75.5	86.2	97.0	107.8	
	Q390	33.6	44.8	56.0	67.2	78.4	89.6	100.8	112.0	
	Q420	35.7	47.6	59.5	71.3	83.3	95.2	107.1	119.0	
	Q460	37.7	50.5	63.0	75.5	88.2	100.8	113.4	126.0	
	Q345GJ	33.6	44.8	56.0	67.2	78.4	89.6	100.8	112.0	
16	Q235	29.3	39.0	48.8	58.6	68.3	78.1	87.8	97.6	28.1/56.3
	Q355	37.0	49.3	61.6	73.9	86.2	98.6	110.9	123.2	
	Q390	38.4	51.2	64.0	76.8	89.6	102.4	115.2	128.0	
	Q420	40.8	54.3	68.0	81.7	95.2	109.0	122.3	136.0	
	Q460	43.2	57.5	64.0	85.5	100.8	115.2	129.5	144.0	
	Q345GJ	38.4	51.2	72.0	76.8	89.6	102.4	115.2	128.0	
18	Q235	32.9	43.9	54.9	65.9	76.9	87.8	98.8	109.8	35.6/71.3
	Q355	41.6	55.4	69.3	83.2	97.0	110.9	124.7	138.6	
	Q390	43.2	57.6	72.0	86.4	100.8	115.2	129.6	144.0	
	Q420	45.8	61.2	76.5	91.8	107.1	122.3	137.6	153.0	
	Q460	48.5	64.8	81.0	97.2	113.4	129.5	145.8	162.0	
	Q345GJ	43.2	57.6	72.0	86.4	100.8	115.2	129.7	144.0	
20	Q235	36.6	48.8	61.0	73.2	85.4	97.6	109.8	122.0	44.0/88.0
	Q355	46.2	61.6	77.0	92.4	107.8	123.2	138.6	154.0	
	Q390	48.0	64.0	80.0	96.0	112.0	128.0	144.0	160.0	
	Q420	51.0	68.0	85.0	102.0	119.0	136.0	153.0	170.0	
	Q460	54.0	72.0	90.0	108.0	126.0	144.0	162.0	180.0	
	Q345GJ	48.0	64.0	80.0	96.0	112.0	128.0	144.0	160.0	
22	Q235	40.3	53.7	67.1	80.5	93.9	107.4	120.8	134.2	53.2/106.4
	Q355	50.8	67.8	84.7	101.6	118.6	135.5	152.5	169.4	
	Q390	52.8	70.4	88.0	105.6	123.2	140.8	158.4	176.0	
	Q420	56.2	74.8	93.5	112.2	130.9	149.7	168.3	187.0	
	Q460	59.5	79.2	99.0	118.7	138.5	158.5	178.2	198.0	
	Q345GJ	52.8	70.4	88.0	105.6	123.2	140.8	158.4	176.0	
24	Q235	43.9	58.6	73.2	87.8	102.5	117.1	131.8	146.4	63.3/126.7
	Q355	55.4	73.9	92.4	110.9	129.4	147.8	166.3	184.4	
	Q390	57.6	76.8	96.0	115.2	134.4	153.6	172.8	192.0	
	Q420	61.2	81.7	102.0	122.3	142.8	163.2	183.7	204.0	
	Q460	64.8	86.5	108.0	129.5	151.2	172.8	194.5	216.0	
	Q345GJ	57.6	76.8	96.0	115.2	134.4	153.6	172.8	192.0	
27	Q235	49.4	65.9	82.4	98.8	115.3	131.8	148.2	164.7	80.2/160.3
	Q355	62.4	83.2	104.0	124.7	145.5	166.3	187.1	207.0	
	Q390	64.8	86.4	108.0	129.6	151.2	172.8	194.4	216.0	
	Q420	68.9	91.9	114.9	137.8	160.8	183.6	206.6	229.6	
	Q460	72.9	97.2	121.6	145.8	170.1	194.4	218.7	243.0	
	Q345GJ	64.8	86.4	108.0	129.6	151.2	172.8	194.4	216.0	

续表

螺栓直径 d(mm)	构件钢材牌号	承压的承载力设计值 N_c^b(kN)								受剪承载力设计值 N_v^b(kN)
		当承压板的厚度 t(mm)为								
		6	8	10	12	14	16	18	20	单剪/双剪
30	Q235	54.9	73.2	91.5	109.8	128.1	146.4	164.7	183.0	99.0/197.9
	Q355	69.3	92.4	115.5	138.6	161.7	184.8	207.9	231.0	
	Q390	72.0	96.0	120.0	144.0	168.0	192.0	216.0	240.0	
	Q420	76.5	102.0	127.6	153.1	178.6	204.0	229.5	255.0	
	Q460	81.0	108.0	135.0	162.0	189.0	216.0	243.0	270.0	
	Q345GJ	72.0	96.0	120.0	144.0	168.0	192.0	216.0	240.0	

注：1. 表中螺栓的抗剪、承压承载力设计值系按式（2.33.1-1）和式（2.33.1-2）计算所得。
2. 单角钢单面连接的螺栓，其承载力设计值应按表中数值乘以 0.85。

2.33.2 如何执行强条

（1）应同时考虑螺栓受剪和承压，将承载力较小值作为控制值。

（2）应提供计算书。表 2.33.1-2 可以作为计算书的一部分。

（3）注意螺栓孔削弱对承载力的影响，按扣除孔洞后的净截面验算构件的承载力，并提供计算书。

2.34　普通螺栓连接的受拉承载力

2.34.1　强制性条文规定

1. 新强条

在《钢通规》第 4.4.2 条中，对普通螺栓连接时受拉承载力规定如下：

对于普通螺栓连接，应计算螺栓受拉承载力。

该条将《钢标》中的非强条上升为新增的强条，将普通螺栓连接的受拉承载力提高到了重要的地位。

2. 普通螺栓受拉计算

1）普通螺栓连接的受拉简图

普通螺栓受拉连接时的简图见图 2.34.1-1。

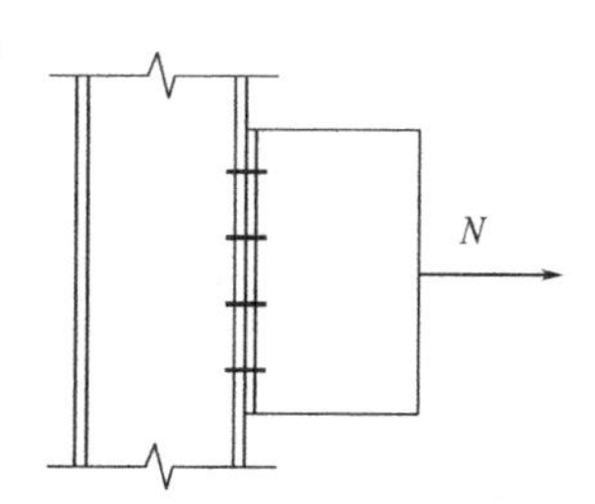

图 2.34.1-1　普通螺栓受拉连接的简图

2）普通螺栓连接的抗拉强度设计值

用于民用建筑普通 C 级螺栓连接的抗拉强度指标应按表 2.34.1-1 采用。

普通螺栓连接的强度指标（N/mm²）　　表 2.34.1-1

螺栓的性能等级		C 级普通螺栓的抗拉强度设计值
		抗拉 f_t^b
普通 C 级螺栓	4.6 级	170
	4.8 级	170

3）普通 C 级螺栓受拉承载力

(1) 单个普通螺栓受拉承载力计算

螺栓受拉时的破坏形式呈现为螺杆被拉断，传力过程为拉力通过螺母把力传给螺杆处的螺纹，所以，拉断多发生在截面较薄弱的螺纹处。

简记：螺纹处拉断。

单个普通螺栓受拉承载力设计值应按下列公式计算：

$$N_t^b = A_e f_t^b = \frac{\pi d_e^2}{4} f_t^b \tag{2.34.1-1}$$

式中：d_e——螺栓在螺纹处的有效直径（mm）；

A_e——螺栓在螺纹处的有效面积（mm²）；

f_t^b——普通螺栓的抗拉强度设计值（N/mm²）；

简记：有效直径。

(2) 普通螺栓群轴心受拉时的螺栓个数

假定两个条件：

① 拉力通过螺栓群的中心；

② 在螺栓群中每个普通螺栓承受的拉力相等。

于是，在外力 N 的作用下，普通螺栓群抗拉所需的螺栓个数 n 按下式计算：

$$n \geqslant \frac{N}{N_{t}^{b}} \tag{2.34.1-2}$$

注意，一般情况下，普通螺栓群受拉连接形式的特点是每个螺栓到外力作用点的距离相等，即认为外力是一次性均匀地传给每个螺栓，这与普通螺栓群受剪连接的传力途径是不同的。因此，不考虑螺栓群承载力的折减。

（3）普通螺栓群在弯矩作用下螺栓受拉计算：

该部分内容详见《钢结构设计精讲精读》第 6.4.1 节。

（4）普通螺栓群在弯矩和轴心拉力共同作用下螺栓受拉计算：

该部分内容详见《钢结构设计精讲精读》第 6.4.1 节。

（5）抗拉承载力列表：

在工程设计中，螺栓的抗拉承载力设计值计算一般都采用查表法。一个普通 C 级螺栓的抗拉承载力设计值见表 2.34.1-2。

一个普通 C 级螺栓的抗拉承载力设计值　　　　表 2.34.1-2

螺栓直径 d(mm)	螺栓有效直径 d_e(mm)	螺栓有效面积 A_e(mm^2)	受拉承载力设计值 N_t^b(kN)
12	10.31	83.48	14.19
14	12.12	115.37	19.61
16	14.12	156.59	26.62
18	15.65	192.36	32.70
20	17.65	244.67	41.59
22	19.65	303.26	51.55
24	21.19	352.66	59.95
27	24.19	459.58	78.13
30	26.72	560.74	95.33

注：1. 表中螺栓的抗拉承载力设计值系按式（2.34.1-1）计算所得。
2. 螺栓有效直径和螺栓有效面积的数据摘自《钢结构设计精讲精读》。

2.34.2 如何执行强条

（1）应采用螺纹处的有效直径及其有效截面面积。

（2）应提供计算书。表 2.34.1-2 可以作为计算书的一部分。

2.35　普通螺栓连接的拉剪联合承载力

2.35.1　强制性条文规定

1. 新强条

在《钢通规》第4.4.2条中，对普通螺栓连接的拉剪联合承载力规定如下：

对于普通螺栓连接，应计算螺栓拉剪联合承载力，以及连接板的承压承载力，并应考虑螺栓孔削弱和链接板撬力对连接承载力的影响。

该条将《钢标》中的非强条上升为新增的强条，将普通螺栓连接的拉剪联合承载力提高到了重要的地位。

2. 普通螺栓受拉剪联合作用计算

1）普通螺栓连接的拉剪联合简图

普通螺栓受拉连接时拉剪联合简图见图2.35.1-1。

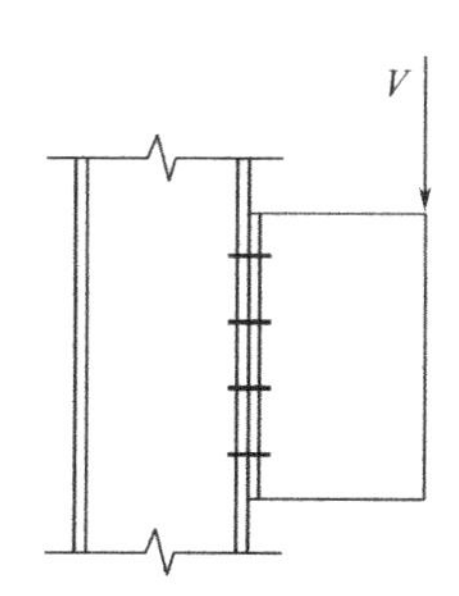

图2.35.1-1　普通螺栓连接的拉剪联合简图

2）普通C级螺栓拉剪联合承载力

（1）两种可能的破坏形式：一是螺杆在剪力和拉力的共同作用下的破坏；二是在剪力作用下孔壁的受压破坏。

（2）普通螺栓群同时抗剪、抗拉连接的计算：同时承受剪力和杆轴向拉力的普通C级螺栓，其承载力应分别符合下列公式的要求：

$$\sqrt{\left(\frac{N_V}{N_V^b}\right)^2+\left(\frac{N_t}{N_t^b}\right)^2}\leqslant 1 \tag{2.35.1-1}$$

式中：N_V——某个螺栓所受的剪力（N）；

N_t——某个螺栓所受的拉力（N）；

N_V^b——单个螺栓受剪承载力设计值（N）；

N_t^b——单个螺栓受拉承载力设计值（N）。

螺杆承压（孔壁承压）的计算为：

$$N_V\leqslant N_c^b \tag{2.35.1-2}$$

式中：N_V——受剪最大的孔壁或螺杆的承压力（N）；

N_c^b——单个螺栓承压承载力设计值（N）。

（3）普通螺栓群同时受剪受拉有五种情况，见《钢结构设计精讲精读》第6.4.1节。

3）螺栓孔削弱对连接承载力的影响

螺栓孔的存在削弱了板件受力截面的面积，降低了构件的承载力，应进行净截面验算。

2.35.2 如何执行强条

（1）普通C级螺栓拉剪联合承载力公式中的抗剪、承压及抗拉的含义与前文相同。

（2）应提供计算书。表2.33.1-2和表2.34.1-2可以作为计算书的一部分。

（3）注意螺栓孔削弱对承载力的影响，按扣除孔洞后的净截面验算构件的承载力，并提供计算书。

2.36　高强度螺栓摩擦型连接的承载力

2.36.1　强制性条文规定

1. 新强条

在《钢通规》第 4.4.2 条中，对高强度螺栓连接时的受剪承载力规定如下：

对于高强度螺栓连接，应计算螺栓受剪、受拉、拉剪联合承载力，以及连接板的承压承载力，并应考虑螺栓孔削弱和连接板撬力对连接承载力的影响。

该条将《钢标》中的非强条上升为新增的强条，将高强度螺栓摩擦型连接的承载力提高到了重要的地位。

2. 高强度螺栓摩擦型连接的传力方式

高强度螺栓的连接计算按设计准则分为摩擦型连接和承压型连接两种类型。

高强度螺栓的杆身、螺帽和垫圈都是用抗拉强度很高的钢材制成的。安装时把螺栓拧紧到使杆身达到预期的强大拉应力（接近钢材屈服强度），在板件之间产生摩擦阻力。

高强度螺栓与普通螺栓一样，既能传递剪力，又能传递拉力，但传递剪力的方式是不同的。普通螺栓只依靠螺栓杆身承压和抗剪切来传力［图 2.36.1-1（a）］，而高强度螺栓还可以依靠板件间接触面上的摩擦阻力进行传力。

高强度螺栓有两种传力方式：一种是只依靠摩擦阻力来传力［图 2.36.1-1（b）］，称为摩擦型连接传力；另一种是除了依靠摩擦阻力传力外还依靠杆身的承压和抗剪切来传力［图 2.36.1-1（c）］，称为承压型连接传力。

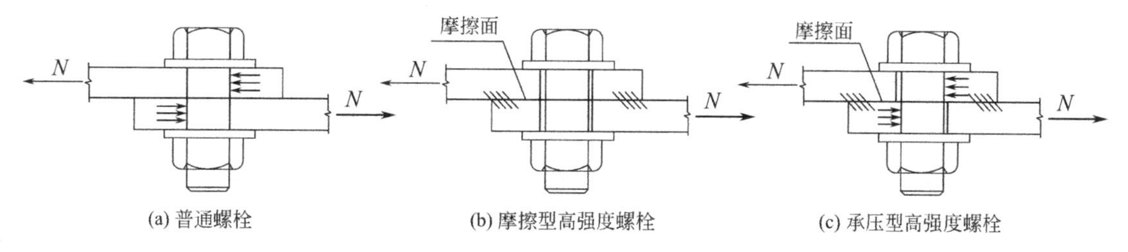

图 2.36.1-1　普通螺栓和高强度螺栓的传力方式

3. 高强度螺栓摩擦型连接计算

高强度螺栓摩擦型连接的特点是，拧紧后的高强度螺栓只承受预拉力，并不受压，也不受剪，只是将螺杆的拉力转换成了板件之间的摩擦阻力，并且，外力不得大于摩擦阻力。

1）高强度螺栓摩擦型连接的抗剪计算

在受剪连接中，每个高强度螺栓的承载力设计值按下式计算：

$$N_v^b = 0.9 k n_f \mu P \quad (2.36.1\text{-}1)$$

式中：N_v^b——一个高强度螺栓的受剪承载力设计值（N）；

k——孔型系数，标准孔取 1.0；大圆孔取 0.85；内力与槽孔长向垂直时取 0.7；内力与槽孔长向平行时取 0.6；

n_f——传力摩擦面数目；

μ——摩擦面的抗滑移系数，可按表 2.36.1-1 取值；

P——一个高强度螺栓的预拉力设计值（N），可按表 2.36.1-2 取值。

钢材摩擦面的抗滑移系数 μ　　表 2.36.1-1

连接处构件接触面的处理方法	构件的钢材牌号		
	Q235 钢	Q355 钢或 Q390 钢	Q420 钢或 Q460 钢
喷硬质石英砂或铸钢棱角砂	0.45	0.45	0.45
抛丸(喷砂)	0.40	0.40	0.40
钢丝刷清除浮锈或未经处理的干净轧制面	0.30	0.35	—

注：1. 钢丝刷除锈方向应与受力方向垂直；
2. 当连接构件采用不同钢材牌号时，μ 按相应较低强度者取值；
3. 采用其他方法处理时，其处理工艺及抗滑移系数值均需经试验确定。

一个高强度螺栓的预拉力设计值 P（kN）　　表 2.36.1-2

螺栓的承载性能等级	螺栓公称直径					
	M16	M20	M22	M24	M27	M30
8.8 级	80	125	150	175	230	280
10.9 级	100	155	190	225	290	355

注：不推荐采用 M22 和 M27 两种规格。

高强度螺栓摩擦型连接是通过连接的板件层间的抗滑力来传递内力，按板层间出现滑移作为其承载力的极限状态。这种连接适用于重要结构、承受动力荷载和需要验算疲劳的结构，无需进行承压计算。

2）高强度螺栓摩擦型连接的抗拉计算

试验证明，当外拉力 N 过大时，高强度螺栓会发生松弛现象，这样就丧失了摩擦型连接高强度螺栓的优势。为避免螺栓松弛并保留一定的余量，《钢标》规定：在螺栓杆轴方向受拉的连接中，每个高强度螺栓的外拉力的设计值不得大于 $0.8P$，即：

$$N_t^b \leqslant 0.8P \tag{2.36.1-2}$$

3）高强度螺栓摩擦型连接同时承受摩擦面间的剪力和螺栓杆轴方向的外拉力计算

此时，承载力采用了钢结构研究中常用的双项变量相关公式的表示方法，应符合下式要求：

$$\frac{N_v}{N_v^b} + \frac{N_t}{N_t^b} \leqslant 1.0 \tag{2.36.1-3}$$

式中：N_v——某个高强度螺栓所承受的剪力（N）；

N_t——某个高强度螺栓所承受的拉力（N）；

N_v^b——某个高强度螺栓的受剪承载力设计值（N）；

N_t^b——某个高强度螺栓的受拉承载力设计值（N）。

4）高强度螺栓连接副

高强度螺栓在生产上的全称叫做高强度螺栓连接副，一般简称为高强度螺栓。

每一个连接副均包括一个螺栓，一个螺母，均是同一批生产，并且是在同一热处理工艺中加工的产品。

根据安装特点，主要有两种高强度螺栓连接副：高强度大六角头螺栓连接副和扭剪型高强度螺栓连接副。这两种高强度螺栓的性能都是可靠的，在设计中可以通用。

5）高强度螺栓性能等级

高强度螺栓连接的性能等级分为两种：8.8级、10.9级。8.8级表示螺栓杆的抗拉强度不小于800MPa，屈强比为0.8；10.9级表示螺栓杆的抗拉强度不小于1000MPa，屈强比为0.9。大六角头高强度螺栓属于承压型，有8.8级、10.9级两种性能等级。扭剪型高强度螺栓只有10.9级一种性能等级。民用钢结构中采用的是10.9级。

6）高强度螺栓预拉力设计值计算

高强度螺栓的预拉力设计值考虑了四个因素：

（1）由于以螺栓的抗拉强度为准，为安全计，引入一个附加安全系数0.9；

（2）考虑螺栓材质的不均匀性，引入折减系数0.9；

（3）为补偿预拉力损失超张拉5%～10%，引入一个超张拉系数0.9；

（4）考虑螺纹和下支撑面涂润滑剂对应力会产生显著影响，根据试验结果引入影响系数1/1.2。

将上面四个因素全部考虑后，高强度螺栓的预拉力设计值P为：

$$P=\frac{0.9\times0.9\times0.9}{1.2}f_u\cdot A_e=0.608f_u\cdot A_e \tag{2.36.1-4}$$

式中：A_e——高强度螺栓的有效截面积（mm^2）；

f_u——高强度螺栓经热处理后的最低抗拉强度（N/mm^2），对8.8级螺栓，$f_u=830N/mm^2$；对于10.9级，$f_u=1040N/mm^2$。

4. 工地接头对承载力计算的要求和截面的规定

1）工地接头对承载力计算的要求

铰接连接时，用于次梁的螺栓个数按腹板毛截面抗剪满应力确定（等强连接）。

刚接连接时分为两种情况。用于框架体系中的钢梁的螺栓个数按腹板毛截面抗剪满应力确定（等强连接），翼缘按毛截面抗拉或抗压满应力确定（等强连接）。腹板按抗剪满应力设计时，一般情况下一排螺栓就够了。用于支撑体系中的钢梁，由于要承担水平地震力，所以，钢梁的腹板和翼缘均按毛截面抗拉或抗压满应力确定（等强连接）。腹板按抗拉或抗压满应力设计时，一般需要两排或以上的螺栓数量。

2）工地接头对截面的规定

母材板件采用毛截面。

5. 常用H型钢腹板及翼缘的高强度螺栓计算列表

1）Q235钢材常用H型钢腹板及翼缘的高强度螺栓计算结果

（1）钢梁铰接时腹板（抗剪）螺栓个数计算结果见表 2.36.1-3，最少个数按向上取整选取。

Q235 钢材常用 H 型钢腹板铰接连接抗剪的高强度螺栓个数　　表 2.36.1-3

H 型钢	截面尺寸(mm)				梁腹板(抗剪)螺栓个数			
	H	B	t_1	t_2	f_v	$n_{(M20)}$	$n_{(M22)}$	$n_{(M24)}$
HW200×200	200	200	8	12	125	1.4	1.1	1.0
HW300×300	300	300	10	15	125	2.7	2.2	1.9
HW350×350	350	350	12	19	125	3.7	3.0	2.6
HW400×400	400	400	13	21	125	4.6	3.8	3.2
HM300×200	294	200	8	12	125	2.2	1.8	1.5
HM350×250	340	250	9	14	125	2.8	2.3	1.9
HM400×300	390	300	10	16	125	3.6	2.9	2.5
HM450×300	440	300	11	18	125	4.4	3.6	3.0
HM500×300	488	300	11	18	125	5.0	4.0	3.4
HM600×300	588	300	12	20	125	6.5	5.3	4.5
HN400×200	400	200	8	13	125	3.0	2.4	2.1
HN450×200	450	200	9	14	125	3.8	3.1	2.6
HN500×200	500	200	10	16	125	4.7	3.8	3.2
HN600×200	600	200	11	17	125	6.2	5.1	4.3
HN700×300	700	300	13	24	125	8.4	6.9	5.8
HN800×300	800	300	14	26	125	10.4	8.5	7.2
HN900×300	900	300	16	28	125	13.4	11.0	9.3
H550×200(非标)	550	200	12	18	125	6.1	5.0	4.2
H550×300(非标)	550	300	12	20	125	6.1	5.0	4.2
H650×200(非标)	650	200	14	20	125	8.5	6.9	5.9
H650×300(非标)	650	300	14	25	125	8.4	6.8	5.8
H750×300(非标)	750	300	14	25	125	9.8	8.0	6.7
H850×300(非标)	850	300	16	30	125	12.6	10.3	8.7
H950×300(非标)	950	300	20	30	120	17.0	13.9	11.7
H1000×400(非标)	1000	400	20	30	120	18.0	14.7	12.4

注：高强度螺栓为 10.9 级；$\mu=0.45$；连接板为双面夹板；标准孔；腹板的抗剪截面为 $t_1\times(H-2t_2)$。

（2）钢梁刚接时腹板（抗拉、抗压）螺栓个数计算结果见表 2.36.1-4。

Q235 钢材常用 H 型钢腹板抗拉、抗压的高强度螺栓个数　　表 2.36.1-4

H 型钢	截面尺寸(mm)				梁腹板(抗拉、抗压)螺栓个数			
	H	B	t_1	t_2	f	$n_{(M20)}$	$n_{(M22)}$	$n_{(M24)}$
HW200×200	200	200	8	12	215	2.4	2.0	1.7
HW300×300	300	300	10	15	215	4.6	3.8	3.2

续表

H 型钢	截面尺寸(mm)				梁腹板(抗拉、抗压)螺栓个数			
	H	B	t_1	t_2	f	$n_{(M20)}$	$n_{(M22)}$	$n_{(M24)}$
HW350×350	350	350	12	19	215	6.4	5.2	4.4
HW400×400	400	400	13	21	215	8.0	6.5	5.5
HM300×200	294	200	8	12	215	3.7	3.0	2.5
HM350×250	340	250	9	14	215	4.8	3.9	3.3
HM400×300	390	300	10	16	215	6.1	5.0	4.2
HM450×300	440	300	11	18	215	7.6	6.2	5.2
HM500×300	488	300	11	18	215	8.5	6.9	5.9
HM600×300	588	300	12	20	215	11.3	9.2	7.8
HN400×200	400	200	8	13	215	5.1	4.2	3.5
HN450×200	450	200	9	14	215	6.5	5.3	4.5
HN500×200	500	200	10	16	215	8.0	6.5	5.5
HN600×200	600	200	11	17	215	10.7	8.7	7.3
HN700×300	700	300	13	24	215	14.5	11.8	10.0
HN800×300	800	300	14	26	215	17.9	14.6	12.4
HN900×300	900	300	16	28	215	23.1	18.9	15.9
H550×200(非标)	550	200	12	18	215	10.6	8.6	7.3
H550×300(非标)	550	300	12	20	215	10.5	8.5	7.2
H650×200(非标)	650	200	14	20	215	14.6	11.9	10.1
H650×300(非标)	650	300	14	25	215	14.4	11.7	9.9
H750×300(非标)	750	300	14	25	215	16.8	13.7	11.6
H850×300(非标)	850	300	16	30	215	21.6	17.7	14.9
H950×300(非标)	950	300	20	30	205	29.1	23.7	20.0
H1000×400(非标)	1000	400	20	30	205	30.7	25.0	21.1

注：高强度螺栓为 10.9 级；$\mu=0.45$；连接板为双面夹板；标准孔；腹板的抗拉、抗压截面为 $t_1\times(H-2t_2)$。

（3）钢梁刚接时翼缘（抗拉、抗压）螺栓个数计算结果见表 2.36.1-5。

Q235 钢材常用 H 型钢翼缘抗拉、抗压的高强度螺栓个数　　　表 2.36.1-5

H 型钢	截面尺寸(mm)				梁翼缘(抗拉、抗压)螺栓个数			
	H	B	t_1	t_2	f	$n_{(M20)}$	$n_{(M22)}$	$n_{(M24)}$
HW200×200	200	200	8	12	215	4.1	3.4	2.8
HW300×300	300	300	10	15	215	7.7	6.3	5.3
HW350×350	350	350	12	19	205	10.9	8.9	7.5
HW400×400	400	400	13	21	205	13.7	11.2	9.4
HM300×200	294	200	8	12	215	4.1	3.4	2.8
HM350×250	340	250	9	14	215	6.0	4.9	4.1

续表

H型钢	截面尺寸(mm)				梁翼缘(抗拉、抗压)螺栓个数			
	H	B	t_1	t_2	f	$n_{(M20)}$	$n_{(M22)}$	$n_{(M24)}$
HM400×300	390	300	10	16	215	8.2	6.7	5.7
HM500×300	488	300	11	18	205	8.8	7.2	6.1
HM600×300	588	300	12	20	205	9.8	8.0	6.7
HN400×200	400	200	8	13	215	4.5	3.6	3.1
HN450×200	450	200	9	14	215	4.8	3.9	3.3
HN500×200	500	200	10	16	215	5.5	4.5	3.8
HN600×200	600	200	11	17	205	5.6	4.5	3.8
HN700×300	700	300	13	24	205	11.8	9.6	8.1
HN800×300	800	300	14	26	205	12.7	10.4	8.8
HN900×300	900	300	16	28	205	13.7	11.2	9.4
H550×200(非标)	550	200	12	18	205	5.9	4.8	4.0
H550×300(非标)	550	300	12	20	205	9.8	8.0	6.7
H650×200(非标)	650	200	14	20	205	6.5	5.3	4.5
H650×300(非标)	650	300	14	25	205	12.2	10.0	8.4
H850×300(非标)	850	300	16	30	205	14.7	12.0	10.1
H1000×400(非标)	1000	400	20	30	205	19.6	16.0	13.5

注：1. 高强度螺栓为10.9级；$\mu=0.45$；连接板为双面夹板；标准孔；翼缘的抗拉、抗压截面为$B\times t_2$。
2. 刚接条件下，翼缘栓接是与腹板栓接配套使用的，简称为全栓连接。
3. 需进行疲劳验算的结构、斜杆宜采用工地全栓连接。
4. 全栓连接中，杆件之间的缝隙宽度为10mm。

2）Q355钢材常用H型钢腹板及翼缘的高强度螺栓计算结果

（1）钢梁铰接时腹板（抗剪）螺栓个数计算结果见表2.36.1-6，最少个数按向上取整选取。

Q355钢材常用H型钢腹板抗剪的高强度螺栓个数　　表2.36.1-6

H型钢	截面尺寸(mm)				梁腹板(抗剪)螺栓个数			
	H	B	t_1	t_2	f_v	$n_{(M20)}$	$n_{(M22)}$	$n_{(M24)}$
HW200×200	200	200	8	12	175	2.0	1.6	1.4
HW300×300	300	300	10	15	175	3.8	3.1	2.6
HW350×350	350	350	12	19	175	5.2	4.3	3.6
HW400×400	400	400	13	21	175	6.5	5.3	4.5
HM300×200	294	200	8	12	175	3.0	2.5	2.1
HM350×250	340	250	9	14	175	3.9	3.2	2.7
HM400×300	390	300	10	16	175	5.0	4.1	3.4
HM450×300	440	300	11	18	175	6.2	5.1	4.3
HM500×300	488	300	11	18	175	6.9	5.7	4.8

续表

H 型钢	截面尺寸(mm)				梁腹板(抗剪)螺栓个数			
	H	B	t_1	t_2	f_v	$n_{(M20)}$	$n_{(M22)}$	$n_{(M24)}$
HM600×300	588	300	12	20	175	9.2	7.5	6.3
HN400×200	400	200	8	13	175	4.2	3.4	2.9
HN450×200	450	200	9	14	175	5.3	4.3	3.6
HN500×200	500	200	10	16	175	6.5	5.3	4.5
HN600×200	600	200	11	17	175	8.7	7.1	6.0
HN700×300	700	300	13	24	175	11.8	9.6	8.1
HN800×300	800	300	14	26	175	14.6	11.9	10.1
HN900×300	900	300	16	28	175	18.8	15.4	13.0
H550×200(非标)	550	200	12	18	175	8.6	7.0	5.9
H550×300(非标)	550	300	12	20	175	8.5	7.0	5.9
H650×200(非标)	650	200	14	20	175	11.9	9.7	8.2
H650×300(非标)	650	300	14	25	175	11.7	9.6	8.1
H750×300(非标)	750	300	14	25	175	13.7	11.1	9.4
H850×300(非标)	850	300	16	30	175	17.6	14.4	12.1
H950×300(非标)	950	300	20	30	170	24.1	19.7	16.6

注：高强度螺栓为 10.9 级；$\mu=0.45$；连接板为双面夹板；标准孔；腹板的抗剪截面为 $t_1\times(H-2t_2)$。

（2）钢梁刚接时腹板（抗拉、抗压）螺栓个数计算结果见表 2.36.1-7。

Q355 钢材常用 H 型钢腹板抗拉、抗压的高强度螺栓个数　　表 2.36.1-7

H 型钢	截面尺寸(mm)				梁腹板(抗拉、抗压)螺栓个数			
	H	B	t_1	t_2	f	$n_{(M20)}$	$n_{(M22)}$	$n_{(M24)}$
HW200×200	200	200	8	12	305	3.4	2.8	2.4
HW300×300	300	300	10	15	305	6.6	5.4	4.5
HW350×350	350	350	12	19	305	9.1	7.4	6.3
HW400×400	400	400	13	21	305	11.3	9.2	7.8
HM300×200	294	200	8	12	305	5.2	4.3	3.6
HM350×250	340	250	9	14	305	6.8	5.6	4.7
HM400×300	390	300	10	16	305	8.7	7.1	6.0
HM450×300	440	300	11	18	305	10.8	8.8	7.4
HM500×300	488	300	11	18	305	12.1	9.9	8.3
HM600×300	588	300	12	20	305	16.0	13.0	11.0
HN400×200	400	200	8	13	305	7.3	5.9	5.0
HN450×200	450	200	9	14	305	9.2	7.5	6.4
HN500×200	500	200	10	16	305	11.4	9.3	7.8
HN600×200	600	200	11	17	305	15.1	12.3	10.4

续表

H 型钢	截面尺寸(mm)				梁腹板(抗拉、抗压)螺栓个数			
	H	B	t_1	t_2	f	$n_{(M20)}$	$n_{(M22)}$	$n_{(M24)}$
HN700×300	700	300	13	24	305	20.6	16.8	14.2
HN800×300	800	300	14	26	305	25.4	20.8	17.5
HN900×300	900	300	16	28	305	32.8	26.8	22.6
H550×200(非标)	550	200	12	18	305	15.0	12.2	10.3
H550×300(非标)	550	300	12	20	305	14.9	12.1	10.2
H650×200(非标)	650	200	14	20	305	20.7	16.9	14.3
H650×300(非标)	650	300	14	25	305	20.4	16.6	14.1
H750×300(非标)	750	300	14	25	305	23.8	19.4	16.4
H850×300(非标)	850	300	16	30	305	30.7	25.1	21.2
H950×300(非标)	950	300	20	30	295	41.8	34.1	28.8
H1000×400(非标)	1000	400	20	30	295	44.2	36.0	30.4

注：高强度螺栓为 10.9 级；μ=0.45；连接板为双面夹板；标准孔；腹板的抗拉、抗压截面为 $t_1\times(H-2t_2)$。

(3) 钢梁刚接时翼缘（抗拉、抗压）螺栓个数计算结果见表 2.36.1-8。

Q355 钢材常用 H 型钢翼缘抗拉、抗压的高强度螺栓个数　　表 2.36.1-8

H 型钢	截面尺寸(mm)				梁翼缘(抗拉、抗压)螺栓个数			
	H	B	t_1	t_2	f	$n_{(M20)}$	$n_{(M22)}$	$n_{(M24)}$
HW200×200	200	200	8	12	305	5.8	4.8	4.0
HW300×300	300	300	10	15	305	10.9	8.9	7.5
HW350×350	350	350	12	19	295	15.6	12.7	10.8
HW400×400	400	400	13	21	295	19.7	16.1	13.6
HM350×250	340	250	9	14	305	8.5	6.9	5.9
HM400×300	390	300	10	16	305	11.7	9.5	8.0
HM450×300	440	300	11	18	295	12.7	10.4	8.7
HM500×300	488	300	11	18	295	12.7	10.4	8.7
HM600×300	588	300	12	20	295	14.1	11.5	9.7
HN400×200	400	200	8	13	305	6.3	5.2	4.4
HN450×200	450	200	9	14	305	6.8	5.5	4.7
HN500×200	500	200	10	16	305	7.8	6.3	5.4
HN600×200	600	200	11	17	295	8.0	6.5	5.5
HN700×300	700	300	13	24	295	16.9	13.8	11.7
HN800×300	800	300	14	26	295	18.3	15.0	12.6
HN900×300	900	300	16	28	295	19.7	16.1	13.6
H550×200(非标)	550	200	12	18	295	8.5	6.9	5.8
H550×300(非标)	550	300	12	20	295	14.1	11.5	9.7

续表

H型钢	截面尺寸(mm)				梁翼缘(抗拉、抗压)螺栓个数			
	H	B	t_1	t_2	f	$n_{(M20)}$	$n_{(M22)}$	$n_{(M24)}$
H650×200(非标)	650	200	14	20	295	9.4	7.7	6.5
H650×300(非标)	650	300	14	25	295	17.6	14.4	12.1
H850×300(非标)	850	300	16	30	295	21.1	17.3	14.6
H1000×400(非标)	1000	400	20	30	295	28.2	23.0	19.4

注：1. 高强度螺栓为10.9级；$\mu=0.45$；连接板为双面夹板；标准孔；翼缘的抗拉、抗压截面为$B\times t_2$。
2. 刚接条件下，翼缘栓接是与腹板栓接配套使用的，简称为全栓连接。
3. 需进行疲劳验算的结构、斜杆宜采用工地全栓连接。
4. 全栓连接中，杆件之间的缝隙宽度为10mm。

2.36.2 如何执行强条

(1) 应在钢结构说明中给出高强度螺栓连接的计算参数。

(2) 应提供计算书。表2.36.1-3～表2.36.1-8可以作为计算书的一部分。

(3) 注意螺栓孔削弱对承载力的影响，按孔型系数考虑。

(4) 扭剪型高强度螺栓只有10.9级一种性能等级。

2.37 高强度螺栓摩擦型连接的构造要求

2.37.1 强制性条文规定

1. 新强条

在《钢通规》第 4.4.3 条中，对高强度螺栓摩擦型连接的构造要求规定如下：

螺栓孔加工精度、高强度螺栓施加的预应力、高强度螺栓摩擦型连接的连接板摩擦面处理工艺应保证螺栓连接的可靠性；已施加过预拉力的高强度螺栓拆卸后不应作为受力螺栓循环使用。

该条为新增的强条，将高强度螺栓摩擦型连接的构造要求也提升到了重要的地位。

螺栓孔加工精度、实际施加的螺栓预拉力控制值、连接板件表面处理工艺等加工参数和过程直接影响螺栓连接计算结果的准确性，本强条提出的构造要求是实现计算结果与实际受力状态相符合的前提条件，只有满足本强制性条文规定构造要求的螺栓连接，才能保证计算的连接承载力与实际受力状态相符。

2. 螺栓孔加工精度及排列要求

1）高强度螺栓摩擦型连接的孔型尺寸（加工精度）

高强度螺栓摩擦型连接可采用标准孔、大圆孔和槽孔。孔型尺寸可按表 2.37.1-1 采用。

采用扩大孔连接时，同一连接面只能在盖板和芯板其中之一的板上采用大圆孔或槽孔，其余仍采用标准孔。

高强度螺栓连接的孔型尺寸匹配（mm）　　表 2.37.1-1

螺栓公称直径			M16	M20	M22	M24	M27	M30
孔型	标准孔	直径	17.5	22	24	26	30	33
	大圆孔	直径	20	24	28	30	35	38
	槽孔	短向	17.5	22	24	26	30	33
		长向	30	37	40	45	50	55

2）高强度螺栓的排列要求

腹板中螺栓的排列要求见图 2.37.1-1：

螺栓至螺栓之间，中到中的距离为 s，s 不小于 3 倍孔距；螺栓中心至连接板边缘的距离为 b，b 不小于 2 倍孔距；翼缘宽度不小于 300mm 时，两排螺栓中心线距离为 c，c 不小于 40mm，翼缘宽度为 200mm 或 250mm 时，$c=0$。

3. 摩擦面处理工艺

高强度螺栓摩擦连接时，连接处构件接触面的处理方法分为三种：喷硬质石英砂或铸钢棱角砂、抛丸（喷砂）、钢丝刷清除浮锈或未经处理的干净的轧制面。

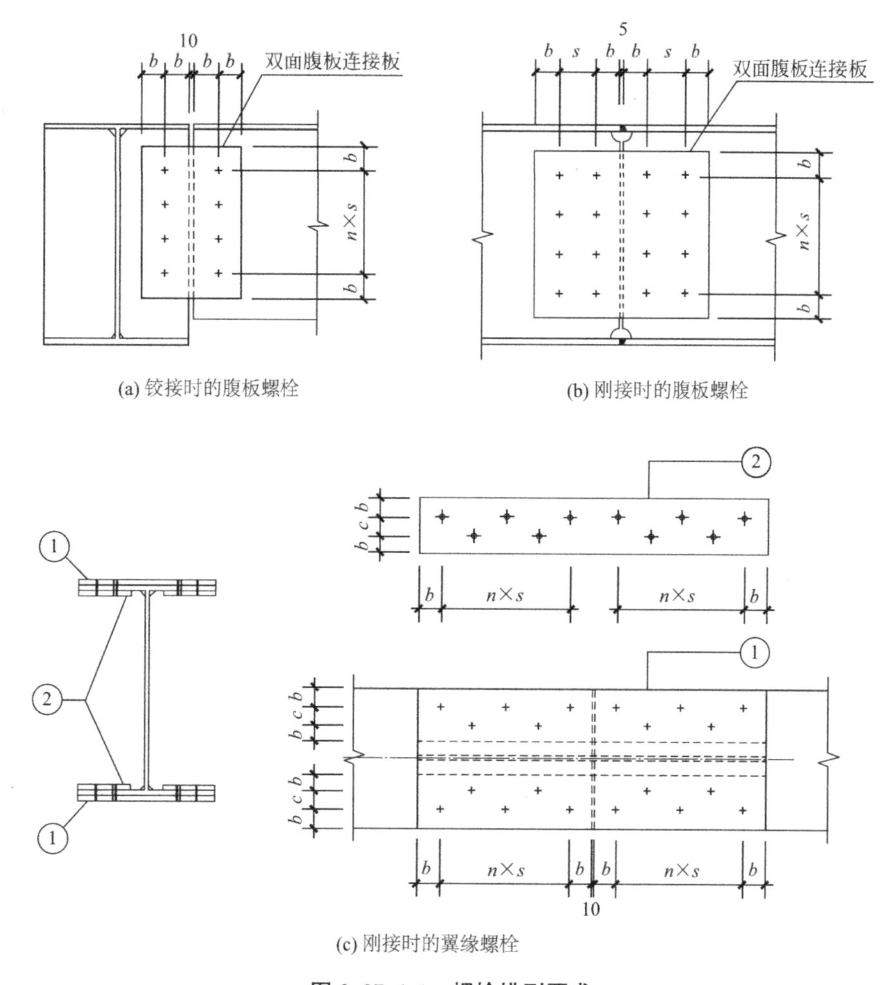

图 2.37.1-1　螺栓排列要求

（1）喷硬质石英砂或铸钢棱角砂：要求一般表面粗糙度应达到 Sa2 $\frac{1}{2}$级，钢材摩擦面的抗滑移系数不小于 $\mu=0.45$。

（2）抛丸（喷砂）：要求一般表面粗糙度应达到 Sa2 $\frac{1}{2}$级，钢材摩擦面的抗滑移系数不小于 $\mu=0.40$。

（3）钢丝刷清除浮锈或未经处理的干净的轧制面：要求一般表面粗糙度应达到 Sa2 $\frac{1}{2}$级；钢材摩擦面的抗滑移系数：对于 Q235 钢材不小于 $\mu=0.30$（由于被连接的钢材的强度不高，所以，采用最低的摩擦系数足以满足设计要求）；对于 Q355 或 Q390 钢材不小于 $\mu=0.35$；对于 Q420 或 Q460 钢材，考虑到高钢号钢材连接需要较高的连接强度，故对只能产生低摩擦系数的本处理方法未予考虑。

4. 高强度螺栓的紧固

高强度螺栓紧固时，分为初拧和终拧。对于大型节点可分为初拧、复拧和终拧。规定如下。

（1）初拧：初拧就是第一次紧固，主要消除板件翘曲及板件之间不密接等不良现象。

（2）复拧：对于大型节点，高强螺栓初拧完成后，再重复紧固一次，称之为复拧。

（3）终拧：终拧就是最后的紧固。

5. 高强度螺栓的循环使用问题

已施加过预拉力的高强度螺栓拆卸后不应作为受力螺栓循环使用，原因是用过的高强度螺栓，其扭矩系数与出厂前相比发生了变化。

2.37.2 如何执行强条

（1）当采用高强度螺栓连接时，应将本强条写在钢结构说明中。

（2）应提供高强度螺栓连接的孔型尺寸。

（3）应提供高强度螺栓的预拉力设计值与预应力控制值。

（4）应提供钢材摩擦面的抗滑移系数。

2.38 不得循环使用高强度螺栓

2.38.1 强制性条文规定

1. 新强条

在《钢通规》第4.4.3条中，对不得循环使用高强度螺栓的规定如下：

已施加过预拉力的高强度螺栓拆卸后不应作为受力螺栓循环使用。

该条为新增的强条，将不得循环使用高强度螺栓的规定提升到了重要的地位。

2. 高强度螺栓的施工

采用高强度螺栓连接已成为钢结构连接的主要手段之一，其施工精度的要求及施工过程中的各项拧紧参数的要求也是很严的。施拧的紧固扭矩（T）是决定高强度螺栓安全有效的重要标志，它与扭矩系数和紧固轴力有关，三者之间的关系可用式（2.38.1-1）表示：

$$T = K \cdot d \cdot P \tag{2.38.1-1}$$

式中：T——紧固扭矩（N·m或kg·m）；

K——扭矩系数；

d——螺栓公称直径（mm）；

P——紧固轴力（预拉力）（kN）。

1）扭矩系数

扭矩系数是控制紧固轴力的参数，在制造、储运和保管各个环节出了问题，都会使扭矩系数发生很大的变化，影响施拧扭矩的规定扭矩值。预防扭矩系数发生变化是保障高强度螺栓施工的关键措施。如果在某个环节发现有异常现象时，要重新进行检验，经鉴定合格后再进行使用。

2）紧固轴力（预拉力）

高强度螺栓连接副的紧固轴力试验在轴力计（或测力计）上进行，每一连接副（一个螺栓、一个螺母、一个垫圈）只能试验一次，不得重复使用。

紧固轴力试验分为初拧和终拧两个阶段。终拧至梅花头被拧掉结束，此时，读出的轴力值即为最终确定的紧固轴力（预拉力）。

3）为什么高强度螺栓不能循环使用

高强度螺栓被拆卸后，其扭矩系数发生了根本性变化，更重要的是没有了梅花头，得不到终拧数据，也就没有了紧固轴力，进而没有了紧固扭矩。缺失了紧固扭矩支持的高强度螺栓是不可使用的。

2.38.2 如何执行强条

尽管本强条针对的是施工过程中可能出现影响结构安全的现象，但设计单位有告知的义务，毕竟要求施工和监理单位人员完全掌握高强度螺栓的工作原理也不现实。因此，只要钢结构设计中使用了高强度螺栓，在说明中就应写入此条文。

2.39 扭矩系数和紧固轴力（预拉力）的检测报告

2.39.1 强制性条文规定

1. 新强条

在《钢通规》第7.1.2条中，对扭矩系数和紧固轴力（预拉力）的检测报告的要求规定如下：

高强度大六角头螺栓连接副和扭剪型高强度螺栓连接副出厂时应分别带有扭矩系数和紧固轴力（预拉力）的检验报告，并应附有出厂质量保证书。高强度螺栓连接副应按批配套进场并在同批内配套使用。

该条为新增的强条，将高强度螺栓连接副扭矩系数和紧固轴力（预拉力）的检验报告提升到了重要的地位。

2. 高强度螺栓连接副

高强度螺栓在生产上的全称叫做高强度螺栓连接副，一般简称为高强度螺栓。每一个连接副均包括一个螺栓，一个螺母和两个垫圈，均是同一批生产，并且是在同一热处理工艺中加工的产品。

根据安装特点，主要有两种高强度螺栓连接副：高强度大六角头螺栓连接副和扭剪型高强度螺栓连接副。这两种高强度螺栓的性能都是可靠的，在设计中可以通用。

螺栓、螺母、垫圈的选用可参见表2.39.1-1。

高强度螺栓、螺母、垫圈的组合　　表2.39.1-1

类别	螺栓	螺母	垫圈
形式尺寸	按《钢结构用高强度大六角头螺栓》GB/T 1228—2006规定	按《钢结构用高强度大六角螺母》GB/T 1229—2006规定	按《钢结构用高强度垫圈》GB/T 1230—2006规定
性能等级	10.9S	10H	35～45HRC
	8.8S	8H	35～45HRC

3. 扭矩系数和紧固轴力（预拉力）

高强度大六角头螺栓连接副供货应保证扭矩系数，同批连接副的扭矩系数平均值为0.110～0.150，扭矩系数标准偏差应小于0.0100，并应分属同批制造。扭矩系数（K）可按下式计算：

$$K=\frac{T}{Pd} \tag{2.39.1-1}$$

式中：K ——扭矩系数；

d ——螺栓的螺纹公称直径（mm）；

T ——施加扭矩（峰值）（N·m）；

P ——螺栓紧固时的预拉力（峰值）（kN）。

在安装高强度螺栓过程中，为了补偿螺栓预拉力的松弛，施加的预拉力平均值一般要比一个高强度螺栓的预拉力设计值略高一些，但不能太高，其控制值与预拉力设计值的关系见表 2.39.1-2。

高强度螺栓的预拉力设计值与预拉力 P 控制值的关系　　表 2.39.1-2

一个高强度螺栓的预拉力设计值(kN)						
螺栓的性能等级	螺栓的公称直径					
	M16	M20	M22	M24	M27	M30
8.8 级	80	125	150	175	230	280
10.9 级	100	155	190	225	290	355
一个高强度螺栓的预拉力 P 控制值(kN)						
螺栓的性能等级	螺栓的公称直径					
	M16	M20	M22	M24	M27	M30
8.8 级	81～99	126～154	149～182	176～215	215～230	279～341
10.9 级	99～121	153～187	189～231	225～275	288～352	351～429

4. 扭矩系数和紧固轴力（预拉力）的查验

高强度大六角头螺栓连接副和扭剪型高强度螺栓连接副出厂时分别带有扭矩系数和紧固轴力（预拉力）的检测报告，并附有出厂质量保证书。应在供货地点现场查验检测报告和出厂质量保证书。

施工前，应分别复验扭剪型高强度螺栓的紧固轴力和高强度大六角头螺栓的扭矩系数的平均值和标准偏差，其值应符合现行国家标准《钢结构用高强度大六角头螺栓、大六角螺母、垫圈技术条件》GB/T 1231 和《钢结构用扭剪型高强度螺栓连接副》GB/T 3632 中的有关规定。

5. 进场及配套使用

高强度螺栓连接副应按批配套进场并在同批内配套使用。每 5 万个高强度螺栓用量为一批，不足 5 万个高强度螺栓用量视为一批。中、大型规模的钢结构工程，当框架梁梁端采用全螺栓连接时，其螺栓用量会达到十几万乃至几十万个之多。订货时应考虑施工过程中的洽商、安装返工等情况的微小增量。

2.39.2 如何执行强条

（1）当采用高强度螺栓连接时，应将本强条在钢结构说明中给出。

（2）高强度螺栓的预拉力设计值与预拉力 P 控制值应在说明中给出。

2.40 高强度螺栓连接处的钢材表面处理

2.40.1 强制性条文规定

1. 新强条

在《钢通规》第7.1.3条中，对钢材表面处理的要求规定如下：

高强度螺栓连接处的钢板表面处理方法与除锈等级应符合设计文件要求。摩擦型高强度螺栓连接摩擦面处理后应分别进行抗滑移系数试验和复验，其结果应达到设计文件中关于抗滑移系数的指标要求。

该条为新增的强条，将钢材表面处理和试验要求提升到了重要的地位。

2. 钢材表面处理的理由

钢材表面处理也称为表面清理，高强度螺栓连接处的钢材表面由于存在以下几方面的原因，影响了摩擦面的抗滑移系数的取值：

（1）钢材表面不平整；

（2）存在焊接飞溅、毛刺等情况使板面不密贴；

（3）板面有油污。

3. 除锈等级与表面清理的关系

除锈等级与表面清理息息相关，除锈等级不同决定了不同的清理方法。表2.40.1-1为清理级别与除锈等级的对应关系。

清理级别与除锈等级的对应关系　　表2.40.1-1

清理级别	除锈等级
彻底的手工和动力工具清理	St2
非常彻底的手工和动力工具清理	St3
轻度的喷射清理	Sa1
彻底的喷射清理	Sa2
非常彻底的喷射清理	Sa2 $\frac{1}{2}$
使钢材表面洁净的喷射清理	Sa3

在民用建筑钢结构中，一般采用的除锈等级为Sa2 $\frac{1}{2}$，对应的清理级别为非常彻底的喷射清理。

非常彻底的喷射清理根据设计单位要求的摩擦系数（μ）不同，分为以下两种处理方法：

（1）当摩擦系数（μ）为0.45时，采用喷硬质石英或铸钢棱角砂的处理方法；

（2）当摩擦系数（μ）为0.40时，采用抛丸（喷砂）的处理方法。

4. 摩擦面处理

（1）高强度螺栓连接摩擦面加工，可采用喷砂（抛丸）处理，以达到钢板摩擦面要求的表面粗糙度。

（2）摩擦系数值的确定可参考试验值。表2.40.1-2是Q235和Q355钢材表面采用喷砂（抛丸）生成浮锈的摩擦系数（f）试验值，可供施工参考。

表面生成浮锈的摩擦系数试验值 **表2.40.1-2**

加工方法	钢种	生锈天数	摩擦系数 f 的试验值	
			变动范围	平均值
喷砂	Q235		0.565～0.619	0.587
	Q355	0	0.603～0.741	0.666
		20	0.633～0.742	0.679

5. 抗滑移系数试验和复验

抗滑移系数是高强度螺栓连接的主要参数之一，直接影响构件的承载力，抗滑移系数的试验和复验应符合国家现行有关标准的规定。

1）抗滑移系数试验

抗滑移试验时，高强度螺栓预拉力值应准确控制在（0.95～1.05）P 范围内，然后在试验机上进行拉力试验。试验时，试件的轴线与试验机的夹具中心应严格对准，试验后，按下式计算抗滑移系数值：

$$\mu = \frac{N_v}{n_f \sum_{i=1}^{m} P_i} \tag{2.40.1-1}$$

式中：N_v——由试验测得的滑移荷载（kN）；

n_f——摩擦面数，取 $n_f=2$；

$\sum_{i=1}^{m} P_i$——试件滑移一侧高强度螺栓预拉力实测值（或同批螺栓连接副的预拉力平均值）之和（kN）；

m——试件一侧螺栓数量，取 $m=2$。

2）复验

安装螺栓前，应对钢结构摩擦面的抗滑移系数进行复验，其结果应达到设计文件中关于抗滑移系数的指标要求，这是保证高强度螺栓施工质量的一项重要手段。

2.40.2 如何执行强条

（1）当采用高强度螺栓连接时，应将本强条在钢结构说明中给出。

（2）应将摩擦系数（μ）及相应的摩擦面处理方法在钢结构说明中给出。

2.41　焊缝质量要求

2.41.1　强制性条文规定

1. 新强条

在《钢通规》第7.2.3条中，对焊缝质量要求规定如下：

全部焊缝应进行外观检查。要求全焊透的一级、二级焊缝应进行内部缺陷无损检测，一级焊缝探伤比例应为100%，二级焊缝探伤比例应不低于20%。

该新强条是对旧强条的重要增改，将焊缝外观检查纳入了强条之列。

2. 旧强条

在废止的《钢结构工程施工质量验收标准》GB 50205—2020第5.2.4条中，对一、二级焊缝无损检测规定如下：

设计要求的一、二级焊缝应进行内部缺陷的无损检测，一、二级焊缝的质量等级和检测要求应符合表2.41.1-1的规定。

检查数量：全数检查。

检查方法：检查超声波或射线探伤记录。

一、二级焊缝质量等级及无损检测要求　　表2.41.1-1

焊缝质量等级		一级	二级
内部缺陷超声波探伤	缺陷评定等级	Ⅱ	Ⅲ
	检测等级	B级	B级
	检测比例	100%	20%
内部缺陷射线探伤	缺陷评定等级	Ⅱ	Ⅲ
	检测等级	B级	B级
	检测比例	100%	20%

注：二级焊缝检测比例的计数方法按以下原则确定：工厂制作焊缝按照焊缝长度计算百分比，且探伤长度不小于200mm；当焊缝长度小于200mm时，应对整条焊缝探伤；现场安装焊缝应按照同一类型、同一施焊条件的焊缝条数计算百分比，且不应少于3条焊缝。

3. 新旧强条的对比

新旧强条的内容完全一致。

4. 外观检查

所有的焊缝，不管是一级焊缝、二级焊缝，还是三级焊缝，均应进行百分之百的外观检查，应按以下要求进行。

(1) 所有焊缝应冷却到环境温度后进行外观检查。

(2) 外观检查一般用目测，裂纹的检查应辅以5倍放大镜并在合适的光照条件下进行，必要时可采用磁粉探伤或渗透探伤，尺寸的测量应使用量具、卡规。

（3）无疲劳验算要求的焊缝外观质量应符合下列规定：

① 一级焊缝不得存在裂纹、未满焊、根部收缩、咬边、电弧擦伤、接头不良、表面气孔、表面夹渣等缺陷，见表 2.41.1-2 的规定。

② 二级焊缝不得存在裂纹、电弧擦伤、表面气孔、表面夹渣等缺陷，其他外观质量应符合表 2.41.1-2 的规定。

③ 三级焊缝不得存在裂纹，其他外观质量应符合表 2.41.1-2 的规定。

无疲劳验算要求的钢结构焊缝外观质量要求　　表 2.41.1-2

检验项目	焊缝质量等级		
	一级	二级	三级
裂纹	不允许	不允许	不允许
未满焊	不允许	≤0.2mm+0.02t 且≤1mm，每 100mm 长度焊缝内未焊满累积长度≤25mm	≤0.2mm+0.04t 且≤2mm，每 100mm 长度焊缝内未焊满累积长度≤25mm
根部收缩	不允许	≤0.2mm+0.02t 且≤1mm，长度不限	≤0.2mm+0.04t 且≤2mm，长度不限
咬边	不允许	深度≤0.05t 且≤0.5mm，连续长度≤100mm，且焊缝两侧咬边总长≤10%焊缝全长	深度≤0.1t 且≤1mm，长度不限
电弧擦伤	不允许	不允许	允许存在个别电弧擦伤
接头不良	不允许	缺口深度≤0.05t 且≤0.5mm，每 1000mm 长度焊缝内不得超过一处	缺口深度≤0.1t 且≤1mm，每 1000mm 长度焊缝内不得超过一处
表面气孔	不允许	不允许	每 50mm 长度焊缝内允许存在直径<0.4t 且≤3mm 的气孔 2 个，距离应≥6 倍孔径
表面夹渣	不允许	不允许	深≤0.2t，长≤0.5t 且≤20mm

注：t 为接头较薄件母材厚度（mm）

5. 内部缺陷无损检测

无损检测方法是不改变、不损害工件的状态和使用性能的前提下，通过测定检测媒介的变化量，达到判断材料或零部件内部是否存在缺陷的技术。

无损检测是最常用的焊接检测方法。

常规的无损检测方法有射线检测（RT）、超声波检测（UT）、磁粉检测（MT）、渗透检测（PT）、涡流检测（ET）等。

1）各种检测方法优缺点

每种检测方法都有其特点，其优缺点见表 2.41.1-3。

各种检测方法优缺点　　表 2.41.1-3

无损检测方法	优点	缺点
射线无损检测	可直观显示缺陷形状和尺寸，检测结果便于长期保存；对内部体积性缺陷有很高的灵敏度	射线对人员有损伤作用，必须采取防护措施；检测周期较长，不能实时得到结果，主要适用于部件内部缺陷检测

续表

无损检测方法	优点	缺点
超声无损检测	对工件内部面状缺陷有很高的灵敏性，便于现场检测；可及时获得检测结果	缺陷显示不直观，对缺陷定性和定量较困难；对操作人员的技能有较高的要求；主要适用于部件内部缺陷检测
磁粉无损检测	有很高的检验灵敏度，可检缺陷最小宽度为 0.1μm；能直观显示缺陷的位置、形状和大小；检测几乎不受工件的大小和形状的限制	只能检验铁磁性材料表面和近表面的缺陷，通常可检深度仅为 1～2mm；适用于表面和近表面缺陷检测
渗透无损检测	不需复杂设备，操作简单，特别适合现场检测；检验灵敏度较高，缺陷显示直观；可一次性检出复杂工件各个方向的表面开口缺陷	只能用于致密材料的表面开口缺陷检验，对被检表面光洁度有较高的要求；对操作人员操作技能要求较高；会产生环境污染

2）焊缝内部缺陷无损检测的规定

（1）采用超声波检测时，超声波检测设备、工艺要求及缺陷评定等级应符合现行国家标准《钢结构焊接规范》GB 50661 的规定；

（2）当不能采用超声波探伤或对超声波检测结果有疑义时，可采用射线检测验证，射线检测技术应符合现行国家标准《焊缝无损检测　射线检测　第 1 部分：X 和伽马射线的胶片技术》GB/T 3323.1 或《焊缝无损检测　射线检测　第 2 部分：使用数字化探测器的 X 和伽马射线技术》GB/T 3323.2 的规定，缺陷评定等级应符合现行国家标准《钢结构焊接规范》GB 50661 的规定。

2.41.2　如何执行强条

（1）应将本强条写在钢结构说明中。

（2）外观检查成为了新强条，施工单位应有检查记录措施。

2.42 焊缝抽样检验

2.42.1 强制性条文规定

1. 新强条

在《钢通规》第7.2.4条中，对焊缝抽样检验的规定如下：

焊接质量抽样检验结果判定应符合以下规定：

1）除裂纹缺陷外，抽样检验的焊缝数不合格率小于2%时，该批验收合格；抽样检验的焊缝数不合格率大于5%时，该批验收不合格；抽样检验的焊缝数不合格率为2%～5%时，应按不少于2%探伤比例对其他未检焊缝进行抽检，且必须在原不合格部位两侧的焊缝延长线各增加一处，在所有抽检焊缝中不合格率不大于3%时，该批验收合格，大于3%时，该批验收不合格。

2）当检验有1处裂纹缺陷时，应加倍抽查，在加倍抽检焊缝中未再检查出裂纹缺陷时，该批验收合格；检验发现多处裂纹缺陷或加倍抽查又发现裂纹缺陷时，该批验收不合格，应对该批余下焊缝的全数进行检验。

3）批量验收不合格时，应对该批余下的焊缝进行检验。

该新强条是对旧强条的重新编写。

2. 旧强条

在废止的《钢结构焊接规范》GB 50661—2011第8.1.8条中，对焊缝抽样检验的规定如下：

抽样检验应按下列规定进行结果判定：

1）抽样检验的焊缝数不合格率小于2%时，该批验收合格；

2）抽样检验的焊缝数不合格率大于5%时，该批验收不合格；

3）除本条第5款情况外抽样检验的焊缝数不合格率为2%～5%时，应加倍抽检，且必须在原不合格部位两侧的焊缝延长线各增加一处，在所有抽检焊缝中不合格率不大于3%时，该批验收合格，大于3%时，该批验收不合格；

4）批量验收不合格时，应对该批余下的全部焊缝进行检验；

5）检验发现有1处裂纹缺陷时，应加倍抽查，在加倍抽检焊缝中未再检查出裂纹缺陷时，该批验收合格；检验发现多于1处裂纹缺陷或加倍抽查又发现裂纹缺陷时，该批验收不合格，应对该批余下焊缝的全数进行检查。

3. 新旧强条的对比

新旧强条的内容完全一致。

4. 抽样的意义

根据我国钢结构行业的实际情况，当采用抽样检验时，允许存在一定比例的一般缺陷，而要想千方百计地达到100%合格是困难的。因此，本着安全、适度的原则，并根据近几年来钢结构焊缝检验的实际情况及数据统计，规定不合格裂缝数小于抽样数的2%时为合格，大于5%时为不合格，2%～5%之间加倍抽验，不仅确保了钢结构焊接施工水平，并且兼顾了钢结构工程的质量安全和经济性。

2.42.2 如何执行强条

（1）应提醒钢结构深化设计单位将本强条写在深化设计说明中，便于施工监理单位监督、执行。

（2）不合格裂缝数小于抽样数的2%时为合格。

（3）不合格裂缝数大于5%时为不合格。

（4）不合格裂缝数在2%～5%之间加倍抽验。

2.43 防腐涂料

2.43.1 强制性条文规定

1. 新强条

在《钢通规》第7.3.1条中，对防腐涂料要求如下：

钢结构防腐涂料、涂装遍数、涂层厚度均应符合设计和涂料产品说明书要求。当设计对涂层厚度无要求时，涂层干漆膜总厚度：室外应为150μm，室内应为125μm，其允许偏差为−25μm。检查数量与检验方法应符合下列规定：

1）按构件数抽查10%，且同类构件不应少于3件；

2）每个构件检测5处，每处数值为3个相距50mm测点涂层干漆膜厚度的平均值。

该条为新增的强条，将防腐涂料的要求提升到了重要的地位。

2. 涂层厚度

1）防腐蚀设计使用年限的规定

防腐蚀设计使用年限划分分为四档：低使用年限、中使用年限、长使用年限和超长使用年限。防腐蚀设计使用年限划分与防腐蚀设计使用年限之间的对应关系见表2.43.1-1。

防腐蚀设计使用年限划分与防腐蚀设计使用年限之间的对应关系　　表2.43.1-1

序号	防腐蚀设计使用年限划分	防腐蚀设计使用年限(年)
1	低使用年限	2～5
2	中使用年限	6～10
3	长使用年限	11～15
4	超长使用年限	>15

2）涂层厚度

钢结构表面防护涂层厚度不仅与环境腐蚀性等级有关，还与防腐蚀设计年限有关，其最小涂层厚度应符合表2.43.1-2的规定。

钢结构表面防腐蚀涂层厚度　　表2.43.1-2

防腐蚀涂层最小厚度(μm)			防护层使用年限(年)
强腐蚀	中腐蚀	弱腐蚀	
320	280	240	>15
280	240	200	11～15
240	200	160	6～10
200	160	120	2～5

3. 防腐涂料和涂装遍数

1）涂层油漆划分

涂层油漆分为三层：底层漆（底漆）、中间层漆（中层漆）和面层漆（面漆）。

底漆应与基层表面有较好的附着力和长效防锈性能。

中层漆应具有屏蔽功能。

面漆应具有良好的耐候、耐介质性能。

2）油漆与防火涂料的结合

当钢构件外表面有防火涂料时，应取消面层漆，原因是防火涂料很难附着在面漆层上。

3）常用的防腐涂料

防腐涂料与基层材料、除锈等级、涂层遍数、涂层厚度、腐蚀性等级及防腐使用年限等因素有关，基层材料为钢材时，部分常用的表面防腐涂层配套见表 2.43.1-3。

钢材表面防腐涂层配套　　表 2.43.1-3

<table>
<tr><th rowspan="2">涂层名称</th><th rowspan="2">除锈等级</th><th colspan="3">底层</th><th colspan="3">中间层</th><th colspan="3">面层</th><th rowspan="2">涂层总厚度(μm)</th><th colspan="3">涂层使用年限(a)</th></tr>
<tr><th>涂料名称</th><th>遍数</th><th>厚度(μm)</th><th>涂料名称</th><th>遍数</th><th>厚度(μm)</th><th>涂料名称</th><th>遍数</th><th>厚度(μm)</th><th>强腐蚀</th><th>中腐蚀</th><th>弱腐蚀</th></tr>
<tr><td rowspan="9">环氧涂层</td><td rowspan="5">不低于Sa2或St3</td><td rowspan="5">环氧铁红底涂料</td><td>2</td><td>60</td><td rowspan="3">—</td><td rowspan="3">—</td><td rowspan="3">—</td><td rowspan="9">环氧面涂料</td><td>2</td><td>60</td><td>120</td><td>—</td><td>—</td><td>2～5</td></tr>
<tr><td>2</td><td>60</td><td>3</td><td>100</td><td>160</td><td>—</td><td>2～5</td><td>6～10</td></tr>
<tr><td>3</td><td>100</td><td>3</td><td>100</td><td>200</td><td>2～5</td><td>6～10</td><td>11～15</td></tr>
<tr><td>2</td><td>60</td><td rowspan="6">环氧云铁中间涂料</td><td>1</td><td>80</td><td>2</td><td>60</td><td>200</td><td>2～5</td><td>6～10</td><td>11～15</td></tr>
<tr><td>2</td><td>60</td><td>1</td><td>80</td><td>3</td><td>100</td><td>240</td><td>6～10</td><td>11～15</td><td>>15</td></tr>
<tr><td rowspan="4">$Sa2\frac{1}{2}$</td><td rowspan="4">环氧富锌底涂料</td><td>2</td><td>70</td><td>1</td><td>70</td><td>2</td><td>60</td><td>200</td><td>2～5</td><td>6～10</td><td>11～15</td></tr>
<tr><td>2</td><td>70</td><td>1</td><td>70</td><td>3</td><td>100</td><td>240</td><td>6～10</td><td>11～15</td><td>>15</td></tr>
<tr><td>2</td><td>70</td><td>2</td><td>110</td><td>3</td><td>100</td><td>280</td><td>11～15</td><td>>15</td><td>>15</td></tr>
<tr><td>2</td><td>70</td><td>2</td><td>150</td><td>3</td><td>100</td><td>320</td><td>>15</td><td>>15</td><td>>15</td></tr>
</table>

4. 涂层厚度测量的抽样比例要求

（1）桁架、梁等主要构件抽检 20%，每件构件应检测 3 处；

（2）板、梁及箱形梁等构件，每 100m^2 检测 3 处；

（3）检测点位置与数量：宽度在 150mm 以下的梁或构件，每处测 5 点，取点中心位置不限，但边点应距构件边缘 20mm 以上，5 个检测点应分别为 100mm 见方的正方形的四个角和正方形对角线的交点；

（4）涂层检测的总平均厚度，达到规定厚度的 90%为合格。计算平均值时，超过规定厚度的 20%的测点，按规定厚度的 120%计算。

2.43.2 如何执行强条

（1）应在钢结构说明中给出防腐蚀设计使用年限。

（2）根据防腐蚀设计使用年限和环境腐蚀性情况，在钢结构说明中给出涂层厚度、涂刷遍数及各涂层的涂料名称。

2.44 防火涂料

2.44.1 强制性条文规定

1. 新强条

在《钢通规》第7.3.2条中，对防火涂料要求如下：

膨胀型防火涂料的涂层厚度应符合耐火极限的设计要求。非膨胀型防火涂料的涂层厚度，80%及以上面积应符合耐火极限的设计要求，且最薄处厚度不应低于设计要求的85%。检查数量按同类构件数抽查10%，且均不应少于3件。

该条为新增的强条，将防火涂料的要求提升到了重要的地位。

火灾与腐蚀一样，都是钢结构的天敌。要防止火灾对钢结构的危害，必须对钢结构采取安全可靠的防火保护措施。从经济合理的角度出发，防火涂料是目前在钢结构工程中最常用的防火保护层。

2. 防火涂料

1）耐火等级与耐火极限

民用建筑的耐火等级应根据其建筑高度、使用功能、重要性和火灾扑救难度等由建筑专业按防火要求确定。结构专业根据耐火等级确定钢结构的耐火极限，见表2.44.1-1。

不同耐火等级建筑相应构件的燃烧性能和耐火极限（h）　　　表2.44.1-1

构件名称		耐火等级			
		一级	二级	三级	四级
墙	防火墙	不燃性3.00	不燃性3.00	不燃性3.00	不燃性3.00
	承重墙	不燃性3.00	不燃性2.50	不燃性2.00	难燃性0.50
柱		不燃性3.00	不燃性2.50	不燃性2.00	难燃性0.50
梁		不燃性2.00	不燃性1.50	不燃性1.00	难燃性0.50
楼板		不燃性1.50	不燃性1.0Q	不燃性0.50	可燃性
屋顶承重构件		不燃性1.50	不燃性1.00	不燃性0.50	可燃性
疏散楼梯		不燃性1.50	不燃性1.00	不燃性0.50	可燃性
吊顶(包括吊顶格栅)		不燃性0.25	难燃性0.25	难燃性0.15	可燃性

2）防火涂料的类型

（1）膨胀型防火涂料

膨胀型防火涂料是一种遇火后迅速膨胀的薄型防火涂料（薄涂型），采用涂刷的施工方法。

（2）非膨胀型防火涂料

非膨胀型防火涂料是一种遇火后不产生膨胀的厚型防火涂料（厚涂型）。非膨胀型防火涂料的施工方法有两种：采用喷枪进行喷涂（喷涂型）及采用抹灰形式进行涂敷（涂敷型）。

3）防火涂料的质量要求

防火涂料产品应有通过国家消防检测机构检测合格后的合格证书。

4）防火涂料与防腐涂料结合要求

不能在防腐面漆上涂防火涂料。理由是防腐面漆光滑且硬度较高，防火涂料不易牢靠地附着在防腐面漆上。

5）防火涂料的涂层厚度

薄涂型钢结构防火涂料，厚度一般为3～7mm，耐火极限可达0.5～1.5h，优点是涂层薄，缺点是涂层易老化，其主要性能见表2.44.1-2。

薄涂型（膨胀型）钢结构防火涂料性能　　表2.44.1-2

项目		指标		
粘结强度(MPa)		≥0.15		
初期干燥抗裂性		不应出现裂纹		
pH值		≥7		
耐水性(h)		≥24		
耐冷热循环性(次)		≥15		
耐火极限	涂层厚度(mm)	3	5.5	7
	耐火时间不低于(h)	0.5	1.0	1.5

厚涂型钢结构防火涂料，厚度一般为15～50mm，耐火极限可达1.0～3.0h，优点是耐久性可靠，缺点是涂层厚，其性能见表2.44.1-3。

厚涂型（非膨胀型）钢结构防火涂料性能　　表2.44.1-3

项目		指标				
粘结强度(MPa)		≥0.04				
抗压强度(MPa)		≥0.3				
干密度(kg/m^3)		≤500				
初期干燥抗裂性		允许出现1～3条裂纹，其宽度应≤0.5mm				
pH值		≥7				
耐水性(h)		≥24				
耐冷热循环性(次)		≥15				
耐火极限	涂层厚度(mm)	15	20	30	40	50
	耐火时间不低于(h)	1.0	1.5	2.0	2.5	3.0

注：有的厂家给出的涂层厚度小于上表数值，在使用上必须保证其防火涂料产品有国家检测机构检测合格的证书。

3. 防火涂料的施工质量控制要求

1）环境要求

环境温度宜在5～38℃之间，相对湿度一般不应大于85%；涂装时构件表面不应有结露；涂装后在实干之前应避免雨淋，并应防止机械撞击。

2）防火涂料性能要求

民用建筑钢结构防火涂料的粘结强度、抗压强度应符合国家现行标准《钢结构防火涂料》GB 14907 的规定。

3）检查数量

按构件数抽查 10%，且同类构件不应少于 3 件。

4）检验方法

用涂层厚度测量仪、测针和钢尺检查。测量方法应符合《钢结构防火涂料应用技术规程》T/CECS 24—2020 的规定及《钢结构工程施工质量验收标准》GB 50205—2020 附录 F 的方法要求。

5）涂层厚度及裂纹要求

（1）膨胀型（薄涂型）防火涂料：

膨胀型防火涂料的涂层厚度应满足设计要求，按初期干燥抗裂性要求，其表面不应出现裂纹。

（2）非膨胀型（厚涂型）防火涂料：

非膨胀型防火涂料的涂层厚度，80%及以上面积应符合耐火极限的设计要求，且最薄处厚度不应低于设计要求的 85%。按初期干燥抗裂性要求，其表面允许出现 1～3 条裂纹，裂纹宽度应≤0.5mm。

2.44.2　如何执行强条

（1）应在钢结构说明中给出强制性条文的要求。

（2）应在钢结构说明中给出耐火极限的要求。

（3）应在钢结构说明中给出耐火涂料的类型和涂层厚度的要求。

2.45 焊接材料的质量证明书

2.45.1 强制性条文规定

1. 新强条

在《钢通规》第7.2.1条中，对焊接材料的质量证明书规定如下：

钢结构焊接材料应具有焊接材料厂出具的产品质量书或检验报告。

该新强条是对旧强条的删减修改。

2. 旧强条

在废止的《钢结构焊接规范》GB 50661—2011第4.0.1条中，对焊接材料的质量证明书规定如下：

钢结构焊接工程用钢材及焊接材料应符合设计文件的要求，并应具有钢厂和焊接材料厂出具的产品质量证明书或检验报告，其化学成分、力学性能和其他质量要求应符合国家现行有关标准的规定。

3. 新旧强条的对比

新强条中删除了"应符合设计文件的要求"等人为因素内容，其他内容完全一致。

4. 焊接材料及与钢材的匹配

1）焊接材料分类

焊接材料分为焊条和焊丝。

（1）焊条

焊条：
- 按熔渣的碱度分类（酸性焊条和碱性焊条）
- 按药皮主要成分分类（常用焊条）
- 按用途分类（建筑结构用焊条为其中第一类）

（2）焊丝

焊丝：
- 实心焊丝
  - 埋弧焊用焊丝
  - 气体保护焊用焊丝
- 药芯焊丝
  - 药粉型
  - 金属粉

2）焊条与焊丝的标准

（1）手工焊接所用的焊条，应符合现行国家标准《非合金钢及细晶粒钢焊条》GB/T 5117或《热强钢焊条》GB/T 5118的规定；

（2）埋弧焊用焊丝和焊剂应符合国家现行标准《埋弧焊用非合金钢及细晶粒钢实心焊丝、药芯焊丝和焊丝-焊剂组合分类要求》GB/T 5293、《埋弧焊用热强钢实心焊丝、药芯焊丝和焊丝-焊剂组合分类要求》GB/T 12470的规定；

（3）自动焊或半自动焊用焊丝应符合国家现行标准《熔化焊用钢丝》GB/T 14957、《熔化极气体保护电弧焊用非合金钢及细晶粒钢实心焊丝》GB/T 8110、《埋弧焊用非合金钢及细晶粒钢实心焊丝、药芯焊丝和焊丝-焊剂组合分类要求》GB/T 5293、《埋弧焊用热强钢实心焊丝、药芯焊丝和焊丝-焊剂组合分类要求》GB/T 12470 等的规定。

5. 产品质量书

合格的钢材及焊接材料是获得良好焊接质量的基本前提，产品质量书中的化学成分和力学性能是影响焊接性的重要指标。

焊接材料产品质量书包含的内容有：标准号、规格、批号、熔敷金属的化学成分、力学性能、药皮含水量、相关的特殊性能测定、生产日期，在明显部位应有清晰的标志。

2.45.2　如何执行强条

（1）应在钢结构说明中给出强制性条文的要求。

（2）有特殊焊接材料要求的情况应在说明中提出。

2.46 施工前的焊接工艺评定

2.46.1 强制性条文规定

1. 新强条

在《钢通规》第7.2.2条中，对施工前的焊接工艺评定规定如下：

首次采用的钢材、焊接材料、焊接方法、接头形式、焊接位置、焊后热处理制度以及焊接工艺参数、预热和后热措施等各种参数的组合条件，应在钢结构构件制作及安装施工之前按照规定程序进行焊接工艺评定，并制定焊接操作规程，焊接施工过程应遵守焊接操作规程规定。

该条为新增的强条，将施工前的焊接工艺评定提升到了重要的地位。

2. 工艺评定的重要性

不同的焊接工艺参数对焊接接头性能影响显著，特别是随着钢材强度等级和塑性、韧性要求的不断提高，焊接的热过程既影响金属的各项性能，也直接影响到焊接接头热影响区的力学性能。故焊接施工前需要按照规定程序，对施工中拟采用的焊接工艺参数通过焊接模拟试件进行预先鉴定，模拟试件将经过无损检测和破坏性检验来验证其性能是否符合设计要求。

3. 焊接工艺评定的一般规定

(1) 除符合现行国家标准《钢结构焊接规范》GB 50661第6.6节规定的免予评定条件外，强条中列出的各种参数的组合条件，应在钢结构构件制作及安装施工之前按照程序进行焊接工艺评定。

(2) 应由施工单位根据所承担钢结构的节点设计形式、钢材类型与规格、采用的焊接方法、焊接位置等，制订焊接工艺评定方案，拟定相应的焊接工艺评定指导书，按规定施焊试件、切取试样，并由具有相应资质的检测机构进行检测试验，测定焊接接头是否具有所要求的使用性能，并出具检测报告。同时应由相关机构对施工单位的施焊过程进行见证，并根据检测结果及相关规定对拟定的焊接工艺进行评定，出具焊接工艺评定报告。

(3) 焊接工艺评定的环境应反映工程施工现场的条件。

(4) 焊接工艺评定中的焊接热输入、预热、后热等施焊参数，应根据母材的焊接性制订。

(5) 焊接工艺评定所用设备、仪表的性能，应处于正常工作状态；焊接工艺评定所用的母材、栓钉、焊接材料必须能覆盖实际工程所用材料并应符合相关标准要求，并有生产厂出具的质量证明文件。

2.46.2　如何执行强条

（1）应提醒钢结构深化设计单位将施工前的焊接工艺评定要求写在深化设计说明中，便于施工监理单位监督、执行。

（2）免予评定的焊接工艺必须由施工单位焊接工程师和单位技术负责人签发书面文件。

2.47 构件加工制作

2.47.1 强制性条文规定

1. 新强条

在《钢通规》第 7.1.1 条中，对构件加工制作的要求规定如下：

构件工厂加工制作应采用机械化与自动化等工业化方式，并应采用信息化管理。

该条为新增的强条，将机械化与自动化的加工制作方式提升到了重要的地位。

钢结构构件是在工厂完成加工制作的，应大力推广机械化与自动化生产线，减少或消除手工作业，并在生产过程中采用信息化管理手段，提高生产效率，降低生产成本，提高产品质量。

2. 机械化

小型加工厂在创业初期没有足够的资金购买机械加工设备，对来料切割及需要熔透焊接的构件端部斜平面均采用手工切割，造成的后果一是精度极差，二是无法保证焊缝质量。框架梁端部斜面经手工切割后成品极其粗糙，完全达不到设计的要求。手工作业钻螺栓孔时，采用手工台钻，精度不高，造成现场安装时出现扩孔现象。

机械化加工则能按设计要求进行精准切割，采用数控机床进行钻孔，可以保证现场安装的顺利进行。

3. 自动化

自动化就是通过程序控制使机械化加工有序进行。

4. 信息化管理

信息化管理贯穿于加工制作、施工和竣工全过程：

（1）钢结构加工制作及施工全过程中宜采用建筑信息模型技术，通过深化设计、工厂制造、现场管理环节的应用，可提高钢结构制作安装的效率和质量。

（2）钢结构的深化设计，应首先确认构造、加工、装配与安装工艺，并考虑土建施工的衔接、机电设备及幕墙装饰的相互配合，以消除详图设计误差为原则。

（3）通过建筑信息模型自动生成深化图纸，可以提高图纸的准确率。

（4）通过建筑信息模型自动统计结构用钢量，可以作为计算单位面积用钢量的可靠依据。

（5）自动生成深化设计的诸多参数。

（6）全过程信息化模拟主要包括：施工场地规划、施工方案模拟、施工进度管理、质量与安全管理、竣工模型移交等。

5. 施工单位企业资质

设计离不开施工企业。从事结构专业钢结构设计的工程师应该了解一些施工企业的可承包工程的范围，根据钢结构的面积、房屋高度、大跨度及结构复杂程度等定位施工企业的资质等级。不同资质的钢结构企业可承包工程的范围见表2.47.1 1。

不同资质钢结构企业可承包工程范围 **表2.47.1-1**

资质等级	可承包工程范围
一级	可承揽各类钢结构工程的施工
二级	可承担下列钢结构工程的施工： (1)钢结构高度100m以下； (2)钢结构单跨跨度36m以下； (3)网壳、网架结构短边边跨跨度75m以下； (4)单体钢结构工程总质量6000t以下； (5)单体建筑面积35000m^{2}以下
三级	可承担下列钢结构工程的施工： (1)钢结构高度60m以下； (2)钢结构单跨跨度30m以下； (3)网壳、网架结构短边边跨跨度33m以下； (4)单体钢结构工程总质量3000t以下； (5)单体建筑面积15000m^{2}以下

2.47.2 如何执行强条

（1）应将本强制性条文在钢结构说明中给出。

（2）应在说明中提供单体建筑的面积、单体钢结构总重量、结构高度、单跨跨度等基础资料。

2.48 维护与保养

2.48.1 强制性条文规定

1. 新强条

在《钢通规》第 8.1.2 条中，对维护与保养规定如下：

钢结构维护应遵守预防为主、防治结合的原则，应进行日常维护、定期检测与鉴定。

该条为新增的强条，将钢结构的维护与保养提升到了重要的地位。

2. 防腐蚀设计工作年限

在钢结构设计说明的结尾都会写入钢结构维护保养的时间段要求。

钢结构设计使用年限与混凝土结构设计使用年限是相同的，一般都是 50 年。

混凝土结构设计工作年限 50 年是通过混凝土构件的保护层来保证的。结构工作时间超过 50 年时，随着保护层混凝土的碳化，保护层出现裂缝，使得包裹在混凝土内部的钢筋开始锈蚀，承载力开始降低。这时就要对混凝土结构进行检测、鉴定和维护，确保混凝土结构能够继续工作。

钢结构设计工作年限 50 年是通过钢结构表面的防腐蚀涂料来保证的。然而，防腐涂料的使用年限一般在 11～15 年，对于超长使用年限也只能保证大于 15 年，但不能保证达到 50 年。所以，为了达到钢结构设计工作年限 50 年的要求，就需要在每一个防腐年限内进行一次维护和保养，通过多次接力使钢结构能够达到与混凝土结构相同的工作年限。

1）防腐蚀设计工作年限的规定

防腐蚀设计工作年限应根据腐蚀性等级、工作环境和维修养护条件综合确定。

防腐蚀设计工作年限分为低使用年限、中使用年限、长使用年限和超长使用年限。防腐蚀设计工作年限的划分与结构工作年限之间的对应关系见表 2.43.1-1。

2）防腐蚀设计原则

（1）钢结构防腐蚀设计应根据建筑物的重要性、环境腐蚀条件、施工和维修条件等要求合理确定防腐设计年限。一般钢结构防腐蚀设计年限不宜低于 5 年，重要结构不宜低于 15 年。

（2）钢结构防腐蚀设计应考虑环保节能的要求。

（3）钢结构除必须采取防腐蚀措施外，尚应尽量避免加速腐蚀的不良设计。

（4）钢结构防腐蚀设计中应考虑钢结构全寿命期内的检查、维护和大修。

3）防腐蚀设计工作年限与结构设计工作年限的对应关系

防腐蚀设计工作年限一般按长使用年限采用。根据防腐蚀设计原则，防腐蚀设计工作年限与结构设计工作年限的对应关系见表 2.48.1-1。

防腐蚀设计年限与结构设计年限的对应关系（建议值）　　表 2.48.1-1

类型	结构设计工作年限(年)	防腐蚀设计工作年限(年)	
		易维护	不易维护
钢结构	25、50、100	15	25
建筑金属制品构件	25、50	15	25

注：不易维护：使用期间不能重新刷漆的结构部位；易维护：除不易维护的结构部位外的所有部位。

在设计中不能因为有局部属于不易维护的范围，就将整个结构都按不易维护确定防腐蚀设计年限。

同一结构不同部位的钢结构可采用不同的防腐设计年限。

2.48.2　如何执行强条

（1）应在钢结构说明中给出防腐蚀设计工作年限。

（2）应在钢结构说明中给出钢结构维护与保养的要求，其时间周期应与防腐蚀设计工作年限相一致。

第3章

关键性条文

3.1 露天承重结构适用的钢材

3.1.1 关键性条文规定

1. 关键条

在《高钢规》第4.1.2条第3款中，要求钢材的牌号和质量等级应符合下列规定：

外露承重钢结构可选用Q235NH、Q355NH或Q415NH等牌号的焊接耐候钢，其材质和材料性能要求应符合现行国家标准《耐候结构钢》GB/T 4171的规定。选用时宜附加要求保证晶粒度不小于7级，耐腐蚀指数不小于6.0。

2. 为何要使用耐候钢

1）必要性

(1) 大气湿度和雨水的作用：

在露天环境下，大气湿度和雨水使钢材表面形成水膜，是加快钢结构锈蚀的重要原因。研究表明，当空气相对湿度在60%以下时，钢材表面没有足够的水分形成水膜，几乎不生锈。相对湿度达到60%以上时，钢材表面将逐渐形成水膜而生锈。当相对湿度上升到一定数值后，锈蚀速度会突然升高，这一数值被称为临界湿度。钢材的临界湿度约为60%～75%。当大气相对湿度达到75%后，钢材锈蚀明显加速。

长年湿热多雨的地域，对露天环境下的钢结构腐蚀性要大一些；长年干燥少雨的地区，对露天环境下的钢结构腐蚀性就要小一些。

室内环境下，人们为了获得一定的舒适度，一般将湿度控制在60%以下，且无雨水影响，所以钢结构受到空气的腐蚀相对就小了很多。

(2) 大气中有害灰尘的作用：

大气中有害灰尘尘粒的组成复杂，有些灰尘自身具有腐蚀性，有些灰尘本身虽无腐蚀作用，但能吸附腐蚀性物质，还有一些灰尘虽无腐蚀性作用，但积留在钢材表面后，由于灰尘具有毛细管凝聚作用，就会从空气中吸收水分，形成电解质溶液，促进电化学腐蚀的进程。

露天环境下，钢结构受到有害灰尘的作用较大，而在室内环境下，不言而喻，受到有害灰尘的作用很小。

（3）温度的作用：

当其他条件相同时，随着温度增高，侵蚀性气体激增，对钢材表面氧化保护膜的渗透力显著提高，依靠空气中的氧作为氧化剂，便能与钢材发生化学反应，强化了腐蚀作用。

一般情况下，为了满足工作和生活的舒适要求，室内温度会设置在一个稳定的区间内，室内最高温度会远低于炎炎烈日的室外温度。所以，露天环境下，钢结构受高温作用的腐蚀远大于室内钢结构受到的腐蚀。

（4）综上所述，露天环境下的钢结构受腐蚀的影响远大于室内钢结构，所以，有必要提高室外钢结构的抗腐蚀性能，而使用耐候结构钢是最合适的选择。

2）可能性

耐候钢是我国早已制订标准并可批量生产的钢种，现可生产民用建筑耐候钢Q235NH、Q355NH、Q415NH及Q460NH 4种牌号的焊接结构用耐候钢。

简记：量产。

3. 使用耐候钢的延伸环境

1）海滨环境

海滨环境的盐雾腐蚀非常严重，其程度远超一般的露天环境。在海滨环境中，不仅露天承重钢结构应采用耐候钢，室内的承重钢结构也应采用耐候钢，理由是室内也弥漫着充满盐雾的空气。

2）室内游泳馆

室内游泳馆中，为了保持水质干净，需要经常往水中释放氯气用以净化水质，所以也属于盐雾腐蚀严重的环境。

4. 耐候钢的特性

腐蚀是钢结构的天敌。为了对付腐蚀，就有了耐候钢的产品。除力学性能、延性和韧性能有保证外，耐候结构钢的耐大气腐蚀性约为普通钢的2～8倍，抗锈蚀能力是一般钢材的3～4倍。其耐腐蚀原理是通过添加少量合金元素（Cu、P、Cr、Ni等），使其在金属基体表面形成保护层，从而达到较好的耐腐蚀效果。选用时作为量化的性能指标，宜要求其晶粒度不小于7级，耐腐蚀指数不小于6.0。

3.1.2 如何把握关键条

（1）长年湿热多雨的地域，露天环境下的钢结构应使用耐候结构钢。

（2）长年干燥少雨的地区，露天环境下的钢结构建议使用耐候结构钢。

（3）海滨环境下，不管是室外或是室内的钢结构均应使用耐候结构钢。

（4）游泳馆内的钢结构应使用耐候结构钢。

（5）耐候钢的产品为板材，设计中只能采用由板件组成的焊接构件。

3.2 钢材质量等级与工作温度的关系

3.2.1 关键性条文规定

1. 关键条

在本书第 2.12.1 节中，对钢材冲击韧性的力学性能规定为钢结构承重构件所用钢材在低温使用环境下应具有冲击韧性的合格保证。

冲击韧性与钢材的质量等级是相关联的。在低温环境下，按冲击韧性的要求，钢材的质量等级为 C 级或 D 级。尽管常温下（大于 0℃）不要求有冲击韧性的合格保证，但应按常温（20℃）冲击韧性的规定确定钢材质量等级。钢材质量等级、工作温度和冲击韧性三者之间的关系见表 2.12.1-1。

忽略表 2.12.1-1 中冲击韧性的内容，就得到钢材质量等级与工作温度之间的关系，见表 3.2.1-1。

钢材质量等级与工作温度（T）的关系　　表 3.2.1-1

工作温度	T>0℃	−20℃<T≤0℃	−40℃<T≤−20℃
钢材质量等级	B	C	D

2. 我国低温地区工作温度

表 3.2.1-2 中的低温可作为我国低温地区工作温度的参考值，设计当中应具体落实。

部分城市冬季室外空气调节计算温度 T（℃）　　表 3.2.1-2

省(自治区、直辖市)	北京	天津	河北		山西	内蒙古
城市	北京	天津	唐山	石家庄	太原	呼和浩特
T	−9.9	−9.6	−11.6	−8.8	−12.8	−20.3
省(自治区、直辖市)	辽宁	吉林		黑龙江		上海
城市	沈阳	吉林	长春	齐齐哈尔	哈尔滨	上海
T	−20.7	−27.5	−24.3	−27.2	−27.1	−2.2
省(自治区、直辖市)	山东			浙江		
城市	烟台	济南	青岛	杭州	宁波	温州
T	−8.1	−7.7	−7.2	−2.4	−1.5	1.4
省(自治区、直辖市)	江苏		安徽		福建	
城市	连云港	南京	蚌埠	合肥	福州	厦门
T	−6.4	−4.1	−5.0	−4.2	4.4	6.6

续表

省(自治区、直辖市)	江西		河南		湖北	湖南
城市	九江	南昌	洛阳	郑州	武汉	长沙
T	−2.3	−1.5	−5.1	−6.0	−2.6	−1.9
省(自治区、直辖市)	广东			广西		
城市	汕头	广州	湛江	桂林	南宁	北海
T	7.1	5.2	7.5	1.1	5.7	6.2
省(自治区、直辖市)	海南	四川		贵州	云南	西藏
城市	海口	成都	重庆	贵阳	昆明	拉萨
T	10.3	1.0	2.2	−2.5	0.9	−7.6
省(自治区、直辖市)	陕西	甘肃	青海	宁夏	新疆	
城市	西安	兰州	西宁	银川	乌鲁木齐	吐鲁番
T	−5.7	−11.5	−13.6	−17.3	−23.7	−17.1

3.2.2 如何把握关键条

（1）工作温度在常温（$T>0$℃）范围内应采用B级钢。

（2）工作温度在−20℃$<T\leqslant$0℃范围内应采用C级钢。

（3）工作温度在−40℃$<T\leqslant$−20℃范围内应采用D级钢。

3.3 焊接材料的规定

3.3.1 关键性条文规定

1. 关键条

在《高钢规》第 4.1.10 条中指出，钢结构所用焊接材料的选用应符合下列规定：

1）手工焊焊条或自动焊焊丝和焊剂的性能应与构件钢材性能相匹配，其熔敷金属的力学性能不应低于母材的性能。当两种强度级别的钢材焊接时，宜选用与强度较低钢材相匹配的焊接材料。

2）焊条的材质与性能应符合现行国家标准《非合金钢及细晶粒钢焊条》GB/T 5117、《热强钢焊条》GB/T 5118 的有关规定。框架梁、柱节点和抗侧力支撑连接节点等重要连接或拼接节点的焊缝宜采用低氢型焊条。

3）焊丝的材质和性能应符合现行国家标准《熔化焊用焊丝》GB/T 14957、《熔化极气体保护电弧焊用非合金钢及细晶粒钢实心焊丝》GB/T 8110、《非合金钢及细晶粒钢药芯焊丝》GB/T 10045 及《热强钢药芯焊丝》GB/T 17493 的有关规定。

4）埋弧焊用焊丝和焊剂的材质和性能应符合现行国家标准《埋弧焊用非合金钢及细晶粒钢实心焊丝、药芯焊丝和焊丝-焊剂组合分类要求》GB/T 5293、《埋弧焊用热强钢实心焊丝、药芯焊丝和焊丝-焊剂组合分类要求》GB/T 12470 的有关规定。

2. 熔透焊缝性能原则

（1）承受动荷载且需要进行疲劳验算的构件中，凡与母材等强的对接熔透焊缝，受拉时焊缝质量等级应为一级，受压时不应低于二级。

（2）不需要疲劳验算的构件中，凡与母材等强的对接熔透焊缝，受拉时焊缝质量等级不应低于二级，受压时不宜低于二级。

（3）焊缝的力学性能不应低于母材的性能，即在拉拔试验中，拉断后的断面应出现在母材上。

简记：焊缝高于母材。

3. 焊接材料与母材的匹配

钢结构所选用的焊条与焊丝型号应与母材的力学性能相适应。各类焊条、焊丝与母材的选配应遵守现行国家标准《钢结构焊接规范》GB 50661 及表 3.3.1-1 的规定。

4. 焊条的力学性能

1）E43 型焊条熔敷金属力学性能指标应符合表 3.3.1-2 的规定。

2）E50 型焊条熔敷金属力学性能指标应符合表 3.3.1-3 的规定。

3）E55 型焊条熔敷金属力学性能指标应符合表 3.3.1-4 的规定。

常用钢材的焊接材料选用匹配推荐表 表 3.3.1-1

母材				焊接材料			
GB/T 700 GB/T 1591 标准钢材	GB/T 19879 标准钢材	GB/T 4171 标准钢材	GB/T 7659 标准钢材	焊条电弧焊 SMAW	实心焊丝气体保护焊 GMAW	药芯焊丝气体保护焊 FCAW	埋弧焊 SAW
Q235	Q235GJ	Q235NH Q295NH Q295GNH	ZG270-480H	GB/T 5117： E43XX E50XX E50XX-X	GB/T 8110： ER49-X ER50-X	GB/T 10045： E43XTX-X E50XTX-X GB/T 17493： E43XTX-X E49XTX-X	GB/T 5293： F4XX-H08A GB/T 12470： F48XX-H08MnA
Q355 Q390	Q345GJ Q390GJ	Q355NH Q345GNH Q345GNHL Q390GNH	—	GB/T 5117： E50XX E5015、16-X	GB/T 8110： ER50-X ER55-X	GB/T 10045： E50XTX-X GB/T 17493： E50XTX-X	GB/T 5293： F5XX-H08MnA F5XX-H10Mn2 GB/T 12470： F48XX-H08MnA F48XX-H10Mn2 F48XX-H10Mn2A
Q420	Q420GJ	Q415NH	—	GB/T 5117： E5515、16-X	GB/T 8110： ER55-X	GB/T 17493： E55XTX-X	GB/T 12470： F55XX-H10Mn2A F55XX-H08MnMoA
Q460	Q460GJ	Q460NH	—	GB/T 5117： E5515、16-X	GB/T 8110： ER55-X	GB/T 17493： E55XTX-X E60XTX-X	GB/T 12470： F55XX-H08MnMoA F55XX-H08Mn2MoVA

注：1. 被焊母材有冲击要求时，熔敷金属的冲击功不应低于母材规定；
2. 焊接接头板厚不小于 25mm 时，宜采用低氢型焊接材料；
3. 表中 X 为对应焊材标准中的焊材类别。

E43 型焊条熔敷金属的力学性能指标 表 3.3.1-2

焊条型号	抗拉强度(MPa)	屈服强度(MPa)	断后伸长率(%)	冲击试验温度(℃)
E4303	≥430	≥330	≥20	0
E4310	≥430	≥330	≥20	−30
E4311	≥430	≥330	≥20	−30
E4312	≥430	≥330	≥20	—
E4313	≥430	≥330	≥20	—
E4315	≥430	≥330	≥20	−30
E4316	≥430	≥330	≥20	−30
E4318	≥430	≥330	≥20	−30
E4319	≥430	≥330	≥20	−20
E4320	≥430	≥330	≥20	—

续表

焊条型号	抗拉强度(MPa)	屈服强度(MPa)	断后伸长率(%)	冲击试验温度(℃)
E4324	≥430	≥330	≥16	—
E4327	≥430	≥330	≥20	−30
E4328	≥430	≥330	≥20	−20
E4340	≥430	≥330	≥20	0

E50 型焊条熔敷金属的力学性能指标　　表 3.3.1-3

焊条型号	抗拉强度(MPa)	屈服强度(MPa)	断后伸长率(%)	冲击试验温度(℃)
E5003	≥490	≥400	≥20	0
E5010	490～650	≥400	≥20	−30
E5011	490～650	≥400	≥20	−30
E5012	≥490	≥400	≥16	—
E5013	≥490	≥400	≥16	—
E5014	≥490	≥400	≥16	—
E5015	≥490	≥400	≥20	−30
E5016	≥490	≥400	≥20	−30
E5016-1	≥490	≥400	≥20	−45
E5018	≥490	≥400	≥20	−30
E5018-1	≥490	≥400	≥20	−45
E5019	≥490	≥400	≥20	−20
E5024	≥490	≥400	≥16	—
E5024-1	≥490	≥400	≥20	−20
E5027	≥490	≥400	≥20	−30
E5028	≥490	≥400	≥20	−20
E5040	≥490	≥400	≥20	−30

E55 型焊条熔敷金属的力学性能指标　　表 3.3.1-4

焊条型号	抗拉强度(MPa)	屈服强度(MPa)	断后伸长率(%)	预热和道间温度(℃)	焊后热处理	
					热处理温度(℃)	保温时间(min)
E55XX-CM	≥550	≥460	≥17	160～190	675～705	60
E5540-CM	≥550	≥460	≥14	160～190	675～705	60
E5503-CM	≥550	≥460	≥14	160～190	675～705	60
E55XX-C1M	≥550	≥460	≥17	160～190	675～705	60
E55XX-1CM	≥550	≥460	≥17	160～190	675～705	60
E5513-1CM	≥550	≥460	≥14	160～190	675～705	60
E5540-1CMV	≥550	≥460	≥14	250～300	715～745	120

续表

焊条型号	抗拉强度(MPa)	屈服强度(MPa)	断后伸长率(%)	预热和道间温度(℃)	焊后热处理	
					热处理温度(℃)	保温时间(min)
E5515-1CMV	≥550	≥460	≥15	250～300	715～745	120
E5515-1CMVNb	≥550	≥460	≥15	250～300	715～745	300
E5515-1CMWV	≥550	≥460	≥15	250～300	715～745	300
E55XX-2C1ML	≥550	≥460	≥15	160～190	675～705	60
E55XX-2CML	≥550	≥460	≥15	160～190	675～705	60
E5540-2CMWVB	≥550	≥460	≥14	250～300	745～775	120
E5515-2CMWVB	≥550	≥460	≥15	320～360	745～775	120
E5515-2CMVNb	≥550	≥460	≥15	250～300	715～745	240
E55XX-5CM	≥550	≥460	≥17	175～230	725～755	60
E55XX-5CML	≥550	≥460	≥17	175～230	725～755	60
E55XX-5CMV	≥550	≥460	≥14	175～230	725～755	240
E55XX-7CM	≥550	≥460	≥17	175～230	725～755	60
E55XX-7CML	≥550	≥460	≥17	175～230	725～755	60

5. 焊丝的主要化学成分和力学性能

国内常用的实心焊丝牌号和化学成分如表3.3.1-5所示。

气体保护焊常用焊丝牌号和成分　　表3.3.1-5

化学成分分类	焊丝成分代号	化学分成(质量分数)(%)										
		C	Mn	Si	P	S	Ni	Cr	Mo	V	Cu	Al
S2	ER50-2	0.07	0.90～1.40	0.40～0.70	0.025	0.025	0.15	0.15	0.15	0.03	0.50	0.05～0.15
S3	ER50-3	0.06～0.15	0.90～1.40	0.45～0.75	0.025	0.025	0.15	0.15	0.15	0.03	0.50	—
S4	ER50-4	0.06～0.15	1.0～1.50	0.65～0.85	0.025	0.025	0.15	0.15	0.15	0.03	0.50	—
S6	ER50-6	0.06～0.15	1.40～0.15	0.80～1.15	0.025	0.025	0.15	0.15	0.15	0.03	0.50	—
S7	ER50-7	0.07～0.15	1.50～2.00	0.50～0.80	0.025	0.025	0.15	0.15	0.15	0.03	0.50	—
S10	ER49-1	0.11	1.80～2.10	0.65～0.95	0.025	0.025	0.30	0.20	—	—	0.50	—
S1M3	ER49-A1	0.12	1.30	0.30～0.70	0.025	0.025	0.20	—	0.40～0.65	—	0.35	—

续表

化学成分分类	焊丝成分代号	化学分成(质量分数)(%)										
		C	Mn	Si	P	S	Ni	Cr	Mo	V	Cu	Al
S4M31	ER55-D2	0.07~0.12	1.60~2.10	0.50~0.80	0.025	0.025	0.15	—	0.40~0.60	—	0.50	—
S4M31T	ER55-D2-Ti	0.12	1.20~1.90	0.40~0.80	0.025	0.025	—	—	0.20~0.50	—	0.50	—
SN2	ER55-Ni1	0.12	1.25	0.4~0.8	0.25	0.25	0.80~1.10	0.15	0.35	0.05	0.35	—
SN5	ER55-Ni2	0.12	1.25	0.4~0.8	0.025	0.025	2.00~2.75	—	—	—	0.35	—
SN71	ER55-Ni3	0.12	1.25	0.4~0.8	0.025	0.025	3.00~3.75	—	—	—	0.35	—
SNCC1	ER55-1	0.10	1.20~1.60	0.60	0.025	0.020	0.20~0.60	0.30~0.90	—	—	0.20~0.50	—

气体保护焊焊丝熔敷金属力学性能和冲击性能见表 3.3.1-6，或参见现行国家标准《熔化极气体保护电弧焊用非合金钢及细晶粒钢实心焊丝》GB/T 8110。

气体保护焊焊丝熔敷金属力学性能　　表 3.3.1-6

抗拉强度代号	抗拉强度(MPa)	屈服强度(MPa)	断后伸长率(%)
43X	430~600	≥330	≥20
49X	490~670	≥390	≥18
55X	550~740	≥460	≥17
57X	570~770	≥490	≥17

注：1. X代表“A”“P”或者“AP”，“A”表示在焊态条件下试验；“P”表示在焊后热处理条件下试验；“AP”表示在焊态和焊后热处理条件下试验均可。

2. 当屈服发生不明显时，应测定规定塑性延伸强度 $R_{p0.2}$。

6. 焊丝直径的选择要求

在民用建筑钢结构中，板件厚度不小于 6mm（圆管除外），一般选用粗直径的焊丝。各种直径焊丝的适用范围见表 3.3.1-7。

各种直径焊丝的适用范围　　表 3.3.1-7

焊丝种类		焊丝直径(mm)	板件厚度(mm)	熔滴过渡形式	备注
实心焊丝	细直径	0.8 0.9 1.0 1.2	0.8~6	短路过渡	
	粗直径	≥1.6	>6	颗粒过渡	多用于大电流高效率焊接时

续表

焊丝种类		焊丝直径(mm)	板件厚度(mm)	熔滴过渡形式	备注
药芯焊丝	细直径	1.2 1.6 2.0	0.8～3.2	短路过渡	
	粗直径	2.4～3.2	>3.2	颗粒过渡	多用于着重外观质量要求时

3.3.2　如何把握关键条

(1) 在钢结构设计说明中，根据母材的钢号给出相匹配的焊接材料。

(2) 给出所选用焊接材料的质量执行标准（规范、规则等）。

3.4 钢结构防震缝

3.4.1 关键性条文规定

1. 关键条

钢结构一般不宜设置防震缝，钢结构防震缝多用于特殊情况的高层建筑中。有三种情况时需要设置防震缝，第一种是当高层钢结构带着一个大体量的裙房时，会出现竖向刚度不规则和严重偏心等不满足《抗规》要求的情况；第二种是当新建的高层钢结构与原有的高层建筑紧邻时，需要设置防震缝的情况；第三种是平面不规则，需要设置防震缝的情况。

1）《高钢规》对防震缝的规定

在《高钢规》第 3.3.5 条中，对钢结构防震缝的规定如下：

防震缝应根据抗震设防烈度、结构类型、结构单元的高度和高差情况，留有足够的宽度，其上部结构应完全分开；防震缝的宽度不应小于钢筋混凝土框架结构缝宽的 1.5 倍。

2）《抗规》对钢结构防震缝的规定

在《抗规》第 8.1.4 条中，对钢结构防震缝的规定如下：

钢结构房屋需要设置防震缝时，缝宽应不小于相应钢筋混凝土结构房屋的 1.5 倍。

3）《抗规》对钢筋混凝土结构防震缝的规定

在《抗规》第 6.1.4 条中，对钢筋混凝土结构防震缝的规定如下：

钢筋混凝土房屋需要设置防震缝时，应符合下列规定：

防震缝宽度应分别符合下列要求：

（1）框架结构（包括设置少量抗震墙的框架结构）房屋的防震缝宽度，当高度不超过 15m 时不应小于 100mm；高度超过 15m 时，6 度、7 度、8 度和 9 度分别每增加高度 5m、4m、3m 和 2m，宜加宽 20mm；

（2）框架-抗震墙结构房屋的防震缝宽度不应小于本款（1）项规定数值的 70%，抗震墙结构房屋的防震缝宽度不应小于本款（1）项规定数值的 50%；且均不宜小于 100mm；

（3）防震缝两侧结构类型不同时，宜按需要较宽防震缝的结构类型和较低房屋高度确定缝宽。

2.《高钢规》和《抗规》中对钢结构防震缝规定的区别

（1）《高钢规》中，钢结构防震缝与其结构类型无关，不管是钢框架结构、钢框架-支撑结构或是钢支撑结构，其防震缝的最小宽度都是一样的：不应小于钢筋混凝土框架结构缝宽的 1.5 倍。特别提醒的是，此规定只对应于钢筋混凝土框架结构。

（2）《抗规》中，钢结构防震缝与其结构类型密切相关：钢框架对应于钢筋混凝土框架，钢框架-支撑结构对应于钢筋混凝土框架-剪力墙结构，钢支撑结构对应于钢筋混凝土剪力墙结构。即：

① 钢框架结构防震缝的宽度不应小于钢筋混凝土框架结构缝宽的1.5倍。

② 钢框架-支撑结构防震缝的宽度不应小于钢筋混凝土框架-剪力墙结构缝宽的1.5倍，换算后不应小于钢筋混凝土框架结构缝宽的1.05（1.5×0.7）倍。

③ 钢支撑结构防震缝的宽度不应小于钢筋混凝土剪力墙结构缝宽的1.5倍，换算后不应小于钢筋混凝土框架结构缝宽的0.75（1.5×0.5）倍。

3. 钢结构防震缝的选择

钢结构防震缝一般使用在高层房屋结构中，对于多层钢结构建筑不建议使用防震缝。由于《高钢规》中对防震缝的要求高于《抗规》中对防震缝的要求，本着就高不就低的设计原则，钢结构防震缝的最小宽度要求以《高钢规》的规定为准。不同抗震烈度下，钢结构防震缝最小宽度见表3.4.1-1。

不同烈度时钢结构防震缝最小宽度　　表3.4.1-1

6度		7度		8度		9度	
高度(m)	缝宽(mm)	高度(m)	缝宽(mm)	高度(m)	缝宽(mm)	高度(m)	缝宽(mm)
≤15	150	≤15	150	≤15	150	≤15	150
20	180	19	180	18	180	17	180
25	210	23	210	21	210	19	210
30	240	27	240	24	240	21	240
35	270	31	270	27	270	23	270
40	300	35	300	30	300	25	300
45	330	39	330	33	330	27	330
50	360	43	360	36	360	29	360
55	390	47	390	39	390	31	390
60	420	51	420	42	420	33	420
65	450	55	450	45	450	35	450
70	480	59	480	48	480	37	480
75	510	63	510	51	510	39	510
80	540	67	540	54	540	41	540
85	570	71	570	57	570	43	570
90	600	75	600	60	600	45	600
95	630	79	630	63	630	47	630
100	660	83	660	66	660	49	660
105	690	87	690	69	690	51	690
110	720	91	720	72	720	53	720
115	750	95	750	75	750	55	750
120	780	99	780	78	780	57	780
125	810	103	810	81	810	59	810

续表

6度		7度		8度		9度	
高度(m)	缝宽(mm)	高度(m)	缝宽(mm)	高度(m)	缝宽(mm)	高度(m)	缝宽(mm)
130	840	107	840	84	840	61	840
135	870	111	870	87	870	63	870
140	900	115	900	90	900	65	900
145	930	119	930	93	930	67	930
150	960	123	960	96	960	69	960
155	990	127	990	99	990	71	990
160	1020	131	1020	102	1020	73	1020
165	1050	135	1050	105	1050	75	1050
170	1080	139	1080	108	1080	77	1080
175	1110	143	1110	111	1110	79	1110
180	1140	147	1140	114	1140	81	1140
185	1170	151	1170	117	1170	83	1170
190	1200	155	1200	120	1200	85	1200
195	1230	159	1230	123	1230	87	1230
200	1260	163	1260	126	1260	89	1260
205	1290	167	1290	129	1290	91	1290
210	1320	171	1320	132	1320	93	1320
215	1350	175	1350	135	1350	95	1350
220	1380	179	1380	138	1380	97	1380
225	1410	183	1410	141	1410	99	1410
230	1440	187	1440	144	1440	101	1440
235	1470	191	1470	147	1470	103	1470
240	1500	195	1500	150	1500	105	1500

3.4.2 如何把握关键条

（1）对钢结构而言，能不设缝时尽量不设缝。

（2）设置钢结构防震缝应以《高钢规》的规定为准。

（3）钢结构防震缝最小宽度参见表 3.4.1-1。

3.5　梁柱刚接时对隔板的要求

3.5.1　关键性条文规定

1. 关键条

在《高钢规》第 8.3.6 条中，梁柱刚接时对隔板的要求如下：

框架梁与柱刚性连接时，应在梁翼缘的对应位置设置水平加劲肋（隔板）。对抗震设计的结构，水平加劲肋（隔板）厚度不得小于梁翼缘厚度加 2mm，其钢材强度不得低于梁翼缘的钢材强度，其外侧应与梁翼缘外侧对齐（图 3.5.1-1）。

简记：隔板加厚。

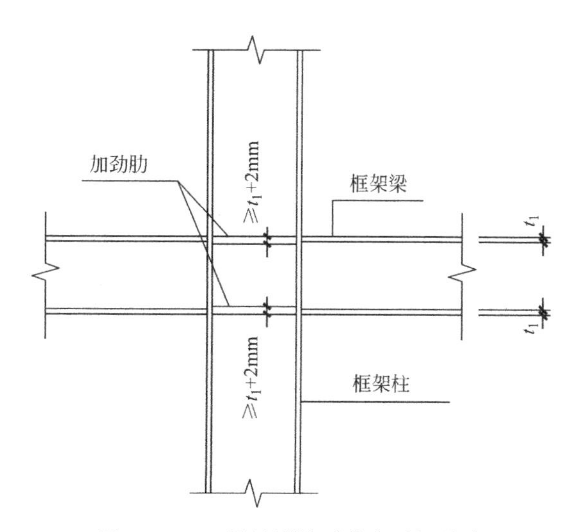

图 3.5.1-1　梁柱刚接时的水平加劲肋

2. 一个被长期忽视的节点构造问题

长期以来，在钢结构节点设计大样中，由于 2mm 的差别很小，习惯上将加劲肋与框架梁翼缘画成等厚，也不注明加劲肋的厚度，一般会被误解为加劲肋与翼缘等厚。钢结构深化设计单位也是按等厚来理解的，造成了高层钢结构梁柱刚性连接设计的不规范。

1）为什么要将加劲肋加厚

加劲肋承受钢梁翼缘传来的集中力，但施工时难以保证加劲肋轴线与梁翼缘轴线对齐，所以规范参考日本做法，改为将外边缘对齐。加劲肋厚度不得小于梁翼缘厚度加 2mm，是因为考虑板厚存在的公差，且连接时存在偏心。

2）正确的梁柱刚接节点的设计

（1）由于该关键条主要是通过节点大样详图来表达的，所以，在大样图中应该将加劲肋夸张地画厚一些，并且标出厚度要求，如图 3.5.1-1 所示。

（2）加劲肋与柱壁板之间采用一级熔透焊缝。

（3）加劲肋的钢材强度不得低于梁翼缘的钢材强度，以保证必要的承载力。

（4）当钢梁采用成品 H 型钢时，其与加劲肋匹配的最小厚度见表 3.5.1-1。

常用成品 H 型钢与加劲肋匹配的最小厚度 **表 3.5.1-1**

成品 H 型钢					加劲肋最小厚度(mm)
H 型钢的类别型号	截面尺寸(mm)				
	H	B	t_1	t_2	
HW200×200	200	200	8	12	14
HW300×300	300	300	10	15	18
HW350×350	350	350	12	19	22
HW400×400	400	400	13	21	24
HM350×250	340	250	9	14	16
HM400×300	390	300	10	16	18
HM450×300	440	300	11	18	20
HM500×300	488	300	11	18	20
HM600×300	588	300	12	20	22
HN400×200	400	200	8	13	16
HN450×200	450	200	9	14	16
HN500×200	500	200	10	16	18
HN600×200	600	200	11	17	20
HN700×300	700	300	13	24	26
HN800×300	800	300	14	26	28
HN900×300	900	300	16	28	30

3.5.2 如何把握关键条

（1）应在钢结构节点大样设计图中将加劲肋加厚的意图用夸张的手法表现出来，并注明加厚的具体要求，参见图 3.5.1-1。

（2）钢梁为成品 H 型钢时，有些翼缘的板厚为奇数，与成品 H 型钢翼缘匹配的加劲肋最小厚度可参见表 3.5.1-1。

3.6　冷弯矩形钢管柱

3.6.1　关键性条文规定

1. 关键条

在《高钢规》第4.1.6条中，对冷弯矩形钢管柱的要求如下：

钢框架柱采用箱形截面且壁厚不大于20mm时，宜选用直接成方工艺或冷弯方（矩）形焊接钢管，其材质和材料性能应符合现行行业标准《建筑结构用冷弯矩形钢管》JG/T 178中Ⅰ级产品的规定。

简记：成品钢管。

2. 工厂焊接小截面箱形截面钢柱的劣势

（1）由于钢板较薄，焊接产生的变形较大，导致截面板件平整度差。

（2）加工成本高。

（3）工效低。

3. 成品钢柱的优势

（1）截面板件平整，没有变形。

（2）比焊接箱形柱的成本低。

（3）由于是成品，所以工效很高。

（4）国内已达到量产。

4. 冷弯钢管规格及截面特性

1）冷弯正方形钢管规格及截面特性

冷弯正方形钢管截面参数见图3.6.1-1，规格及截面特性见表3.6.1-1，详细的资料可查《建筑结构用冷弯矩形钢管》JG/T 178—2005。

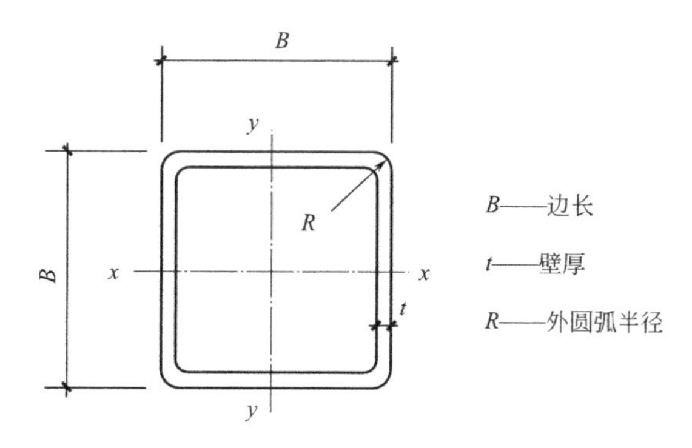

图3.6.1-1　正方形钢管截面参数

冷弯正方形钢管规格及截面特性　　表 3.6.1-1

边长 (mm)	壁厚 (mm)	理论重量 (kg/m)	截面面积 (cm^2)	惯性矩 (cm^4)	惯性半径 (cm)	截面模量 (cm^3)
B	t	M	A	$I_x=I_y$	$r_x=r_y$	$W_x=W_y$
100	4.0	11.7	11.9	226	3.9	45.3
	5.0	14.4	18.4	271	3.8	54.2
	6.0	17.0	21.6	311	3.8	62.3
	8.0	21.4	27.2	366	3.7	73.2
	10	25.5	32.6	411	3.5	82.2
110	4.0	13.0	16.5	306	4.3	55.6
	5.0	16.0	20.4	368	4.3	66.9
	6.0	18.8	24.0	424	4.2	77.2
	8.0	23.9	30.4	505	4.1	91.9
	10	28.7	36.5	575	4.0	104.5
120	4.0	14.2	18.1	402	4.7	67.0
	5.0	17.5	22.4	485	4.6	80.9
	6.0	20.7	26.4	562	4.6	93.7
	8.0	26.8	34.2	696	4.5	116
	10	31.8	40.6	777	4.4	129
130	4.0	15.5	19.8	517	5.1	79.5
	5.0	19.1	24.4	625	5.1	96.3
	6.0	22.6	28.8	726	5.0	112
	8.0	28.9	36.8	883	4.9	136
	10	35.0	44.6	1021	4.8	157
	12	39.6	50.4	1075	4.6	165
135	4.0	16.1	20.5	582	5.3	86.2
	5.0	19.9	25.3	705	5.3	104
	6.0	23.6	30.0	820	5.2	121
	8.0	30.2	38.4	1000	5.0	148
	10	36.6	46.6	1160	4.9	172
	12	41.5	52.8	1230	4.8	182
	13	44.1	56.2	1272	4.7	188
140	4.0	16.7	21.3	651	5.5	53.1
	5.0	20.7	26.4	791	5.5	113
	6.0	24.5	31.2	920	5.4	131
	8.0	31.8	40.6	1154	5.3	165
	10	38.1	48.6	1312	5.2	187
	12	43.4	55.3	1398	5.0	200
	13	46.1	58.8	1450	4.9	207

续表

边长 (mm)	壁厚 (mm)	理论重量 (kg/m)	截面面积 (cm^2)	惯性矩 (cm^4)	惯性半径 (cm)	截面模量 (cm^3)
B	t	M	A	$I_x=I_y$	$r_x=r_y$	$W_x=W_y$
150	4.0	18.0	22.9	808	5.9	108
	5.0	22.3	28.4	982	5.9	131
	6.0	26.4	33.6	1146	5.8	153
	8.0	33.9	43.2	1412	5.7	188
	10	41.3	52.6	1652	5.6	220
	12	47.1	60.1	1780	5.4	237
	14	53.2	67.7	1915	5.3	255
160	4.0	19.3	24.5	987	6.3	123
	5.0	23.8	30.4	1202	6.3	150
	6.0	28.3	36.0	1405	6.2	176
	8.0	36.9	47.0	1776	6.1	222
	10	44.4	56.6	2047	6.0	256
	12	50.9	64.8	2224	5.8	278
	14	57.6	73.3	2409	5.7	301
170	4.0	20.5	26.1	1191	6.7	140
	5.0	25.4	32.3	1453	6.7	171
	6.0	30.1	38.4	1702	6.6	200
	8.0	38.9	49.6	2118	6.5	249
	10	47.5	60.5	2501	6.4	294
	12	54.6	69.6	2737	6.3	322
	14	62.0	78.9	2981	6.1	351
180	4.0	21.8	27.7	1422	7.2	158
	5.0	27.0	34.4	1737	7.1	193
	6.0	32.1	40.8	2037	7.0	226
	8.0	41.5	52.8	2546	6.9	283
	10	50.7	64.6	3017	6.8	335
	12	58.4	74.5	3322	6.7	369
	14	66.4	84.5	3635	6.6	404
190	4.0	23.0	29.3	1680	7.6	176
	5.0	28.5	36.4	2055	7.5	216
	6.0	33.9	43.2	2413	7.4	254
	8.0	44.0	56.0	3208	7.3	319
	10	53.8	68.6	3599	7.2	379
	12	62.2	79.3	3985	7.1	419
	14	70.8	90.2	4379	7.0	461

续表

边长(mm)	壁厚(mm)	理论重量(kg/m)	截面面积(cm^2)	惯性矩(cm^4)	惯性半径(cm)	截面模量(cm^3)
B	t	M	A	$I_x=I_y$	$r_x=r_y$	$W_x=W_y$
200	4.0	24.3	30.9	1968	8.0	197
	5.0	30.1	38.4	2410	7.9	241
	6.0	35.8	45.6	2833	7.8	283
	8.0	46.5	59.2	3566	7.7	357
	10	57.0	72.6	4251	7.6	425
	12	66.0	84.1	4730	7.5	473
	14	75.2	95.7	5217	7.4	522
	16	83.8	107	5625	7.3	562
220	5.0	33.2	42.4	3238	8.7	294
	6.0	39.6	50.4	3813	8.7	347
	8.0	51.5	65.6	4828	8.6	439
	10	63.2	80.6	5782	8.5	526
	12	73.5	93.7	6487	8.3	590
	14	83.9	107	7198	8.2	654
	16	93.9	119	7812	8.1	710
250	5.0	38.0	48.4	4805	10.0	384
	6.0	45.2	57.6	5672	9.9	454
	8.0	59.1	75.2	7729	9.8	578
	10	72.7	92.6	8707	9.7	697
	12	84.8	108	9859	9.6	789
	14	97.1	124	11018	9.4	881
	16	109	139	12047	9.3	964
280	5.0	42.7	54.4	6810	11.2	486
	6.0	50.9	64.8	8054	11.1	575
	8.0	66.6	84.8	10317	11.0	737
	10	82.1	104	12479	10.9	891
	12	96.1	122	14232	10.8	1017
	14	110	140	15989	10.7	1142
	16	124	158	17580	10.5	1256
300	6.0	54.7	69.6	9964	12.0	664
	8.0	71.6	91.2	12801	11.8	853
	10	88.4	113	15519	11.7	1035
	12	104	132	17767	11.6	1184
	14	119	153	20017	11.5	1334

续表

边长 (mm)	壁厚 (mm)	理论重量 (kg/m)	截面面积 (cm^2)	惯性矩 (cm^4)	惯性半径 (cm)	截面模量 (cm^3)
B	t	M	A	$I_x = I_y$	$r_x = r_y$	$W_x = W_y$
300	16	135	172	22076	11.4	1472
	19	156	198	24813	11.2	1654
320	6.0	58.4	74.4	12154	12.8	759
	8.0	76.6	97	15653	12.7	978
	10	94.6	120	19016	12.6	1188
	12	111	141	21843	12.4	1365
	14	128	163	24670	12.3	1542
	16	144	183	27276	12.2	1741
	19	167	213	30783	12.0	1924
350	6.0	64.1	81.6	16008	14.0	915
	7.0	74.1	94.4	18329	13.9	1047
	8.0	84.2	108	20618	13.9	1182
	10	104	133	25189	13.8	1439
	12	124	156	29054	13.6	1660
	14	141	180	32916	13.5	1881
	16	159	203	36511	13.4	2086
	19	185	236	41414	13.2	2367
380	8.0	91.7	117	26683	15.1	1404
	10	113	144	32570	15.0	1714
	12	134	170	37697	14.8	1984
	14	154	197	42818	14.7	2253
	16	174	222	47621	14.6	2506
	19	203	259	54240	14.5	2855
	22	231	294	60175	14.3	3167
400	8.0	96.5	123	31269	15.9	1564
	9.0	108	138	34785	15.9	1739
	10	120	153	38216	15.8	1911
	12	141	180	44319	15.7	2216
	14	163	208	50414	15.6	2521
	16	184	235	56153	15.5	2808
	19	215	274	64111	15.3	3206
	22	245	312	71304	15.1	3565
450	9.0	122	156	50087	17.9	2226
	10	135	173	55100	17.9	2449

续表

边长 (mm)	壁厚 (mm)	理论重量 (kg/m)	截面面积 (cm^2)	惯性矩 (cm^4)	惯性半径 (cm)	截面模量 (cm^3)
B	t	M	A	$I_x=I_y$	$r_x=r_y$	$W_x=W_y$
450	12	160	204	64164	17.7	2851
	14	185	236	73210	17.6	3254
	16	209	267	81802	17.5	3636
	19	245	312	93853	17.3	4171
	22	279	355	104919	17.2	4663
480	9.0	130	166	61128	19.1	2547
	10	144	184	67289	19.1	2804
	12	171	218	78517	18.9	3272
	14	198	252	89722	18.8	3738
	16	224	285	100407	18.7	4184
	19	262	334	115475	18.6	4811
	22	300	382	129413	18.4	5392
500	9.0	137	174	69324	19.9	2773
	10	151	193	76341	19.9	3054
	12	179	228	89187	19.8	3568
	14	207	264	102010	19.7	4080
	16	235	299	114260	19.6	4570
	19	275	350	131591	19.4	5264
	22	314	400	147690	19.2	5908

2）冷弯长方形钢管规格及截面特性

冷弯长方形钢管截面参数见图 3.6.1-2，规格及截面特性见表 3.6.1-2，详细的资料可查《建筑结构用冷弯矩形钢管》JG/T 178—2005。

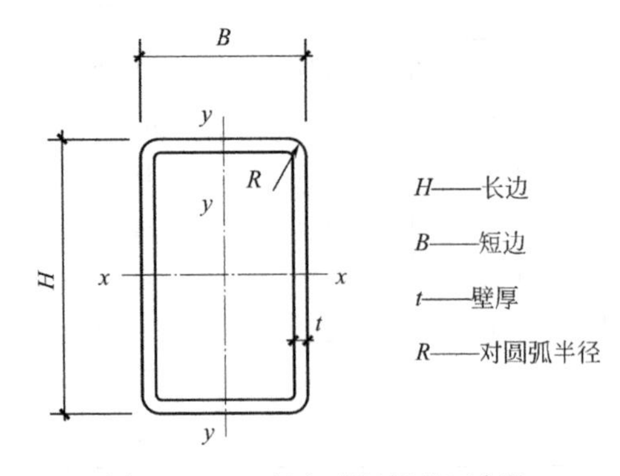

图 3.6.1-2 长方形钢管截面参数

冷弯长方形钢管规格及截面特性 **表 3.6.1-2**

边长 (mm)		壁厚 (mm)	理论重量 (kg/m)	截面面积 (cm^2)	惯性矩 (cm^4)		惯性半径 (cm)		截面模量 (cm^3)	
H	B	t	M	A	I_x	I_y	r_x	r_y	W_x	W_y
120	80	4.0	11.7	11.9	294	157	4.4	3.2	49.1	39.3
		5.0	14.4	18.3	353	188	4.4	3.2	58.8	46.9
		6.0	16.9	21.6	406	215	4.3	3.1	67.7	53.7
		7.0	19.1	24.4	438	232	4.2	3.1	73.0	58.1
		8.0	21.4	27.2	476	252	4.1	3.0	79.3	62.9
140	80	4.0	13.0	16.5	429	180	5.1	3.3	61.4	45.1
		5.0	15.9	20.4	517	216	5.0	3.2	73.8	53.9
		6.0	18.8	24.0	570	248	4.9	3.2	85.3	61.9
		8.0	23.9	30.4	708	293	4.8	3.1	101	73.3
150	100	4.0	14.9	18.9	594	318	5.6	4.1	79.3	63.7
		5.0	18.3	23.3	719	384	5.5	4.0	95.9	79.8
		6.0	21.7	27.6	834	444	5.5	4.0	111	88.8
		8.0	28.1	35.8	1039	519	5.4	3.9	138	110
		10	33.4	42.6	1161	614	5.2	3.8	155	123
160	60	4.0	13.0	16.5	500	105	5.5	2.5	62.5	35.4
		5.0	14.5	18.5	552	116	5.5	2.5	69.0	38.9
		6.0	18.9	24.0	693	144	5.4	2.4	86.7	48.0
160	80	4.0	14.2	18.1	598	203	5.7	3.3	71.7	50.9
		5.0	17.5	22.4	722	214	5.7	3.3	90.2	61.0
		6.0	20.7	26.4	836	286	5.6	3.3	104	76.2
		8.0	26.8	33.6	1036	344	5.5	3.2	129	85.9
180	65	4.0	14.5	18.5	709	142	6.2	2.8	78.8	43.8
		4.5	16.3	20.7	784	156	6.1	2.7	87.1	48.1
		6.0	21.2	27.0	992	194	6.0	2.7	110	59.8
180	100	4.0	16.7	21.3	926	374	6.6	4.2	103	74.7
		5.0	20.7	26.3	1124	452	6.5	4.1	125	90.3
		6.0	24.5	31.2	1309	524	6.4	4.1	145	104
		8.0	31.5	40.4	1643	651	6.3	4.0	182	130
		10	38.1	48.5	1859	736	6.2	3.9	206	147
200	100	4.0	18.0	22.9	1200	410	7.2	4.2	120	82.2
		5.0	22.3	28.3	1459	497	7.2	4.2	146	99.4
		6.0	26.1	33.6	1703	577	7.1	4.1	170	115
		8.0	34.4	43.8	2146	719	7.0	4.0	215	144
		10	41.2	52.6	2444	818	6.9	3.9	244	163

续表

边长 (mm)		壁厚 (mm)	理论重量 (kg/m)	截面面积 (cm^2)	惯性矩 (cm^4)		惯性半径 (cm)		截面模量 (cm^3)	
H	B	t	M	A	I_x	I_y	r_x	r_y	W_x	W_y
200	120	4.0	19.3	24.5	1353	618	7.4	5.0	135	103
		5.0	23.8	30.4	1649	750	7.4	5.0	165	125
		6.0	28.3	36.0	1929	874	7.3	4.9	193	146
		8.0	36.5	46.4	2386	1079	7.2	4.8	239	180
		10	44.4	56.6	2806	1262	7.0	4.7	281	210
200	150	4.0	21.2	26.9	1584	1021	7.7	6.2	158	136
		5.0	26.2	33.4	1935	1245	7.6	6.1	193	166
		6.0	31.1	39.6	2268	1457	7.5	6.0	227	194
		8.0	40.2	51.2	2892	1815	7.4	6.0	283	242
		10	49.1	62.6	3348	2143	7.3	5.8	335	286
		12	56.6	72.1	3668	2353	7.1	5.7	367	314
		14	64.2	81.7	4004	2564	7.0	5.6	400	342
220	140	4.0	21.8	27.7	1892	948	8.3	5.8	172	135
		5.0	27.0	34.4	2313	1185	8.2	5.8	210	165
		6.0	32.1	40.8	2714	1352	8.1	5.7	247	193
		8.0	41.5	52.8	3389	1685	8.0	5.6	308	241
		10	50.7	64.6	4017	1989	7.8	5.5	365	284
		12	58.5	74.5	4408	2187	7.7	5.4	401	312
		13	62.5	79.6	4624	2292	7.6	5.4	420	327
250	150	4.0	24.3	30.9	2697	1234	9.3	6.3	216	165
		5.0	30.1	38.4	3304	1508	9.3	6.3	264	201
		6.0	35.8	45.6	3886	1768	9.2	6.2	311	236
		8.0	46.5	59.2	4886	2219	9.1	6.1	391	296
		10	57.0	72.6	5825	2634	9.0	6.0	466	351
		12	66.0	84.1	6458	2925	8.8	5.9	517	390
		14	75.2	94.7	7114	3214	8.6	5.8	569	429
250	200	5.0	34.0	43.4	4055	2885	9.7	8.2	324	289
		6.0	40.5	51.6	4779	3397	9.6	8.1	382	340
		8.0	52.8	67.2	6057	4304	9.5	8.0	485	430
		10	64.8	82.6	7266	5154	9.4	7.9	581	515
		12	75.4	96.1	8159	5792	9.2	7.8	653	579
		14	86.1	110	9066	6430	9.1	7.6	725	643
		16	96.4	123	9853	6983	9.0	7.5	788	698

续表

边长 (mm)		壁厚 (mm)	理论重量 (kg/m)	截面面积 (cm^2)	惯性矩 (cm^4)		惯性半径 (cm)		截面模量 (cm^3)	
H	B	t	M	A	I_x	I_y	r_x	r_y	W_x	W_y
260	180	5.0	33.2	42.4	4121	2350	9.9	7.5	317	261
		6.0	39.6	50.4	4856	2763	9.8	7.4	374	307
		8.0	51.5	65.6	6145	3493	9.7	7.3	473	388
		10	63.2	80.6	7363	4174	9.5	7.2	566	646
		12	73.5	93.7	8245	4679	9.4	7.1	634	520
		14	84.0	107	9147	5182	9.3	7.0	703	576
300	200	5.0	38.0	48.4	6241	3361	11.4	8.3	416	336
		6.0	45.2	57.6	7370	3962	11.3	8.3	491	396
		8.0	59.1	75.2	9389	5042	11.2	8.2	626	504
		10	72.7	92.6	11313	6058	11.1	8.1	754	606
		12	84.8	108	12788	6854	10.9	8.0	853	685
		14	97.1	124	14287	7643	10.7	7.9	952	764
		16	109	139	15617	8340	10.6	7.8	1041	834
350	200	5.0	41.9	53.4	9032	3836	13.0	8.5	516	384
		6.0	49.9	63.6	10682	4527	12.9	8.4	610	453
		8.0	65.3	83.2	13662	5779	12.8	8.3	781	578
		10	80.5	102	16517	6961	12.7	8.2	944	696
		12	94.2	120	18768	7915	12.5	8.1	1072	792
		14	108	138	21055	8856	12.4	8.0	1203	886
		16	121	155	24114	9698	12.2	7.9	1321	970
350	250	5.0	45.8	58.4	10520	6306	13.4	10.4	601	504
		6.0	54.7	69.6	12457	7458	13.4	10.3	712	594
		8.0	71.6	91.2	16001	9573	13.2	10.2	914	766
		10	88.4	113	19407	11588	13.1	10.1	1109	927
		12	104	132	22196	13261	12.9	10.0	1268	1060
		14	119	152	25008	14921	12.8	9.9	1429	1193
		16	134	171	27580	16434	12.7	9.8	1575	1315
350	300	7.0	68.6	87.4	16270	12874	13.6	12.1	930	858
		8.0	77.9	99.2	18341	14506	13.6	12.1	1048	967
		10	96.2	122	22298	17623	13.5	12.0	1274	1175
		12	113	144	25625	20257	13.3	11.9	1464	1350
		14	130	166	28962	22883	13.2	11.7	1655	1526
		16	146	187	32046	25305	13.1	11.6	1831	1687
		19	170	217	36204	28569	12.9	11.5	2069	1904

续表

边长 (mm)		壁厚 (mm)	理论重量 (kg/m)	截面面积 (cm^2)	惯性矩 (cm^4)		惯性半径 (cm)		截面模量 (cm^3)	
H	B	t	M	A	I_x	I_y	r_x	r_y	W_x	W_y
400	200	6.0	54.7	69.6	14789	5092	14.5	8.6	739	509
		8.0	71.6	91.2	18974	6517	14.4	8.5	949	652
		10	88.4	113	23003	7864	14.3	8.4	1150	786
		12	104	132	26248	8977	14.1	8.2	1312	898
		14	119	152	29545	10069	13.9	8.1	1477	1007
		16	134	171	32546	11055	13.8	8.0	1627	1105
400	250	5.0	49.7	63.4	14440	7056	15.1	10.6	722	565
		6.0	59.4	75.6	17118	8352	15.0	10.5	856	668
		8.0	77.9	99.2	22048	10744	14.9	10.4	1102	860
		10	96.2	122	26806	13029	14.8	10.3	1340	1042
		12	113	144	30766	14926	14.6	10.2	1538	1197
		14	130	166	34762	16872	14.5	10.1	1738	1350
		16	146	187	38448	19628	14.3	10.0	1922	1490
400	300	7.0	74.1	94.4	22261	14376	15.4	12.3	1113	958
		8.0	84.2	107	25152	16212	15.3	12.3	1256	1081
		10	104	133	30609	19726	15.2	12.2	1530	1315
		12	122	156	35284	22747	15.0	12.1	1764	1516
		14	141	180	39979	25748	14.9	12.0	1999	1717
		16	159	203	44350	28535	14.8	11.9	2218	1902
		19	185	236	50309	32326	14.6	11.7	2515	2155
450	250	6.0	64.1	81.6	22724	9245	16.7	10.6	1010	740
		8.0	84.2	107	29336	11916	16.5	10.5	1304	953
		10	104	133	35737	14470	16.4	10.4	1588	1158
		12	123	156	41137	16663	16.2	10.3	1828	1333
		14	141	180	46587	18824	16.1	10.2	2070	1506
		16	159	203	51651	20821	16.0	10.1	2295	1666
450	350	7.0	85.1	108	32867	22448	17.4	14.4	1461	1283
		8.0	96.7	123	37151	25360	17.4	14.3	1651	1449
		10	120	153	45418	30971	17.3	14.2	2019	1770
		12	141	180	52650	35911	17.1	14.1	2340	2052
		14	163	208	59898	40823	17.0	14.0	2662	2333
		16	184	235	66727	45443	16.9	13.9	2966	2597
		19	215	274	76195	51834	16.7	13.8	3386	2962

续表

边长 (mm)		壁厚 (mm)	理论重量 (kg/m)	截面面积 (cm^2)	惯性矩 (cm^4)		惯性半径 (cm)		截面模量 (cm^3)	
H	B	t	M	A	I_x	I_y	r_x	r_y	W_x	W_y
450	400	9.0	115	147	45711	38225	17.6	16.1	2032	1911
		10	127	163	50259	42019	17.6	16.1	2234	2101
		12	151	192	58407	48837	17.4	15.9	2596	2442
		14	174	222	66554	55631	17.3	15.8	2958	2782
		16	197	251	74264	62055	17.2	15.7	3301	3103
		19	230	293	85024	71012	17.0	15.6	3779	3551
		22	262	334	94835	79171	16.9	15.4	4215	3959
500	200	9.0	94.2	120	36774	8847	17.5	8.6	1471	885
		10	104	133	40321	9674	17.4	8.5	1613	967
		12	123	156	46312	11101	17.2	8.4	1853	1110
		14	141	180	52390	12496	17.1	8.3	2095	1250
		16	159	203	58015	13771	16.9	8.2	2320	1377
500	250	9.0	101	129	42199	14521	18.1	10.6	1688	1161
		10	112	143	46324	15911	18.0	10.6	1853	1273
		12	132	168	53457	18363	17.8	10.5	2138	1469
		14	152	194	60659	20776	17.7	10.4	2426	1662
		16	172	219	67389	23015	17.6	10.3	2696	1841
500	300	10	120	153	52328	23933	18.5	12.5	2093	1596
		12	141	180	60604	27726	18.3	12.4	2424	1848
		14	163	208	68928	31478	18.2	12.3	2757	2099
		16	184	235	76763	34994	18.1	12.2	3071	2333
		19	215	274	87609	39838	17.9	12.1	3504	2656
500	400	9.0	122	156	58474	41666	19.4	16.3	2339	2083
		10	135	173	64334	45823	19.3	16.3	2573	2291
		12	160	204	74895	53355	19.2	16.2	2996	2668
		14	185	236	85466	60848	19.0	16.1	3419	3042
		16	209	267	95510	67957	18.9	16.0	3820	3398
		19	245	312	109600	77913	18.7	15.8	4384	3896
		22	279	356	122539	87039	18.6	15.6	4902	4352
500	450	10	143	183	70337	59941	19.6	18.1	2813	2664
		12	170	216	82040	69920	19.5	18.0	3282	3108
		14	196	250	93376	79865	19.4	17.9	3749	3550
		16	222	283	104884	89340	19.3	17.8	4195	3971

续表

边长 (mm)		壁厚 (mm)	理论重量 (kg/m)	截面面积 (cm^2)	惯性矩 (cm^4)		惯性半径 (cm)		截面模量 (cm^3)	
H	B	t	M	A	I_x	I_y	r_x	r_y	W_x	W_y
500	450	19	260	331	120595	102683	19.1	17.6	4824	4564
		22	297	378	135115	115003	18.9	17.4	5405	5111
500	480	10	148	189	73939	69499	19.8	19.2	2958	2896
		12	175	223	86328	81146	19.7	19.1	3453	3381
		14	203	258	98697	92763	19.6	19.0	3948	3865
		16	229	292	110508	103853	19.4	18.8	4420	4327
		19	269	342	127193	119515	19.3	18.7	5088	4980
		22	307	391	142660	134031	19.1	18.5	5706	5585

3.6.2 如何把握关键条

(1) 成品钢柱宽度扣除两个角部圆弧半径后应与钢梁的宽度相匹配，假定钢柱宽度为B_Z，角部半径为R，钢梁宽度为B_L，则用公式表达为：

$$B_Z - 2R \geqslant B_L$$

(2) 由于成品冷弯矩形钢管柱截面尺寸的规格与建筑专业常用的柱截面尺寸模数存在差异，设计过程中应提前与建筑师沟通。

3.7 铸钢件选材

3.7.1 关键性条文规定

1. 关键条

（1）在《高钢规》第4.1.9条中，对铸钢件选材的要求如下：

钢结构节点部位采用铸钢节点时，其铸钢件宜选用材质和材料性能符合现行国家标准《焊接结构用铸钢件》GB/T 7659的ZG270-480H、ZG300-500H或ZG340-550H铸钢件。

（2）在《钢通规》第3.0.1条的条文说明中，给出的铸钢件现行国家标准为《焊接结构用铸钢件》GB/T 7659和《一般工程用铸造碳钢件》GB/T 11352。

2. 铸钢件分类

铸钢件按其与构件的连接方式分为非焊接结构用铸钢件和焊接结构用铸钢件两种类别。

1）非焊接结构用铸钢件

非焊接结构用铸钢件是指其由于含碳量较高，不能焊接，只能与构件采用全螺栓连接的铸钢件。

执行标准：现行国家标准《一般工程用铸造碳钢件》GB/T 11352。

2）焊接结构用铸钢件

焊接结构用铸钢件是指与构件采用熔透焊接连接的铸钢件。

执行标准：现行国家标准《焊接结构用铸钢件》GB/T 7659、欧洲标准EN 10293：2015（简称"欧标"）。

3. 铸钢件化学、力学特性

1）非焊接结构用铸钢件的化学、力学特性

用于非焊接结构用铸钢件主要有ZG 230-450、ZG 270-500、ZG 310-570、ZG 340-640四种牌号，其化学成分应符合表3.7.1-1的规定，其力学性能应符合表3.7.1-2的规定。ZG 200-400为可焊接铸钢件。

一般工程非焊接结构用铸造碳钢件的化学成分（质量分数≤,%）　　表3.7.1-1

铸钢牌号	C	Si	Mn	S	P	残余元素				
						Ni	Cr	Cu	Mo	V
ZG 230-450	0.30	0.60	0.90	0.035	0.035	0.40	0.35	0.40	0.20	0.05
ZG 270-500	0.40									
ZG 310-570	0.50									
ZG 340-640	0.60									

注：对上限每减少0.01%的碳，允许增加0.04%的锰。表中各铸钢牌号的残余元素总量均≤1.00%，不作为验收依据。

一般工程非焊接结构用铸造碳钢件的力学性能（最小值）　　表 3.7.1-2

铸钢牌号	屈服强度（MPa）	抗拉强度（MPa）	伸长率 A_5（%）	根据合同选择		
				断面收缩率 Z（%）	冲击吸收功	
					A_{KV}(J)	A_{KU}(J)
ZG 230-450	230	450	22	32	25	35
ZG 270-500	270	500	18	25	22	27
ZG 310-570	310	570	15	21	15	24
ZG 340-640	340	640	10	18	10	16

2）国内焊接结构用铸钢件的化学、力学特性

国内用于焊接结构用铸钢件主要有 ZG230-450H、ZG270-480H、ZG300-500H、ZG340-550H 四种牌号，其化学成分应符合表 3.7.1-3 的规定，其力学性能应符合表 3.7.1-4 的规定。

焊接结构用铸钢件的化学成分（%）　　表 3.7.1-3

牌号	主要元素					残余元素				
	C	Si	Mn	P	S	Ni	Cr	Cu	Mo	V
ZG230-450H	≤0.20	≤0.60	≤0.120	≤0.025	≤0.025	≤0.40	≤0.35	≤0.40	≤0.15	≤0.05
ZG270-480H	0.17～0.25	≤0.60	0.80～1.20							
ZG300-500H	0.17～0.25	≤0.60	1.00～1.60							
ZG340-550H	0.17～0.25	≤0.80	1.00～1.60							

注：1. 实际碳含量比表中碳上限每减少 0.01%，允许实际锰含量超出锰上限 0.04%，但总超出量不得大于 0.2%；
2. 残余元素一般不做分析，如需方有要求时，可按残余元素分析，要求残余元素总量不超过 1%。

焊接结构用铸钢件的室温力学性能（最小值）　　表 3.7.1-4

牌号	拉伸性能			根据合同选择	
	上屈服强度（MPa）	拉伸强度（MPa）	断后伸长率 A（%）	断面收缩率 Z（%）	冲击吸收功 A_{KV2}（J）
ZG230-450H	230	450	22	35	45
ZG270-480H	270	480	20	35	40
ZG300-500H	300	500	20	21	40
ZG340-550H	340	550	15	21	35

3）欧标焊接结构用铸钢件的化学、力学特性

按欧标生产的焊接结构用铸钢件主要有 G17Mn5、G20Mn5 钢种，是近年来在国内应用最多的铸钢件，其化学成分应符合表 3.7.1-5 的规定，其力学性能应符合表 3.7.1-6 的规定。

G17Mn5、G20Mn5 铸钢件的化学成分（%） **表 3.7.1-5**

铸钢钢种		C	Si	Mn	P	S	Ni
钢号	材料号						
G17Mn5	1.1131	0.15～0.20	≤0.60	1.00～1.60	≤0.020	≤0.020	—
G20Mn5	1.6220	0.17～0.23					≤0.800

G17Mn5、G20Mn5 铸钢件的力学性能 **表 3.7.1-6**

铸钢钢种		热处理条件			铸件壁厚（mm）	室温下			冲击功率值	
钢号	材料号	状态与代号	正火或奥氏体化（℃）	回火（℃）		屈服强度（MPa）	抗拉强度（MPa）	伸长率 A（%）	温度（℃）	冲击功（J）≥
G17Mn5	1.1131	调制 QT	920～980	600～700	$t\leqslant 50$	≥240	450～600	≥24	室温 −40℃	70 27
G20Mn5	1.6220	正火 N	900～980	—	$t\leqslant 50$	≥300	480～620	≥20	室温 −30℃	50 27
G20Mn5	1.6220	调制 QT	900～980	610～660	$t\leqslant 100$	≥300	500～650	≥22	室温 −40℃	60 27

3.7.2 如何把握关键条

（1）铸钢件的价格是普通钢材的 5～6 倍，所以，要避免不合理的过度应用。

（2）铸钢件钢材的致密性、匀质性、强度、韧性等不如轧制钢材，应考虑其不利影响。

（3）根据节点与构件连接的方式（焊接或栓接）和受力情况，正确选择铸钢件的类别和钢号。

（4）国内可生产牌号为 ZG340-550H 的铸钢件，其性能与欧标 G20Mn5 相当，所以，建议使用前者。

（5）铸钢件屈服强度不高，仅适用于与 Q355 和 Q235 两种钢材配套使用。

（6）当铸钢件与构件采用非焊接形式（全螺栓）连接时，按表 3.7.1-1 及表 3.7.1-2 选用铸钢件；当铸钢件与构件采用焊接形式（熔透焊）连接时，可按表 3.7.1-3 及表 3.7.1-4 选用铸钢件，也可按表 3.7.1-5 及表 3.7.1-6 选用铸钢件。

3.8 钢支撑和钢框柱延伸至地下室的不同要求

3.8.1 关键性条文规定

1. 关键条

《抗标》第8.1.9条第1款，钢结构房屋的地下室设置，应符合以下要求：

设置地下室时，框架-支撑（抗震墙板）结构中的竖向连续布置的支撑（抗震墙板）应延伸至基础；钢框架中的钢柱应至少延伸至地下一层，其竖向荷载应直接传至基础。

2. 支撑体系在地下室的延伸要求

支撑在地下室有两种形式：一是由钢支撑外包混凝土构成。二是采用钢骨混凝土墙。

1）钢支撑外包混凝土

钢支撑外包混凝土就是将组成支撑的竖杆、横杆和斜杆外包混凝土，形成钢骨混凝土构件，以地下三层为例，如图3.8.1-1所示。计算时，可不考虑钢骨的作用。

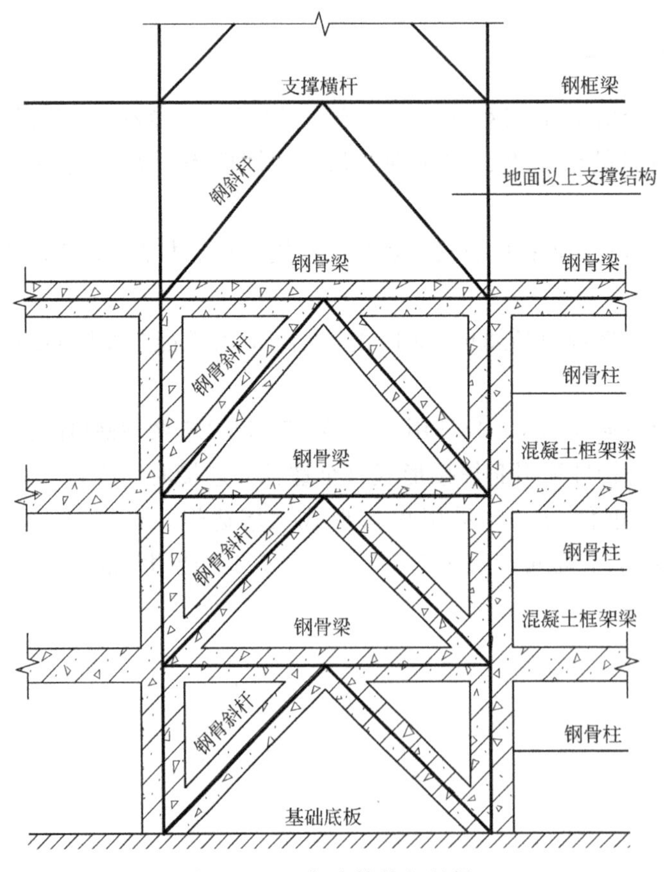

图3.8.1-1 钢支撑外包混凝土

这种形式的优点是能充分保证地下室的通行性和使用空间，缺点是施工麻烦。

2）钢骨混凝土墙

钢骨混凝土墙就是将支撑构件整体包裹在混凝土墙中，以地下三层为例，如图 3.8.1-2 所示。计算时，可不考虑钢骨的作用。

这种形式的优点是施工简单，缺点是在该跨内没有了通行性，有通道需求时还需要开门洞。

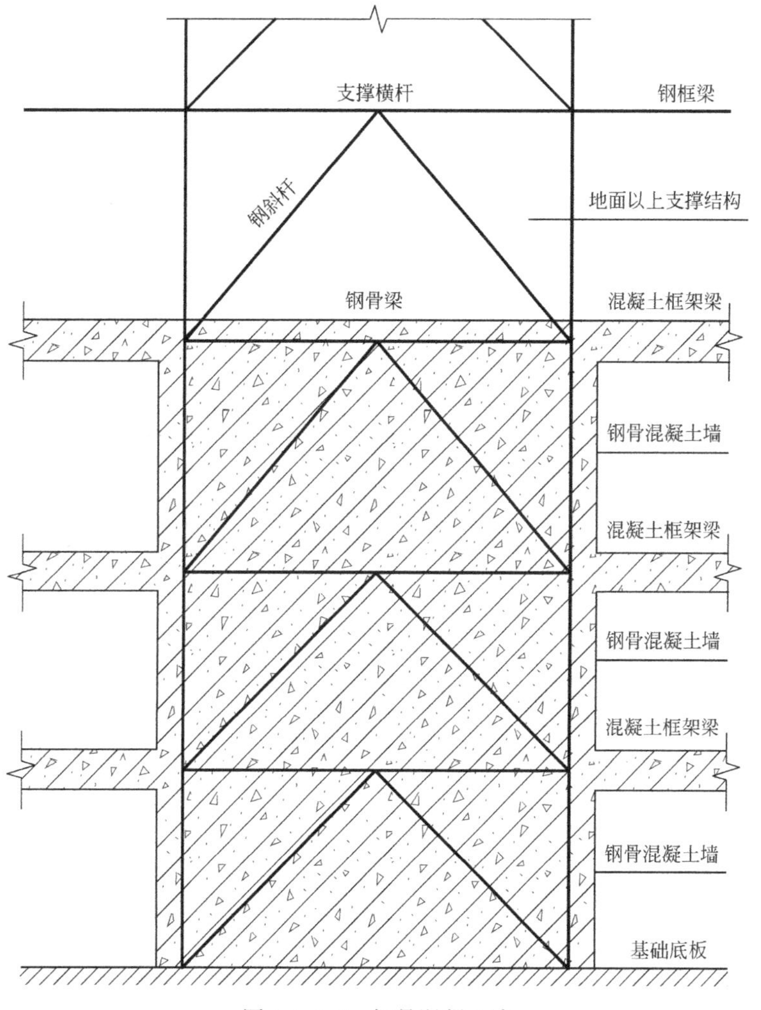

图 3.8.1-2　钢骨混凝土墙

3）地上支撑的设置要求

在高层钢结构中，地上支撑桁架应沿竖向连续布置，这样可使层间刚度变化较均匀。

高层钢结构在地下室设置钢骨混凝土结构层，其目的是使内力传递平稳，保证钢柱脚的嵌固性，增加结构底部刚性、整体性和抗倾覆稳定性。

4）地下部分支撑杆件的截面

（1）地下部分的竖向杆件截面应设计成十字形截面（在地下室顶板处进行钢管截面与

十字形截面的转换)。

(2) 地下部分的横向杆件截面应设计成 H 型钢截面。

(3) 地下部分的斜向杆件截面应设计成 H 型钢截面。

3. 钢框柱在地下室的延伸要求

1) 钢骨柱和钢骨梁

钢框架柱在地下室应至少延伸至地下一层，地下室部分的钢柱和钢梁均外包混凝土，形成钢骨柱和钢骨梁，以地下三层为例，如图 3.8.1-3 所示。计算时，可不考虑钢骨的作用。

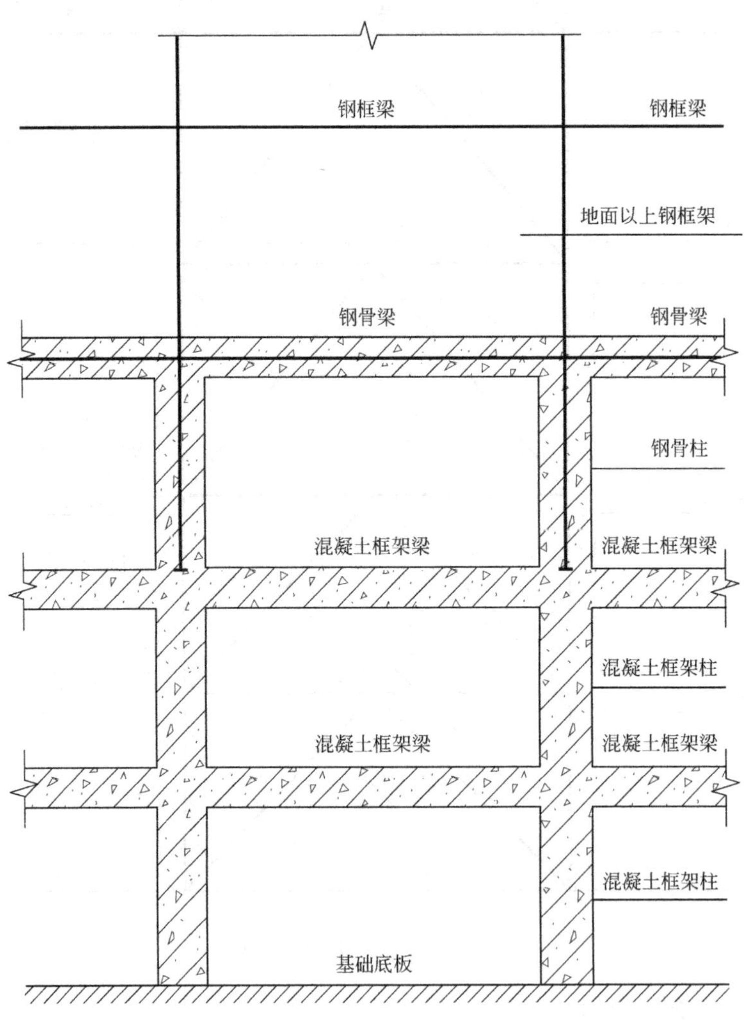

图 3.8.1-3 地下一层设置钢骨柱和钢骨梁

2) 地下部分钢柱和钢梁杆件的截面

(1) 地下部分的钢柱截面应设计成十字形截面（在地下室顶板处进行钢管截面与十字形截面的转换)。

(2) 地下部分的框架梁截面应设计成 H 型钢截面。

3.8.2 如何把握关键条

1）钢框架-支撑结构

（1）支撑（抗震墙板）应延伸至基础。

（2）钢框架-支撑结构中，框架部分的钢框柱可延伸至地下一层，优点是节省钢材，缺点是钢框柱与支撑不能同步施工，工期较长；钢框柱也可延伸至基础，优点是钢框柱与支撑同步施工，工期较快，缺点是用钢量较大。

2）钢框架结构

钢框柱最好延伸到地下一层，既节省用钢量，地下室的施工也快。

3.9 多栋高层建筑之间的风力干扰

3.9.1 关键性条文规定

1. 关键条

在《高钢规》第5.2.6条中，对多栋高层建筑之间的风力干扰要求如下：

当多栋或群集的高层民用建筑相互间距较近时，宜考虑风力相互干扰的群体效应。一般可将单栋建筑的体型系数 μ_s 乘以相互干扰增大系数，该系数可参考类似条件的试验资料确定，必要时通过风洞试验或数值技术确定。

2. 群集高层建筑之间可怕的风荷载

以北京的东二环为例，公路两侧高楼林立（图3.9.1-1为笔者雨天用手机拍摄的街景），公路两侧的楼距大概在50m开外。在公路的东侧有一栋高层建筑的裙房屋顶可以上小汽车。每当有贵宾乘坐小汽车光临此处时，在汽车的迎风面需要安排一排迎宾小姐围成一道人墙。这不仅是礼仪的需要，更主要的目的是挡风，否则根本打不开车门。即使地面有一点儿小风，在东二环也会形成一个风口，吹到裙房屋顶上就会产生很大的风荷载。

图3.9.1-1 北京东二环街景

由于旋涡的相互干扰，房屋某些部位的局部风压会显著增大。群集高层建筑之间的这种风荷载干扰会加大高层建筑的基本风压，尤其对高层钢结构的幕墙有重大影响，必须引起重视。

3. 风洞试验

风洞试验能够真实而准确地反映群集建筑之间风荷载干扰的数据，如条件允许应成为首选项。对于重要的高层钢结构，建议在风洞试验中考虑周围建筑物的干扰因素，也可以委托专业部门根据基础风力资料通过数值技术判断确定其风荷载。

这里所说的风洞试验是指边界层风洞试验。

群集高层钢结构建筑，有下列之一的情况宜进行风洞试验：

（1）平面形状不规则，立面形状复杂；

（2）立面开洞或连体建筑；

（3）周围地形和环境较复杂；

（4）房屋高度＞200m。

4. 试验资料确定的系数

当项目周围有群集高层建筑的类似条件时，其试验资料的干扰增大系数可以利用，但这种能利用的机会可能很少碰到。

5. 相互干扰的增大系数

如果不做风洞试验，也没有周围类似条件的情况，可按现行国家标准《建筑结构荷载规范》GB 50009 规定的方法确定相互干扰系数。

当多个建筑物，特别是群集的高层建筑，相互间距较近时，宜考虑风力相互干扰的群体效应，一般可将单独建筑物的体型系数 μ_s 乘以相互干扰系数。相互干扰系数可按下列规定确定：

对矩形平面高层建筑，当单个施扰建筑与受扰建筑高度相近时，根据施扰建筑的位置，对顺风向风荷载可在 1.00～1.10 范围内选取，对横风向风荷载可在 1.00～1.20 范围内选取，见表 3.9.1-1。

相互干扰增大系数范围　　表 3.9.1-1

风向	相互干扰系数
顺风向	1.00～1.10
横风向	1.00～1.20

3.9.2 如何把握关键条

（1）通过进行风洞试验可以获得较精确的风荷载。

（2）当通过表 3.9.1-1 确定相互干扰增大系数时建议如下：

① 基本风压值不小于 0.4kN/m^2（n=50）时，宜取表 3.9.1-1 中的上限值；

② 基本风压值在 0.3～0.4kN/m^2（n=50）时，宜按表 3.9.1-1 中数值合理取值。

3.10 填充墙的规定

3.10.1 关键性条文规定

1. 关键条

在《高钢规》第6.1.6条中，当填充墙为轻质墙时，可为钢结构带来如下优势：

当非承重墙体为填充轻质砌块、填充轻质墙板或外挂墙板时，自振周期折减系数可取0.9～1.0。

2. 轻质填充墙与钢结构的配套使用

高层建筑结构自重大，地震作用也就大。为了减小地震作用，需要在以下三个方面进行合理考虑。

1）主体采用钢结构

采用钢结构可以最有效地减小结构自重，以80m高的高层建筑为例：

（1）采用混凝土结构时，每层混凝土墙、柱、梁及楼板的折算厚度约为0.6m，重量为1500kg/m^2。

（2）采用钢结构时，其每层用钢量在100～150kg/m^{2}范围，为了与混凝土结构进行比较，考虑楼板的常用厚度为0.12m，重量为300kg/m^2，即使按最重的钢结构重量来考虑，也只有450kg/m^2。

（3）两种结构的自重对比

混凝土结构与钢结构每层平均重量对比见表3.10.1-1（以混凝土结构作为标准），减少的自重是非常可观的。

混凝土结构与钢结构每层平均重量对比　　表3.10.1-1

结构类型	每层平均重量(kg/m^2)	钢结构占混凝土的比例	减少的自重
混凝土:框架-剪力墙	1500	30%	70%
钢结构:框架-支撑	450		

2）填充墙采用轻质材料

尽管采用钢结构可以有效地减小结构自重，但是减小幅度还有提升空间，还可以把作用于结构上的填充墙（恒载）的重量减下来，否则还是会造成结构的水平位移偏大，不能满足抗震对层间位移值的要求。

填充墙对结构而言存在一定的刚度，也就会产生一定的地震作用。为了不使地震作用减小，在抗震设计中需要考虑周期折减。填充墙越重越厚，产生的附加刚度就越大，周期折减系数就越小。为了使周期折减系数变大，就需要将填充墙变轻变薄。所以，采用轻质填充墙，可以增大周期折减系数，从抗震计算上减小一部分地震作用。

简记：轻质隔墙。

3）外挂墙板

对于高层钢结构建筑的外墙，不仅要考虑减小自重，还需要考虑对结构抗震的有利影响，可采取以下措施：

（1）采用轻质材料，如玻璃幕墙、保温金属板幕墙等。

（2）采用外挂墙板的形式，可以不考虑其刚度对结构抗震共同工作，只计入其重量即可，这样就可以增大周期折减系数。对所有高层钢结构围护墙体，一般只计入其重量，不考虑其刚度及抗震共同工作。

简记：外挂形式。

综上所述，当主体采用钢结构，填充墙采用轻质材料，围护墙采用外挂形式时，结构自振周期折减系数可取0.9～1.0。

3. 轻质填充墙及幕墙的重量要求

轻质填充墙的重度（不含抹灰重量）及幕墙每平方米重量的取值不宜大于表3.10.1-2的建议值。

轻质填充墙及幕墙重量取值（建议值）　　表3.10.1-2

墙体类型	轻质填充墙	幕墙	
		玻璃幕墙	石材幕墙
单位重量	≤800kg/m³	100kg/m²	120kg/m²

4. 轻质砌块

标准图集《轻集料空心砌块内隔墙》03J114-1中给出的采用CL15轻集料混凝土制作的空心砌块，其墙体厚度为：90mm、150mm、180mm（2×90mm）三种，分别代表单排90墙、单排150墙、双排90墙。

空心砌块的结构性能见表3.10.1-3。

轻集料空心砌块内隔墙性能表　　表3.10.1-3

名称	表观密度(kg/m³)	墙体砌筑高度(m)	耐火极限(h)	适用范围
单排90墙	≤800	3.0	1.03	卫生间、厨房等分室墙
双排90墙	≤800	3.0	2.03	分户墙
单排150墙	≤800	4.5	1.0	内隔墙

5. 轻质墙板

轻质板墙主要有轻钢龙骨板墙和轻质条板板墙。

1）轻钢龙骨板墙

轻钢龙骨板墙分为现场制作型和预制型两种类型，其主要特点是重量轻、干作业。

（1）现场制作型：

标准图集《轻钢龙骨内隔墙》03J111-1中给出的轻钢龙骨板墙，其面板有纸面石膏板、纤维水泥加压板、加压低收缩性硅酸钙板、纤维石膏板、粉石英硅酸钙板等。轻钢龙骨是以镀锌钢板为原料，采用冷弯工艺生产的薄壁型钢。其墙体厚度和结构性能见表3.10.1-4。

轻钢龙骨墙体性能表　　表3.10.1-4

代号	墙厚(mm)	耐火极限(min)		自重(kg/m^2)	墙体最大高度(m)	
		普通板	耐火板		龙骨间距400mm	龙骨间距600mm
LP01	74	36	—	21	3.2	2.8
LP02	74	30	—	22	3.2	2.8
LP03	75	30	—	22	4.05	3.5
LP04	74	—	60	24	3.2	2.8
LP05	80	—	60	25	3.2	2.8
LP06	80	—	60	26	3.2	2.8
LP07	98	60	—	42	3.4	3.0
LP08	98	62	—	43	3.4	3.0
LP09	99	60	—	44	4.3	3.75
LP10	99	60	—	46	4.3	3.75
LP11	98	90	90	44	3.4	3.0
LP12	98	—	120	46	3.4	3.0
LP70	98	—	120	46	3.4	3.0
LP14	99	35	—	22	4.55	3.95
LP15	99	58	—	23	4.55	3.95
LP16	105	44	—	26	4.55	3.95
LP17	100	30	—	23	5.7	5.0
LP18	99	30	30	24	4.55	3.95
LP19	99	—	49	23	4.55	3.95
LP20	99	—	55	24	4.55	3.95
LP21	105	—	63	26	4.55	3.95
LP22	105	—	60	27	4.55	3.95
LP23	123	70	—	42	4.85	4.25
LP24	123	63	—	43	4.85	4.25
LP25	124	60	—	44	6.1	5.35
LP26	124	60	—	45	6.1	5.35
LP27	135	92	—	48	4.85	4.25
LP28	123	75	75	43	4.85	4.25
LP29	123	—	122	43	4.85	4.25
LP30	123	—	120	43	4.85	4.25
LP63	135	—	109	46	4.85	4.25
LP64	135	—	127	46	4.85	4.25

续表

代号	墙厚(mm)	耐火极限(min)		自重(kg/m²)	墙体最大高度(m)	
		普通板	耐火板		龙骨间距400mm	龙骨间距600mm
LP65	123	82	82	43	4.85	4.25
LP66	153	60	—	43	—	3.3
LP32	124	30	—	23	5.95	5.2
LP33	124	30	—	24	5.95	5.2
LP34	130	30	—	27	5.95	5.2
LP35	124	—	60	25	5.95	5.2
LP36	130	—	60	27	5.95	5.2
LP37	130	—	60	28	5.95	5.2
LP38	148	60	—	43	6.35	5.55
LP39	148	60	—	44	6.35	5.55
LP40	149	60	—	45	8.0	7.0
LP41	149	60	—	46	8.0	7.0
LP42	149	90	90	44	8.0	7.0
LP43	149	90	90	45	8.0	7.0
LP44	148	—	120	45	6.35	5.55
LP45	148	—	120	46	6.35	5.55
LP69	148	—	120	46	8.0	7.0
LP46	174	30	—	23	8.15	7.1
LP47	174	—	60	25	8.15	7.1
LP48	180	—	60	27	8.15	7.1
LP49	198	60	—	43	8.7	7.6
LP50	199	60	—	44	11.0	9.6
LP51	198	90	90	46	8.7	7.6
LP52	198	60	—	44	8.7	7.6
LP53	210	90	—	52	8.7	7.6
LP54	199	90	—	45	11.0	9.6
LP55	198	—	120	46	8.7	7.6
LP56	178	60	—	48	—	3.2
LP57	190	60	—	50	—	3.2
LP58	228	60	—	48	—	3.7
LP59	205	205	—	93	—	4.6
LP60	205	210	—	93	—	4.6
LP13	250	196	196	82	6.05	—
LP31	250	137	137	50	—	4.2

续表

代号	墙厚(mm)	耐火极限(min)		自重(kg/m²)	墙体最大高度(m)	
		普通板	耐火板		龙骨间距400mm	龙骨间距600mm
LP61	305	215	215	95	—	7.3
LP62	250	123	123	51	—	4.2
LP67	250	108	108	54	12.0	—
LP68	350	252	252	105	12.0	—
LL01	105	63	63	28	—	4.55
KQ01	74	—	—	20	3.6	3.2
KQ02	74	30	30	20	3.6	3.2
KQ03	74	—	—	20	4.3	3.7
KQ04	80	—	—	28	3.7	3.2
KQ05	80	30	60	28	3.7	3.2
KQ06	80	—	—	28	4.7	4.0
KQ07	99	60	—	40	5.0	4.5
KQ08	98	—	—	40	4.3	3.8
KQ09	98	60	120	40	4.3	3.8
KQ10	98	—	—	40	5.0	4.5
KQ11	98	—	120	44	4.8	4.3
KQ12	98	—	120	44	4.3	3.8
KQ13	99	—	—	20	4.4	4.0
KQ14	99	30	—	20	4.4	4.0
KQ15	105	—	—	20	4.9	4.4
KQ16	99	—	—	20	5.2	4.7
KQ17	99	—	—	22	4.4	4.0
KQ18	99	—	30	22	4.4	4.0
KQ19	105	—	—	28	4.9	4.4
KQ20	105	—	60	28	4.9	4.4
KQ21	123	—	—	40	5.0	4.4
KQ22	123	60	—	40	5.0	4.4
KQ23	123	—	—	40	5.9	5.1
KQ24	123	60	—	40	5.9	5.1
KQ25	135	—	—	42	5.5	4.8
KQ26	123	—	—	44	5.0	4.4
KQ27	123	—	120	44	5.0	4.4
KQ28	135	—	120	56	5.5	4.8
KQ29	135	—	180	56	5.5	4.8

续表

代号	墙厚(mm)	耐火极限(min)		自重(kg/m²)	墙体最大高度(m)	
		普通板	耐火板		龙骨间距400mm	龙骨间距600mm
KQ30	153	—	—	41	—	3.3
KQ31	124	—	—	20	5.6	4.8
KQ32	124	30	—	20	5.6	4.8
KQ33	130	—	—	24	6.0	5.2
KQ34	130	—	—	25	6.0	5.2
KQ35	130	—	30	22	6.0	5.2
KQ36	130	—	60	22	6.0	5.2
KQ37	148	—	—	40	6.2	5.3
KQ38	148	60	—	40	6.2	5.3
KQ39	148	—	—	30	7.0	6.2
KQ40	160	—	—	40	7.7	6.8
KQ41	148	60	—	40	7.0	6.2
KQ42	160	—	—	40	7.7	6.8
KQ43	148	—	120	44	6.2	5.3
KQ44	160	—	180	56	7.7	6.8
KQ45	147	—	180	66	6.9	5.8
KQ46	190	—	240	73	6.9	5.8
KQ47	178	—	—	44	9.0	8.2
KQ48	100	60	—	28	5.2	4.7

（2）工厂预制型：

标准图集《预制轻钢龙骨内隔墙》03J111-2 中给出的预制轻钢龙骨内隔墙（简称预制墙板或墙板）有两种：硅酸钙板与轻钢龙骨组合，硅酸钙板与轻钢龙骨及防火、隔声材料组合。有防火要求时，要求其燃烧性为非燃烧体。

墙板主要规格（mm）为：长度：2440～6100；宽度：400、600、1220。

以普通板为例，预制墙体厚度和结构性能见表 3.10.1-5。

预制轻钢龙骨墙体性能表　　表 3.10.1-5

产品代号	墙厚(mm)	自重(kg/m²)	墙体最大高度(m)
LB01	88	27	3.24
LB02	84	23	3.24
LB03	84	24	3.24
LB04	80	19	3.24
LB05	80	20	3.24
LB06	84	23	3.24

续表

产品代号	墙厚(mm)	自重(kg/m²)	墙体最大高度(m)
LB07	84	24	3.24
LB08	88	27	3.24
LB09	88	28	3.24
LB10	86	25	3.24
LB11	86	26	3.24
LB12	90	29	3.24
LB13	90	30	3.24
LB14	94	33	3.24
LB15	94	34	3.24
LB16	92	31	3.24
LB17	92	32	3.24
LB18	92	31	3.24
LB19	92	32	3.24
LB20	90	29	3.24
LB21	90	30	3.24
LB22	96	36	3.24
LB23	96	37	3.24
LB24	100	40	3.24
LB25	100	41	3.24
LB26	100	40	3.24
LB27	100	41	3.24
LB28	104	44	3.24
LB29	104	45	3.24
LB30	100	21	4.48
LB31	100	22	4.48
LB32	104	25	4.48
LB33	104	27	4.48
LB34	102	24	4.48
LB35	102	25	4.48
LB36	104	25	4.48
LB37	104	27	4.48
LB38	106	28	4.48
LB39	106	29	4.48
LB40	108	30	4.48
LB41	108	31	4.48
LB42	108	30	4.48

续表

产品代号	墙厚(mm)	自重(kg/m²)	墙体最大高度(m)
LB43	108	31	4.48
LB44	112	34	4.48
LB45	112	35	4.48
LB46	108	30	4.48
LB47	108	31	4.48
LB48	110	31	4.48
LB49	110	33	4.48
LB50	108	29	4.48
LB51	108	31	4.48
LB52	114	35	4.48
LB53	114	37	4.48
LB54	120	41	4.48
LB55	120	42	4.48
LB56	116	37	4.48
LB57	116	38	4.48
LB58	124	45	4.48
LB59	124	46	4.48
LB60	120	41	4.48
LB61	120	42	4.48
LB62	150	27	6.1
LB63	150	28	6.1
LB64	154	31	6.1
LB65	154	32	6.1
LB66	152	29	6.1
LB67	152	30	6.1
LB68	158	35	6.1
LB69	158	36	6.1
LB70	164	41	6.1
LB71	164	42	6.1
LB72	160	37	6.1
LB73	160	38	6.1
LB74	160	37	6.1
LB75	160	38	6.1
LB76	162	39	6.1
LB77	162	40	6.1
LB78	170	47	6.1

续表

产品代号	墙厚(mm)	自重(kg/m²)	墙体最大高度(m)
LB79	170	48	6.1
LB80	166	43	6.1
LB81	166	44	6.1
LB82	174	51	6.1
LB83	174	52	6.1
LB84	170	46	6.1
LB85	170	47	6.1

2）轻质条板隔墙

在《内隔墙—轻质条板（一）》10J113-1 中，列入了六种轻质条板：

增强水泥隔板条板（GRC），简称水泥条板；

增强石膏隔板条板，简称石膏条板；

轻质混凝土隔板条板，简称轻混凝土条板；

植物纤维复合隔板条板（FGC、五防板），简称植物纤维条板；

粉煤灰泡沫水泥隔墙条板（ASA），简称泡沫水泥条板；

硅镁加气水泥隔墙条板（GM），简称硅镁条板。

以上条板产品具有重量轻、强度高、防火、隔声、可加工、施工方便等优点。其性能见表 3.10.1-6。

轻质条板内隔墙性能表 **表 3.10.1-6**

名称	型号	墙厚(mm)	空气声隔声量(dB)	耐火极限(h)	传热系数[W/(m²·K)]
轻混凝土空心(实心)条板内隔墙	A1 型	90	≥35	≥1	—
		120	≥40	≥1	≤2.0
		150	≥45	≥2	≤1.5
水泥空心条板内隔墙	A2 型	90	≥35	≥1	—
		120	≥40	≥1	≤2.0
石膏空心条板内隔墙	A3 型	150	≥45	≥2	≤2.0
硅镁空心、实心条板内隔墙	B1 型	90、100	≥35	≥1	—
		120	≥40	≥1	≤2.0
泡沫水泥空心、实心条板内隔墙	B2 型	150	≥45	≥2	≤1.5
植物纤维空心条板内隔墙	C 型	100	≥40	≥1	—
		200	≥45	≥2	≤2.0
聚苯颗粒水泥条板内隔墙	D 型	75、90、100	≥35	≥1	—
		120、125	≥40	≥1	≤2.0
		150	≥45	≥2	≤1.5

续表

名称	型号	墙厚(mm)	空气声隔声量(dB)	耐火极限(h)	传热系数[W/(m²·K)]
纸蜂窝夹芯复合条板内隔墙	E型	75、90	≥35	≥1	—
		100、125	≥40	≥1	≤2.0
		150	≥45	≥2	≤2.0

6. 外挂墙板

外挂墙板（建筑幕墙）是由金属架构与板材组成的、不承担主体结构荷载与作用的建筑外围护结构。

建筑幕墙主要有玻璃幕墙、金属幕墙、石材幕墙、组合幕墙。

（1）玻璃幕墙：板材为玻璃的建筑幕墙。

（2）金属幕墙：板材为金属板材的建筑幕墙。

（3）石材幕墙：板材为建筑石板的建筑幕墙（考虑到石材强度较低，常用厚度为20～30mm，单块石材板面面积不宜大于1.5m^2）。

（4）组合幕墙：玻璃、金属、石材等不同板材组成的建筑幕墙。

1）建筑幕墙的最大高度

各种建筑幕墙的适用高度见表3.10.1-7。

幕墙的最大高度（m） **表3.10.1-7**

玻璃幕墙	金属幕墙	石材幕墙	组合幕墙
150	150	100	150

2）建筑幕墙的最大质量

各种建筑幕墙的重量（含保温层）见表3.10.1-8。

幕墙的最大重量（kg/m^2） **表3.10.1-8**

玻璃幕墙	金属幕墙	石材幕墙	组合幕墙
150	90	190	190

3.10.2 如何把握关键条

（1）不仅高层钢结构应采用轻质填充墙和外挂墙板，多层钢结构也应如此。

（2）结构自振周期折减系数可取0.9～1.0。

（3）内隔墙可平摊成面荷载（不必导成线荷载）进行整体计算。

3.11 框架梁受压下翼缘的稳定性

3.11.1 关键性条文规定

1. 畸变失稳

框架梁的梁端为负弯矩区，下翼缘受压，上翼缘受拉，且上翼缘有楼板起侧向支撑和提供扭转约束的作用，当下翼缘失稳时称之为畸变失稳。

2. 在《钢标》第6.2.7条中，对钢梁下翼缘稳定性计算的要求

支座承担负弯矩且梁顶有混凝土楼板时，框架梁下翼缘的稳定性计算应符合下列规定：

1）当$\lambda_{n,b}\leqslant 0.45$时，可不计算框架梁下翼缘的稳定性。

2）当$\lambda_{n,b}>0.45$时，框架梁下翼缘的稳定性应按下列公式计算：

$$\frac{M_x}{\varphi_d W_{1x} f}\leqslant 1.0 \tag{3.11.1-1}$$

式中：$\lambda_{n,b}$——用于腹板受弯计算时的正则化长细比（宽厚比）；

M_x——绕强轴作用的最大弯矩设计值（N·mm）；

W_{1x}——弯矩作用平面内对受压最大纤维的毛截面模量（mm^3）；

f——钢材的抗弯、抗压强度设计值（N/mm^2）；

φ_d——b类截面轴心受压构件的稳定系数，根据换算长细比λ_e，按《钢标》附录D表D.0.2采用。换算长细比λ_e的计算：

$$\lambda_e=\pi\lambda_{n,b}\sqrt{\frac{E}{f_y}} \tag{3.11.1-2}$$

$$\lambda_{n,b}=\sqrt{\frac{f_y}{\sigma_{cr}}} \tag{3.11.1-3}$$

$$\sigma_{cr}=\frac{3.46b_1t_1^3+h_wt_w^3(7.27\gamma+3.3)\varphi_1}{h_w^2(12b_1t_1+1.78h_wt_w)}E \tag{3.11.1-4}$$

$$\gamma=\frac{b_1}{t_w}\sqrt{\frac{b_1t_1}{h_wt_w}} \tag{3.11.1-5}$$

$$\varphi_1=\frac{1}{2}\left(\frac{5.436\gamma h_w^2}{l^2}+\frac{l^2}{5.436\gamma h_w^2}\right) \tag{3.11.1-6}$$

式中：b_1——受压翼缘的宽度（mm）；

t_1——受压翼缘的厚度（mm）；

σ_{cr}——畸变屈曲临界应力（N/mm^2）；

l——当框架主梁支撑次梁且次梁高度不小于主梁高度的一半时，取次梁到框架柱的净距；除此情况外，取梁净距的一半（mm）。

3. 畸变失稳与梁整体弯曲失稳的对比

先温习一下钢梁整体弯曲失稳的内容。

梁的整体失稳其实就是在弯曲应力尚未达到钢材屈服点之前，在没有明显的征兆情况下突然发生梁的侧向弯曲和扭转变形（图 3.11.1-1），使梁丧失继续承载的能力，造成了梁的整体失稳。这种整体失稳状态称之为梁的侧向弯扭屈曲。

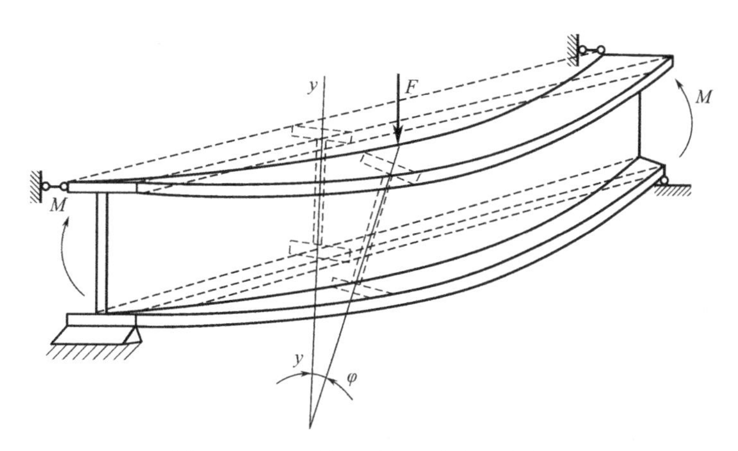

图 3.11.1-1　梁的侧向弯曲和扭转变形

在最大刚度主平面内受弯（绕强轴单轴受弯）的钢梁，其整体稳定性应按下式计算：

$$\frac{M_x}{\varphi_b W_x f} \leqslant 1.0 \tag{3.11.1-7}$$

式中：M_x——绕强轴作用的最大弯矩设计值（N·mm）；

W_x——按受压最大纤维确定的梁毛截面模量，当截面板件宽厚比等级为 S1 级、S2 级、S3 级或 S4 级时，应取全截面模量；当截面板件宽厚比等级为 S5 级时，应取有效截面模量，均匀受压翼缘有效外伸宽度可取 $15\varepsilon_k$，腹板有效截面可按《钢标》第 8.4.2 条的规定采用（mm^3）；

φ_b——梁的整体稳定性系数，应按《钢标》附录 C 确定；

梁的整体稳定性系数实质上就是临界应力与屈服强度的比值，即 $\varphi_b = \sigma_{cr}/f_y$；

f——钢梁翼缘的钢材抗压强度设计值（N/mm^2）。

说明：

（1）钢梁的整体稳定性针对的是受压翼缘：当钢梁上翼缘受压时，$W_x = W_x^{上}$；当钢梁下翼缘受压时，$W_x = W_x^{下}$。

（2）当受压翼缘有可靠的侧向约束时，可不计算钢梁的整体稳定性。

（3）绕强轴的毛截面不考虑塑性发展系数（γ_x）。

畸变失稳和整体弯曲失稳的区别主要在于概念和公式中的主要变量。

1）失稳概念不同

（1）畸变失稳：

腹板作为对下翼缘提供侧向弹性支撑的部件，上翼缘看成固定，将框架梁梁端受压下翼缘作为压杆来考虑。

根据欧拉临界稳定理论可以求出纯弯简支梁下翼缘发生畸变屈曲的临界应力，考虑到支座条件接近嵌固，弯矩快速下降变成正弯矩等有利因素，以及实际结构中腹板高厚比的限值，腹板对翼缘能够提供强大的侧向约束，因此框架梁负弯矩区的畸变屈曲并不是一个需要特别加以精确计算的问题。因此，《钢标》中提出了很简单的畸变屈曲临界应力公式[式（3.11.1-4）]。

（2）整体弯曲失稳：

钢梁发生梁的侧向弯曲和扭转变形。

2）公式中主要变量的概念不同

（1）为防止畸变失稳，钢梁下翼缘稳定性计算中，稳定系数 φ_d 是按受压构件确定的。

（2）为防止侧向弯扭，钢梁整体稳定性计算中，稳定系数 φ_b 是按受弯构件来确定的。

3.11.2 如何把握关键条

1）本关键条在概念上和力学原理上与钢梁平面外的整体稳定完全不同。

2）保证框架梁下翼缘稳定性一般以构造措施为主，其构造措施与保证钢梁平面外整体稳定的措施相同。采用以下任何一种构造措施时，可不进行框架梁下翼缘的稳定性计算：

（1）受压下翼缘设置水平隅撑；

（2）当设置水平隅撑有困难时也可采用竖向隅撑；

（3）在框架梁的梁端下翼缘受压区设置横向加劲肋。

尤其是不满足式（3.11.1-1）时，设置加劲肋能够为下翼缘提供更加刚强的约束，并带动楼板对框架梁提供扭转约束。

3.12　消能梁段轴力分界值

3.12.1　关键性条文规定

1. 关键条

在《高钢规》第7.6.2条～第7.6.4条中，计算消能梁段的受剪和受弯承载力时是以该梁受压满应力值 Af 的15%作为分界点进行不同的分析，消能梁段轴力分界值划分：$N \leqslant 0.15Af$ 和 $N > 0.15Af$。

简记：分界值 $0.15Af$。

2. 消能梁段的轴力对受剪承载力的影响

1）当消能梁段轴力设计值 $N \leqslant 0.15Af$ 时

当消能梁段的轴力设计值不超过 $0.15Af$ 时，忽略轴力的影响。消能梁段的受剪承载力取腹板屈服时的剪力和消能梁段两端形成塑性铰时的剪力两者的较小值。

当 $N \leqslant 0.15Af$ 时，消能梁段的受剪承载力应符合下式的规定：

$$V \leqslant \phi V_l \tag{3.12.1-1}$$

其中：

$$V_l = 0.58A_w f_y \text{ 或 } V_l = 2M_{lp}/a\text{，取二者较小值}$$

$$A_w = (h - 2t_f)t_w$$

$$M_{lp} = fW_{np}$$

式中：N——消能梁段的轴力设计值（N）；

V——消能梁段的剪力设计值（N）；

ϕ——系数，可取0.9；

V_l——消能梁段不计入轴力影响的受剪承载力（N）；

M_{lp}——消能梁段的全塑性受弯承载力（N·mm）；

A_w——消能梁段腹板截面面积（mm^2）；

W_{np}——消能梁段对其截面水平轴的塑性净截面模量（mm^3）；

a——消能梁段的净长（mm）；

h——消能梁段的截面高度（mm）；

t_w——消能梁段的腹板厚度（mm）；

t_f——消能梁段的翼缘厚度（mm）；

f_y——消能梁段钢材的屈服强度值（N/mm^2）；

f——消能梁段钢材的抗压强度设计值（N/mm^2）。

2）当消能梁段轴力设计值 $N > 0.15Af$ 时

当消能梁段的轴力设计值超过 $0.15Af$ 时，则要考虑轴力的影响，应降低消能梁段的受剪承载力，以保证消能梁段具有稳定的滞回性能。

当消能梁段的轴力设计值超过 0.15Af 时，消能梁段的受剪承载力应符合下式的规定：

$$V \leqslant \phi V_{lc} \tag{3.12.1-2}$$

其中：

$$V_{lc}=0.58A_{w}f_{y}\sqrt{1-[N/(fA)]^{2}}\text{ 或 }V_{lc}=2.4M_{lp}[1-N/(fA)]/a\text{，取二者较小值}$$

$$A_{w}=(h-2t_{f})t_{w}$$

$$M_{lp}=fW_{np}$$

式中：V_{lc}——消能梁段计入轴力影响的受剪承载力（N）；

A——消能梁段的截面面积（mm^2）。

3. 消能梁段的轴力对受弯承载力的影响

1）当消能梁段轴力设计值 $N \leqslant 0.15Af$ 时

当消能梁段的轴力设计值不超过 0.15Af 时，其截面应力以截面边缘纤维最大弯曲应力（σ_M）为主，同时还应叠加由轴力引起的附加平均应力（σ_N）。

当 $N \leqslant 0.15Af$ 时，消能梁段的受弯承载力应符合下式的规定：

$$\sigma_{M}+\sigma_{N} \leqslant f \tag{3.12.1-3}$$

或：

$$\frac{M}{W}+\frac{N}{A} \leqslant f \tag{3.12.1-4}$$

式中：N——消能梁段的轴力设计值（N）；

M——消能梁段的弯矩设计值（N·mm）；

A——消能梁段的截面面积（mm^2）；

W——消能梁段的截面模量（mm^3）；

f——消能梁段钢材的抗压强度设计值（N/mm^2）。

2）当消能梁段轴力设计值 $N>0.15Af$ 时

当消能梁段的轴力设计值超过 0.15Af 时，不考虑腹板的作用（对梁是安全的），以翼缘受到的轴力（N_f）为主，同时还应叠加将弯矩转化为一对力偶作用在翼缘上引起的附加轴力（N_M）。

翼缘受到的轴力为：

$$N_{f}=\frac{N}{2} \tag{3.12.1-5}$$

弯矩在翼缘引起的平均轴力为：

$$N_{M}=\frac{M}{h} \tag{3.12.1-6}$$

当 $N>0.15Af$ 时，消能梁段翼缘承受的轴力应符合下式的规定：

$$N_{M}+N_{f}=\frac{M}{h}+\frac{N}{2} \leqslant fb_{f}t_{f} \tag{3.12.1-7}$$

或以应力表达为：

$$\left(\frac{M}{h}+\frac{N}{2}\right)\frac{1}{b_{\mathrm{f}}t_{\mathrm{f}}}\leqslant f \tag{3.12.1-8}$$

式中：b_{f}——消能梁段的翼缘宽度（mm）；

t_{f}——消能梁段的翼缘厚度（mm）；

h——消能梁段的截面高度（mm）。

3.12.2　如何把握关键条

（1）受剪承载力：

当 $N\leqslant 0.15Af$ 时，不计入轴力影响；当 $N>0.15Af$ 时，计入轴力影响。

（2）受弯承载力：

当 $N\leqslant 0.15Af$ 时，以截面边缘纤维最大弯曲应力为主，同时还应叠加由轴力引起的附加平均应力；当 $N>0.15Af$ 时，不考虑腹板的作用，以翼缘受到的轴力为主，再叠加将弯矩转化为一对力偶作用在翼缘上引起的附加轴力。

3.13 梁柱节点的加强型连接

3.13.1 关键性条文规定

1. 关键条

在《高钢规》第 8.3.4 条中，梁与柱的加强型连接或骨式连接给出了五种形式：梁翼缘扩翼式连接、梁翼缘局部加宽式连接、梁翼缘盖板式连接、梁翼缘板式连接、梁骨式连接。有依据时也可采用其他形式。

下面分别叙述五种连接方式。

2. 梁翼缘扩翼式连接

梁翼缘扩翼式连接（图 3.13.1-1）为梁柱节点带悬臂梁段的连接，其优点是现场拼接点位于梁段弯矩最小的位置，考虑了现场施工带来的不利因素的影响。

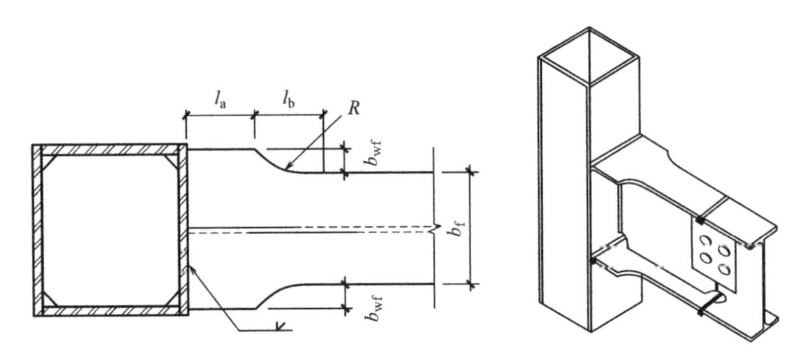

图 3.13.1-1 梁翼缘扩翼式连接

图 3.13.1-1 中尺寸应按下列公式确定：

$$l_a=(0.50\sim0.75)b_f \tag{3.13.1-1}$$

$$l_b=(0.30\sim0.45)h_b \tag{3.13.1-2}$$

$$b_{wf}=(0.15\sim0.25)b_f \tag{3.13.1-3}$$

$$R=\frac{l_b^2+b_{wf}^2}{2b_{wf}} \tag{3.13.1-4}$$

式中：b_f——梁翼缘的宽度（mm）；

h_b——梁的高度（mm）；

R——梁翼缘扩展半径（mm）。

此处在设计时应注意如下几点：

① 图 3.13.1-1 为构造节点的要求，不需要进行节点受力计算。

② 梁翼缘扩翼后的总尺寸不能大于柱截面的宽度（可以调整 b_{wf} 值）。

③ 为方便计算，当采用成品 H 型钢时，梁翼缘扩翼后各数值范围（取 5mm 模数）见

表 3.13.1-1。

梁翼缘扩翼式连接对应成品 H 型钢梁的 l_a、l_b、b_{wf}、R 值　　表 3.13.1-1

成品 H 型钢	l_a(mm)	l_b(mm)	b_{wf}(mm)	R(mm)
HW200×200	100～150	60～90	30～50	61～150
HW300×300	150～225	90～135	45～75	95～225
HW350×350	175～265	105～160	55～90	110～265
HW400×400	200～300	120～180	60～100	125～300
HM350×250	125～190	105～155	40～65	115～335
HM400×300	150～225	120～180	45～75	130～365
HM450×300	150～225	135～200	45～75	155～460
HM500×300	150～225	150～220	45～75	180～560
HM600×300	150～225	180～265	45～75	245～800
HN400×200	100～150	120～180	30～50	170～555
HN450×200	100～150	135～205	30～50	210～700
HN500×200	100～150	150～225	30～50	250～860
HN600×200	100～150	180～270	30～50	350～1230
HN700×300	150～225	210～315	45～75	335～1125
HN800×300	150～225	240～360	45～75	425～1465
HN900×300	150～225	270～405	45～75	525～1845

3. *梁翼缘局部加宽式连接*

梁翼缘局部加宽式连接（图 3.13.1-2）为梁柱节点没有悬臂梁段的连接，现场拼接点位于柱外皮，此处弯矩较大。其优点是柱子的运输方便。

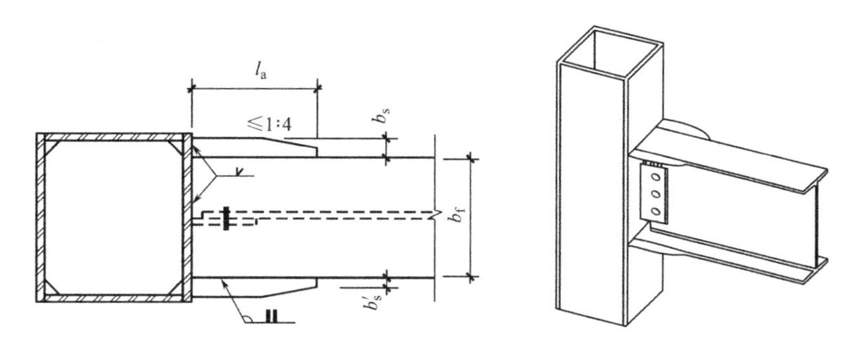

图 3.13.1-2　梁翼缘局部加宽式连接

图 3.13.1-2 中尺寸应按下列公式确定：

$$l_a=(0.50\sim0.75)b_f \tag{3.13.1-5}$$

$$b_s=(1/4\sim1/3)b_f \tag{3.13.1-6}$$

$$b'_s=2t_f+6 \tag{3.13.1-7}$$

$$t_s=t_f \tag{3.13.1-8}$$

式中：b_f——梁翼缘的宽度（mm）；

t_f——梁翼缘的厚度（mm）；

t_s——局部加宽板的厚度（mm）。

此处在设计时应注意如下几点：

① 图 3.13.1-2 为构造节点的要求，不需要进行节点受力计算。

② 梁翼缘设置局部加宽板后的总尺寸不能大于柱截面的宽度（可以调整 b_s 值）。

③ 为方便计算，当采用成品 H 型钢时，梁翼缘局部加宽后各数值范围（取 5mm 模数）见表 3.13.1-2。

梁翼缘局部加宽式连接对应成品 H 型钢梁的 t_s、l_a、b_s、b_s' 值　　表 3.13.1-2

成品 H 型钢	t_s(mm)	l_a(mm)	b_s(mm)	b_s'(mm)
HW200×200	12	100～150	50～70	30
HW300×300	15	150～225	75～100	40
HW350×350	19	175～265	90～120	45
HW400×400	21	200～300	100～135	50
HM350×250	14	125～190	65～85	35
HM400×300	16	150～225	75～100	40
HM450×300	18	150～225	75～100	45
HM500×300	18	150～225	75～100	45
HM600×300	20	150～225	75～100	50
HN400×200	13	100～150	50～70	30
HN450×200	14	100～150	50～70	35
HN500×200	16	100～150	50～70	40
HN600×200	17	100～150	50～70	40
HN700×300	24	150～225	75～100	55
HN800×300	26	150～225	75～100	60
HN900×300	28	150～225	75～100	65

4. 梁翼缘盖板式连接

梁翼缘盖板式连接（图 3.13.1-3）为梁柱节点没有悬臂梁段的连接，现场拼接点位于柱外皮，此处弯矩较大。其优点是柱子的运输方便。

缺点如下：

（1）传力不直接（不是翼缘直接将力传给柱子，而是通过盖板传给柱子）；

（2）盖板与翼缘之间的角焊缝需通过计算确定，增加了设计难度；

（3）增加了盖板与翼缘之间角焊缝的现场焊接工作量；

（4）要保证上盖板的截面面积与下盖板的截面面积大致相等，否则就不能称为加强型节点了，因此如果下盖板的厚度与翼缘的厚度相同，那么上盖板的厚度就要比下盖板的厚度大许多；

（5）支撑楼板的钢板需要切小口，以避开上盖板，增加了加工工序；

（6）由于上盖板的存在，不适用于预制楼板项目。

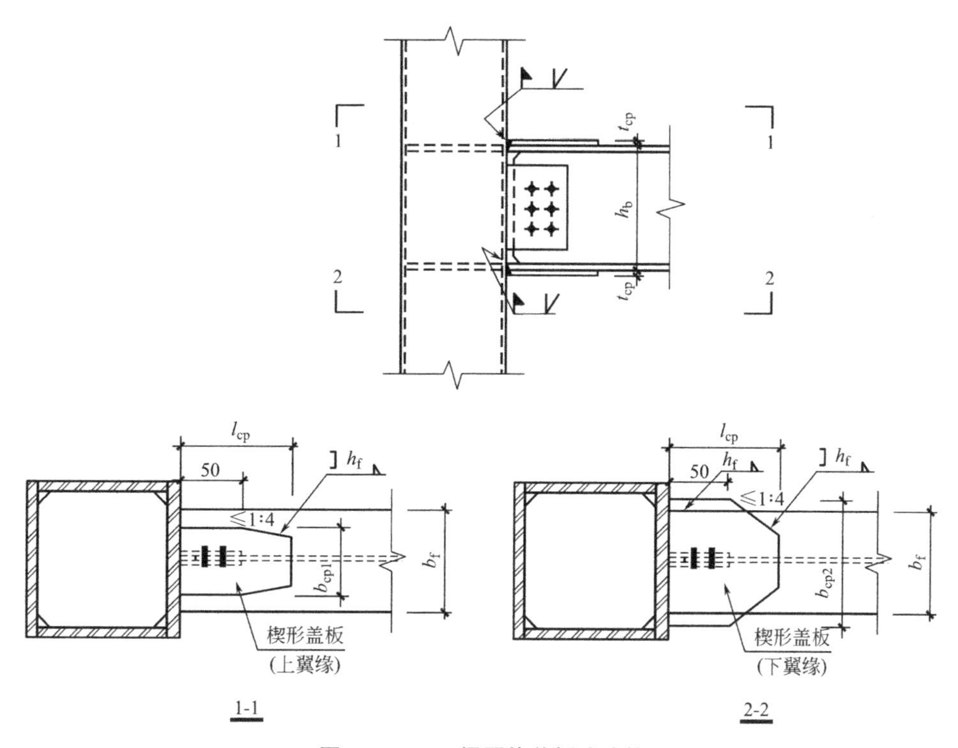

图 3.13.1-3 梁翼缘盖板式连接

图 3.13.1-3 中尺寸应按下列公式确定：

$$L_{cp}=(0.50\sim 0.75)h_b \tag{3.13.1-9}$$

$$b_{cp1}=b_f-3t_{cp} \tag{3.13.1-10}$$

$$b_{cp2}=b_f+3t_{cp} \tag{3.13.1-11}$$

$$t_{cp}\geqslant t_f \tag{3.13.1-12}$$

式中：h_b——钢梁的高度（mm）；

b_f——梁翼缘的宽度（mm）；

t_f——梁翼缘的厚度（mm）；

t_{cp}——楔形盖板的厚度（mm）。

此处在设计时应注意如下几点：

① 图 3.13.1-3 为构造节点的要求，但需要进行角焊缝的计算。

② 梁翼缘下盖板尺寸不能大于柱截面的宽度（可以调整 b_{cp2} 值）。

③ 为了方便设计，上下盖板的宽度可以按翼缘的厚度为参数进行计算。下盖板的厚度可取翼缘的厚度；上翼缘的厚度取值应使其截面面积与下翼缘截面面积相一致。

④ 为方便计算，当采用成品 H 型钢时，梁翼缘盖板的参数值范围（取 5mm 模数）见表 3.13.1-3。

梁翼缘盖板式连接对应成品 H 型钢梁的 t_{cp}、L_{cp}、b_{cp1}、b_{cp2} 值　　表 3.13.1-3

成品 H 型钢	t_{cp}(mm)	L_{cp}(mm)	b_{cp1}(mm)	b_{cp2}(mm)
HW200×200	≥12	100～150	165	240
HW300×300	≥15	150～225	255	345
HW350×350	≥19	175～265	295	410
HW400×400	≥21	200～300	340	465
HM350×250	≥14	175～265	210	295
HM400×300	≥16	200～300	255	350
HM450×300	≥18	225～340	250	355
HM500×300	≥18	250～375	250	355
HM600×300	≥20	300～450	240	360
HN400×200	≥11	200～300	165	235
HN450×200	≥14	225～340	160	245
HN500×200	≥16	250～375	155	250
HN600×200	≥17	300～450	150	255
HN700×300	≥24	350～525	230	375
HN800×300	≥26	400～600	225	380
HN900×300	≥28	450～675	220	385

5. 梁翼缘板式连接

梁翼缘板式连接（图 3.13.1-4）为梁柱节点没有悬臂梁段的连接，现场拼接点位于柱外皮，此处弯矩较大。其优点是柱子的运输方便，且比盖板式连接简单了一些。

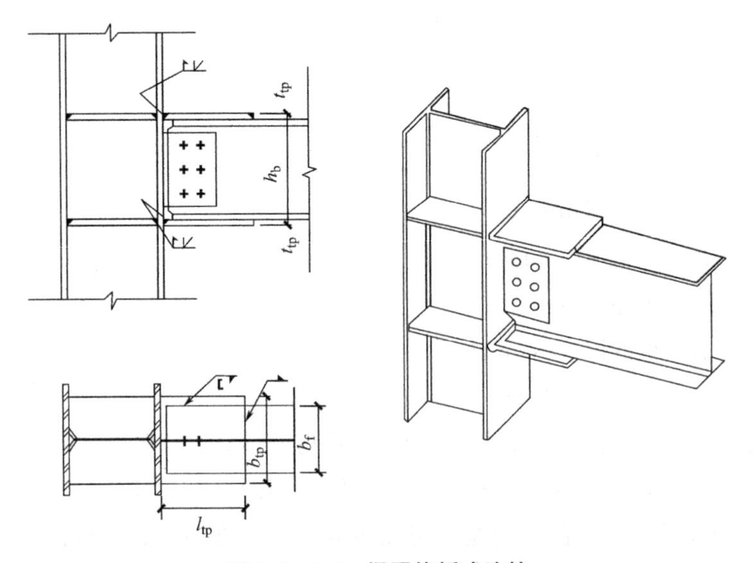

图 3.13.1-4　梁翼缘板式连接

缺点如下：

(1) 传力不直接（不是翼缘直接将力传给柱子，而是通过盖板传给柱子）；

（2）板与翼缘之间的角焊缝需通过计算确定，增加了设计难度；

（3）增加了盖板与翼缘之间角焊缝的现场焊接工作量；

（4）支撑楼板的钢板需要切小口，以避开上盖板，增加了加工工序；

（5）由于上盖板的存在，不适合于预制楼板项目。

图 3.13.1-4 中尺寸应按下列公式确定：

$$l_{tp}=(0.5\sim0.8)h_b \tag{3.13.1-13}$$

$$b_{tp}=b_f+4t_f \tag{3.13.1-14}$$

$$t_{tp}=(1.2\sim1.4)t_f \tag{3.13.1-15}$$

式中：h_b——钢梁的高度（mm）；

b_f——梁翼缘的宽度（mm）；

t_f——梁翼缘的厚度（mm）；

t_{tp}——板的厚度（mm）。

此处在设计时应注意如下几点：

① 图 3.13.1-4 为构造节点的要求，但需要进行角焊缝的计算。

② 梁翼缘上下设置的加强板尺寸不能大于柱截面的宽度（可以调整 b_{tp} 值）。

③ 为了方便设计，上下盖板的宽度可以按翼缘的厚度为参数进行计算。下盖板的厚度可取翼缘的厚度；上盖板的厚度取值应使其截面面积与下盖板截面面积相一致。

④ 为方便计算，当采用成品 H 型钢时，梁翼缘加强板的参数值范围（取 5mm 模数）见表 3.13.1-4。

梁翼缘板式连接对应成品 H 型钢梁的 t_f、l_{tp}、b_{tp}、t_{tp} 值　　表 3.13.1-4

成品 H 型钢	t_f(mm)	l_{tp}(mm)	b_{tp}(mm)	t_{tp}(mm)
HW200×200	12	100～160	250	15～20
HW300×300	15	150～240	360	20～25
HW350×350	19	175～280	430	25～30
HW400×400	21	200～320	485	25～30
HM350×250	14	175～280	310	20～25
HM400×300	16	200～320	365	20～25
HM450×300	18	225～360	375	25～30
HM500×300	18	250～400	375	25～30
HM600×300	20	300～480	380	25～30
HN400×200	11	200～320	245	15～20
HN450×200	14	225～360	260	20～25
HN500×200	16	250～400	265	20～25
HN600×200	17	300～480	270	20～25
HN700×300	24	350～560	400	30～35
HN800×300	26	400～640	405	35～40
HN900×300	28	450～720	415	35～40

6. 梁骨式连接

梁骨式连接（图 3. 13. 1-5）为梁柱节点没有悬臂梁段的连接，现场拼接点位于柱外皮，此处弯矩较大。该节点的特点是只使塑性铰外移，但梁端并未加强。骨式连接不适用于支撑中的横梁，因为该梁不仅承受竖向荷载下的弯矩，更主要的是要承受每层水平地震作用。

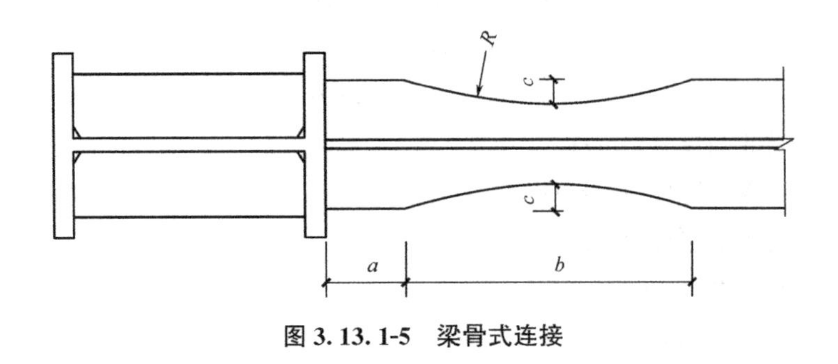

图 3. 13. 1-5 梁骨式连接

图 3. 13. 1-5 中尺寸应按下列公式确定：

$$a=(0.50\sim0.75)b_{\mathrm{f}} \tag{3.13.1-16}$$

$$b=(0.65\sim0.85)h_{\mathrm{b}} \tag{3.13.1-17}$$

$$c=0.25b_{\mathrm{f}} \tag{3.13.1-18}$$

$$R=(4c^{2}+b^{2})/8c \tag{3.13.1-19}$$

式中：b_{f}——梁翼缘的宽度（mm）；

h_{b}——梁的高度（mm）；

R——梁翼缘扩展半径（mm）。

此处在设计时应注意如下两点：

① 图 3. 13. 1-5 为构造节点的要求，不需要进行计算。

② 为方便计算，当采用成品 H 型钢时，梁骨式连接的节点各数值范围（取 5mm 模数）见表 3. 13. 1-5。

对应成品 H 型钢梁的 *a*、*b*、*c*、*R* 值 **表 3. 13. 1-5**

成品 H 型钢	a(mm)	b(mm)	c(mm)	R(mm)
HW200×200	100～150	130～170	50	70～100
HW300×300	150～225	195～255	75	105～150
HW350×350	175～265	230～300	90	120～170
HW400×400	200～300	260～340	100	135～195
HM350×250	125～190	230～300	65	135～210
HM400×300	150～225	260～340	75	150～230
HM450×300	150～225	295～385	75	180～285
HM500×300	150～225	325～425	75	215～340
HM600×300	150～225	390～510	75	295～475

续表

成品H型钢	a(mm)	b(mm)	c(mm)	R(mm)
HN400×200	100～150	260～340	50	195～315
HN450×200	100～150	295～385	50	240～395
HN500×200	100～150	325～425	50	290～480
HN600×200	100～150	390～510	50	405～675
HN700×300	150～225	455～595	75	385～630
HN800×300	150～225	520～680	75	490～810
HN900×300	150～225	585～765	75	61～1013

3.13.2 如何把握关键条

(1) 当采用梁翼缘扩翼式连接时（图3.13.1-1），扩翼部分为框架梁的悬臂梁段（在工厂与钢柱焊在一起），梁端翼缘与钢柱之间采用一级熔透焊。

(2) 当采用梁翼缘局部加宽式连接时（图3.13.1-2），局部加宽板与梁端翼缘之间的焊接采用一级熔透焊，并应在工厂完成。

(3) 当采用梁翼缘盖板式连接时（图3.13.1-3），盖板与梁端翼缘之间的角焊缝需要计算确定，并应考虑上盖板的截面面积与下盖板的截面面积相一致。该节点形式不适用于使用预制板的情况。

(4) 当采用梁翼缘板式连接时（图3.13.1-4），连接板与梁端翼缘之间的角焊缝需要计算确定，连接板与钢柱之间为一级熔透焊缝。该节点形式不适合预制板情况。

(5) 采用骨式连接（图3.13.1-5）只起到了塑性铰外移的作用，梁端并未加强。骨式连接不适用支撑中的横梁，因为该梁不仅承受竖向荷载下的弯矩，更主要的是要承受每层的水平地震力。

(6) 在所有梁柱刚接节点中，应在梁翼缘的对应位置设置柱内水平加劲肋（隔板）。水平加劲肋（隔板）厚度不得小于梁翼缘厚度加2mm，其钢材强度不得低于梁翼缘的钢材强度。

(7) 梁翼缘加强型节点的设计原理是，考虑塑性铰并不发生在梁柱轴线交点处，而是向外偏移，所以需要通过在梁上下翼缘局部焊接钢板或加大截面，达到提高节点延性的效果，从而在罕遇地震作用下获得使远离梁柱节点处梁截面塑性发展的设计目标，即塑性铰发生的位置不要离柱子边缘太近。

3.14 高层钢结构地震反应观测系统

3.14.1 关键性条文规定

1. 关键条

《抗标》第3.11.1条规定：

抗震设防烈度为7、8、9度时，高度分别超过160m、120m、80m的大型公共建筑，应按规定设置建筑结构的地震反应观测系统，建筑设计应留有观测仪器和线路的位置。

2. 地震反应观测的必要性

2001版的《建筑抗震设计规范》就提出了在建筑物内设置建筑物地震反应观测系统的要求。建筑物地震反应观测是发展我国地震工程和工程抗震科学的必要手段，随着我国国力的提高和基建工程的发展，在2016版《建筑抗震设计规范》中延续了对设置建筑物地震反应观测系统的相关规定。

3. 观测系统适用的高层钢结构体系

标准设防类高层民用建筑钢结构适用的最大高度规定见表3.14.1-1。

高层民用建筑钢结构适用的最大高度（m） 表3.14.1-1

结构体系	7度		8度		9度
	(0.10g)	(0.15g)	(0.20g)	(0.30g)	(0.40g)
框架	110	90	90	70	50
框架-中心支撑	220	200	180	150	120
框架-偏心支撑 框架-屈曲约束支撑 框架-延性墙板	240	220	200	180	160
筒体(框筒，筒中筒，桁架筒，束筒) 巨型框架	300	280	260	240	180

从表3.14.1-1可以看出，除了框架结构外，观测系统适用于其他所有的高层民用建筑钢结构体系。

4. 观测的主要参数

结构抗震计算简化为线性力学模型时，结构动力特性主要有以下4项内容：

（1）振型；

（2）振型质量；

（3）自振频率；

（4）振型阻尼。

5. 观测点的布置

1）总体布置原则

（1）根据设计人员要求的振型数量布置观测点，考虑的振型越多，需要的观测点就越多。

（2）在振型的最大振幅处（楼层）布置竖向观测点，最大振幅位置可从计算模型中调出振型曲线进行确定。

（3）考虑结构耦联振动效应，布置楼层水平观测点。

2）观测点竖向布置

振型数量越多，模拟的地震作用就越精准。楼层越多，需要的振型数量也就越多，所需的观测点也就越多。但考虑到经济性因素，需求的振型也不能太多。在工程设计中，考虑 15 个振型一般是够用的。各种振型曲线可以在抗震计算中获得。图 3.14.1-1 是 15 个振型中的前 6 个振型，根据每种振型布置竖向观测点如下：

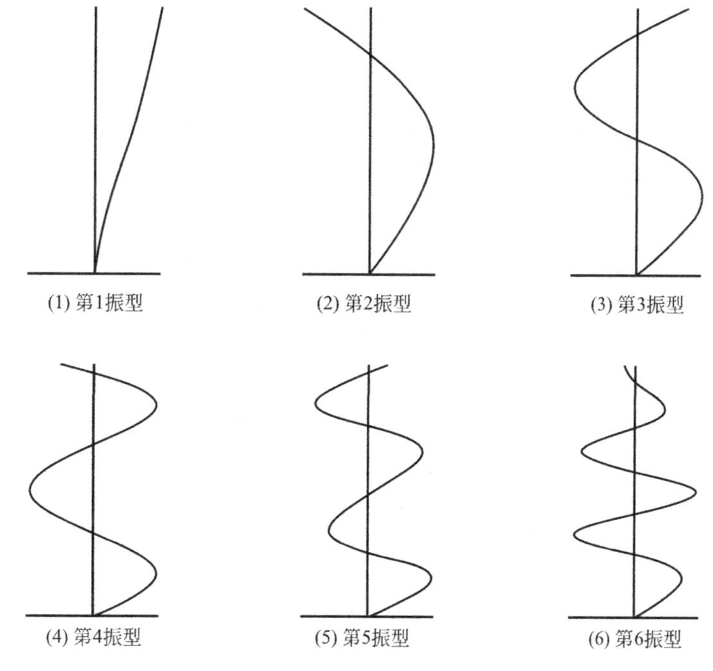

图 3.14.1-1　振型曲线

（1）第 1 振型的最大振幅在顶点，需要在一层（嵌固层）和顶层布置观测点；

（2）第 2 振型的最大振幅在楼高的中部，需要在一层（嵌固层）、中部所对应的楼层和顶层布置观测点（各种振型下都需要在顶层布置观测点）；

（3）第 3 振型需要在 4 个楼层布置观测点：一层、顶层及楼高的 3 等分处所对应的楼层；

（4）第 4 振型需要在 5 个楼层布置观测点：一层、顶层及楼高的 4 等分处所对应的楼层；

（5）第 5 振型需要在 6 个楼层布置观测点：一层、顶层及楼高的 5 等分处所对应的楼层；

（6）第 6 振型需要在 7 个楼层布置观测点：一层、顶层及楼高的 6 等分处所对应的楼层。

图 3.14.1-2 是 31 层的高层钢结构按 15 个振型布置的观测点竖向布置示意图，其中地下室基础底板上也布置了观测点，所以，共有 17 个楼层布置了观测点。图中符号“▲”代表观测点。

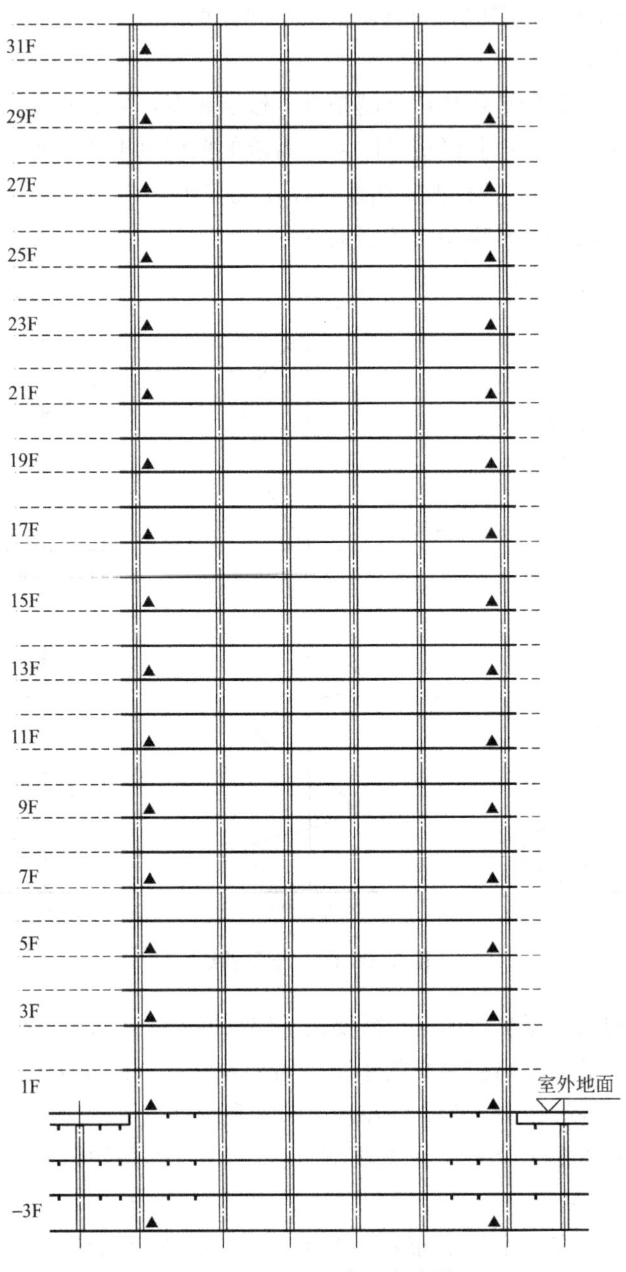

图 3.14.1-2 观测点竖向布置图

3）观测点水平布置

地震作用下建筑物的水平运动可分解成沿两个主轴方向的运动和一个扭转运动，但在多数情形下，水平运动是耦联在一起的，对于平面不规则的结构，其耦联振动现象就更显著。所以，考虑结构耦联振动效应，在平面布置观测点时应在观测点所在楼层的两个主轴方向至少各布置一对观测点，否则就不能反映建筑物的完整振动特性。图 3.14.1-3 是观测点水平布置的例子。图中符号“▲”代表观测点。

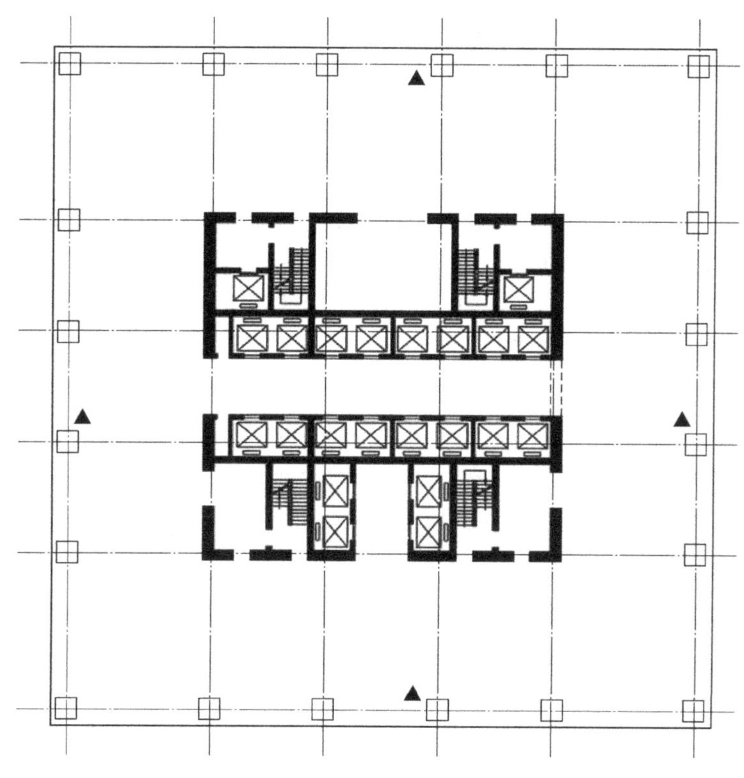

图 3.14.1-3　观测点水平布置图

3.14.2　如何把握关键条

（1）在实际工程中，很少有对地震反应观测系统进行设计的，原因是需要有具有相应资质的第三方配合方案设计，需要提供设备的第四方配合施工图设计，需要业主出资金，需要建筑师确定观测点及划出专门设备间，还需要与当地强震观测中心的控制中心实行远程控制和数据传输。

（2）本节的目的是，一旦有业主提出设置地震反应观测系统的需求时，提供一个基本思路。

3.15 框架梁隅撑的规定

3.15.1 关键性条文规定

1. 关键条

《钢标》第 6.2.6 条，对框架梁隅撑的规定如下：

用作减小梁受压翼缘自由长度的侧向支撑，其支撑力应将梁的受压翼缘视为轴心压杆计算。

2. 框架梁隅撑的轴力计算

根据《钢标》第 6.2.6 条的条文说明，设置在受压翼缘的隅撑的设计可以参照《钢标》第 7.5.1 条中对用于减小压杆计算长度的侧向支撑的规定。

当支撑杆位于柱端 αl 处（$0<\alpha<1$，l 为框架梁的跨度），且隅撑杆与被撑框架梁夹角为 θ 时，其支撑力为：

$$F=\frac{N}{240\alpha(1-\alpha)\sin\theta} \tag{3.15.1-1}$$

式中：α——支撑点至柱中心线的距离与框架梁的跨度的比值；

θ——隅撑与被撑框架梁之间的夹角（°）；

N——梁受压翼缘的轴向压力（N）。

夹角为直角时，隅撑变为被撑杆件外侧的垂直撑杆，与《钢标》第 7.5.1 条的压杆侧向支撑相一致。

隅撑的轴力应按框架梁无偏心支撑和有偏心支撑两种情况分别计算。计算简图见图 3.15.1-1。

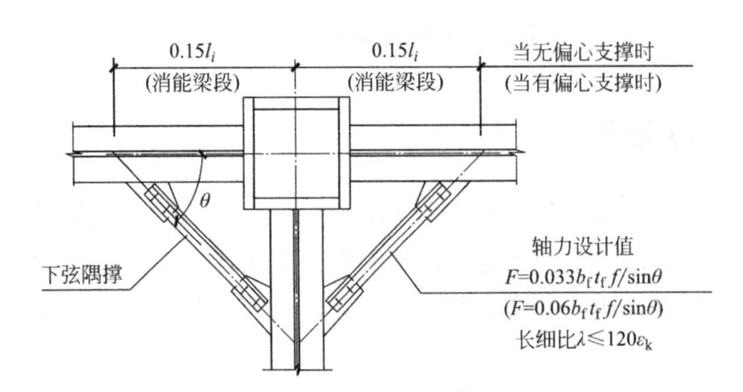

图 3.15.1-1 下弦隅撑的计算简图

1）框架梁无偏心支撑

设计中，一般取 $\alpha=0.15$，由于撑杆受到的轴力很小，为计算简单，且偏于安全，受撑下翼缘按满应力计算，即：

$$N=b_{\mathrm{f}}t_{\mathrm{f}}f \tag{3.15.1-2}$$

（1）当被撑钢梁仅一侧有隅撑时，将 $\alpha=0.15$ 和 N 值带入式（3.15.1-1），得到隅撑杆件的轴向压力为：

$$F_1=\frac{0.033b_{\mathrm{f}}t_{\mathrm{f}}f}{\sin\theta} \tag{3.15.1-3}$$

（2）当被撑钢梁两侧均有隅撑时，隅撑的轴力取半：

$$F_2=\frac{0.016b_{\mathrm{f}}t_{\mathrm{f}}f}{\sin\theta} \tag{3.15.1-4}$$

式中：b_{f}——梁翼缘的宽度（mm）；

t_{f}——梁翼缘的厚度（mm）；

f——钢材的抗压强度设计值（$\mathrm{N/mm^2}$）。

（3）当被撑钢梁无偏心支撑，采用成品 H 型钢，钢号为 Q355，隅撑与被撑钢梁的夹角为45°时，隅撑的轴力见表3.15.1-1。

被撑钢梁无偏心支撑时的隅撑轴力　　表3.15.1-1

成品 H 型钢（被撑钢梁）	翼缘宽度 b_{f}（mm）	翼缘厚度 t_{f}（mm）	隅撑轴力(kN)	
			一侧有隅撑 F_1	两侧有隅撑 F_2
HW200×200	200	12	34.2	17.1
HW300×300	300	15	64.1	32.0
HW350×350	350	19	91.6	45.8
HW400×400	400	21	115.7	57.8
HM350×250	250	14	49.8	24.9
HM400×300	300	16	68.3	34.2
HM450×300	300	18	74.4	37.2
HM500×300	300	18	74.4	37.2
HM600×300	300	20	82.6	41.3
HN400×200	200	13	37.0	18.5
HN450×200	200	14	39.9	19.9
HN500×200	200	16	45.6	22.8
HN600×200	200	17	46.8	23.4
HN700×300	300	24	99.1	49.6
HN800×300	300	26	107.4	53.7
HN900×300	300	28	115.7	57.8

2）框架梁有偏心支撑

框架梁有偏心支撑时，隅撑的支撑点位于消能梁段与非消能梁段的分界处，该位置到柱轴线的距离一般比框架梁无偏心支撑时的距离（αl）要远一些，N 值也会更大。同时还要考虑消能梁段是以耗能为目的，大震作用下会遭到破坏，所以支撑杆件最大轴力要比钢梁无支撑时隅撑的轴力要大很多。

(1) 当被撑钢梁仅一侧有隅撑时，隅撑杆件的轴向压力计算公式为：

$$F_1=\frac{0.06b_f t_f f}{\sin\theta} \tag{3.15.1-5}$$

(2) 当被撑钢梁两侧均有隅撑时，隅撑的轴力取半：

$$F_2=\frac{0.03b_f t_f f}{\sin\theta} \tag{3.15.1-6}$$

(3) 当被撑钢梁有偏心支撑，采用成品 H 型钢，钢号为 Q355，隅撑与被撑钢梁的夹角为 45°时，隅撑的轴力见表 3.15.1-2。

被撑钢梁有偏心支撑时的隅撑轴力　　表 3.15.1-2

成品 H 型钢（被撑钢梁）	翼缘宽度 b_f（mm）	翼缘厚度 t_f（mm）	隅撑轴力(kN)	
			一侧有隅撑 F_1	两侧有隅撑 F_2
HW200×200	200	12	62.1	31.1
HW300×300	300	15	116.5	58.2
HW350×350	350	19	166.5	83.2
HW400×400	400	21	210.3	105.1
HM350×250	250	14	90.6	45.3
HM400×300	300	16	124.2	62.1
HM450×300	300	18	135.2	67.6
HM500×300	300	18	135.2	67.6
HM600×300	300	20	150.2	75.1
HN400×200	200	13	67.3	33.6
HN450×200	200	14	72.5	36.2
HN500×200	200	16	82.8	41.4
HN600×200	200	17	85.1	42.6
HN700×300	300	24	180.3	90.1
HN800×300	300	26	195.3	97.6
HN900×300	300	28	210.3	105.1

3. 隅撑的整体稳定承载力计算

隅撑的稳定性按轴心受压构件计算，应符合下式要求：

$$\frac{F}{\varphi A}\leqslant 1.0 \tag{3.15.1-7}$$

式中：F——隅撑轴力（kN）；

A——隅撑截面面积（mm^2）；

φ——轴心受压构件的稳定系数（由于隅撑大多采用角钢型材，所以，应按角钢最小回转半径所对应的计算长度获得稳定系数）。

采用普通螺栓将隅撑与节点板单面连接时，螺栓应按计算数目增加 10%。

3.15.2　如何把握关键条

（1）应按计算结果设计隅撑，不能按构造或凭经验设计隅撑。

（2）隅撑最大轴力可参考表 3.15.1-1 和表 3.15.1-2。

（3）隅撑一般采用角钢。

3.16 大跨度轻型屋面考虑脉动风荷载的阻尼比取值

3.16.1 关键性条文规定

1. 考虑脉动风荷载

《荷载规范》第 8.4.2 条，对大跨度轻型屋面风荷载规定如下：

对于风敏感的或跨度大于 36m 的柔性屋盖结构，应考虑风压脉动对结构产生风振的影响。屋盖结构的风振响应，宜依据风洞试验结果按随机振动理论计算确定。

其中，对于风敏感的柔性屋盖结构是指质量轻、刚度小的索膜结构。

2. 阻尼比取值

（1）结构的顺风向风荷载可按《荷载规范》计算：

$$w_k = \beta_z \mu_s \mu_z w_0 \tag{3.16.1-1}$$

式中：w_k——风荷载标准值（kN/m^2）；

β_z——高度 z 处的风振系数；

μ_s——风荷载体型系数；

μ_z——风压高度变化系数；

w_0——基本风压（kN/m^2）。

（2）计算顺风向风荷载时，高度 z 处的风振系数 β_z 可按下式计算：

$$\beta_z = 1 + 2gI_{10}B_z\sqrt{1+R^2} \tag{3.16.1-2}$$

式中：g——峰值因子，可取 2.5；

I_{10}——10m 高度名义湍流强度，对 A 类、B 类、C 类和 D 类地面粗糙度，可分别取 0.12、0.14、0.23 和 0.39；

R——脉动风荷载的共振分量因子；

B_z——脉动风荷载的背景分量因子。

（3）脉动风荷载的共振分量因子可按下式计算：

$$R = \sqrt{\frac{\pi}{6\zeta_1}\frac{x_1^2}{(1+x_1^2)^{4/3}}} \tag{3.16.1-3}$$

$$x_1 = \frac{30f_1}{\sqrt{k_w w_0}},\quad x_1 > 5 \tag{3.16.1-4}$$

式中：f_1——结构第 1 阶自振频率（Hz）；

k_w——地面粗糙度修正系数，对 A 类、B 类、C 类和 D 类地面粗糙度，可分别取 1.28、1.0、0.54 和 0.26；

ζ_1——结构阻尼比，对大跨度轻型屋面钢结构可取 0.01。

简记：阻尼比 0.01。

3. 关于风振

《建筑结构荷载规范》GB 50009—2012 提出了屋盖结构的风振问题，之前的相关规范中没有提及过。

屋盖结构不宜采用与高层建筑和高耸结构相同的顺风向风振系数计算方法。这是因为，高层及高耸结构的顺风向风振系数方法是直接采用风速谱估算风压谱（准定常方法），然后计算结构的顺风向振动响应。这种方法对于高层结构是合适的，但屋盖结构的脉动风压除了和风速脉动有关，还和流动分离、再附、旋涡脱落等复杂流动现象有关，所以风压谱不能直接简单用风速谱来计算。此外，屋盖结构多阶模态及模态耦合效应比较明显，难以简单采用风振系数方法。

3.16.2　如何把握关键条

（1）跨度大于 36m 的轻型屋面钢结构及索膜结构应考虑风振影响，其结构阻尼比取 0.01。

（2）大悬挑轻屋面钢结构（如体育场悬挑雨棚），采用准定常方法有时可能不适用。建议悬挑长度大于 18m 的轻屋面钢结构也要考虑风振影响，其结构阻尼比取 0.01。

（3）屋顶大跨度钢结构都是依附在主体结构之上的。进行主体结构整体分析时，阻尼比按相关规定取值，其计算结果应与屋顶大跨度钢结构风振计算结果进行包络设计。

3.17 钢管焊接连接节点

3.17.1 关键性条文规定

1. 拉杆和压杆的焊接次序

在桁架、拱架、塔架和网架等钢管结构中，多根支管与主管相贯的节点是最广泛的相贯节点，当两个支管的直径较大，或接近主管的直径时，两个支管之间也存在着相贯连接的主、次问题，进而存在焊接次序问题。从焊缝的重要性来讲，受拉支管的焊缝质量更重要，所以应该置于上方，便于全焊缝的检测。焊接次序是先焊接受压支管，后焊接受拉支管，见图 3.17.1-1。

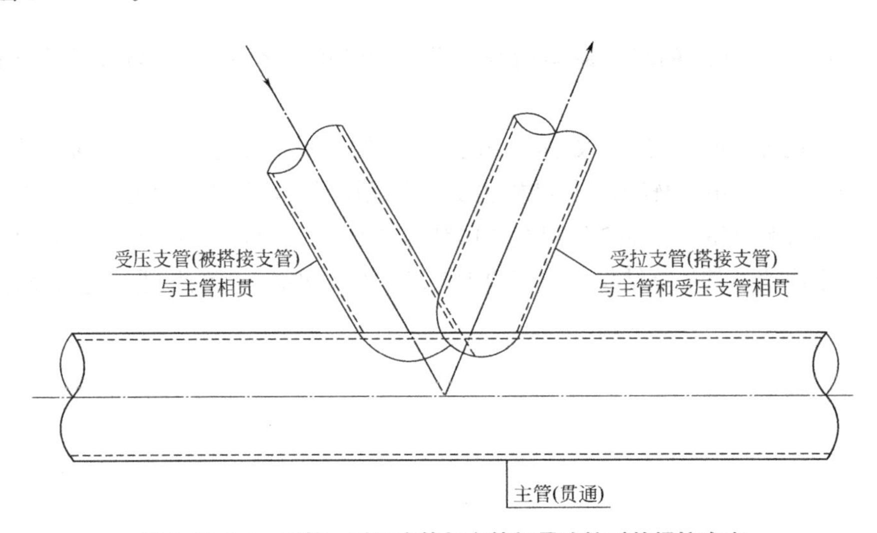

图 3.17.1-1 受拉、受压支管与主管相贯连接时的焊接次序

《钢标》第 13.2.2 条第 2 款中规定：承受轴心压力的支管宜在下方。

简记：后焊拉杆。

在工程设计中，应将支管的受力属性标记在图纸中，受拉支管用“+”号表示，受压支管用“—”号表示，如图 3.17.1-2 所示。

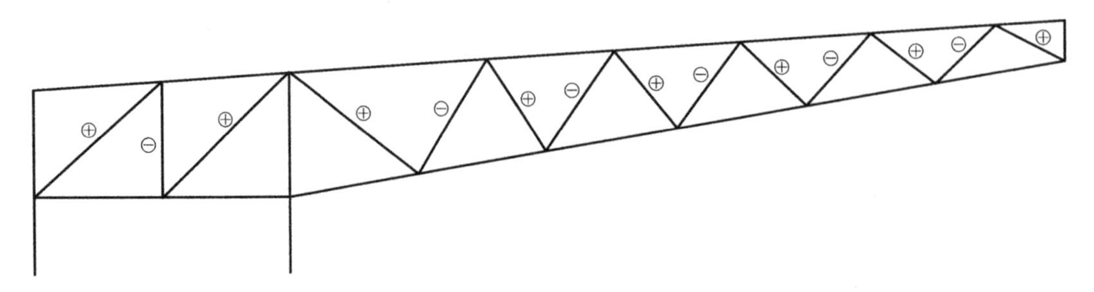

图 3.17.1-2 支管受拉、受压示意图

2. 较大直径支管与较小直径支管的焊接次序

《钢标》第13.2.2条第2款中规定：外部尺寸较小者应搭接在尺寸较大者上。

从焊接次序来讲，就是先焊接直径较大的支管，后焊接直径较小的支管，见图3.17.1-3。

简记：后焊小管。

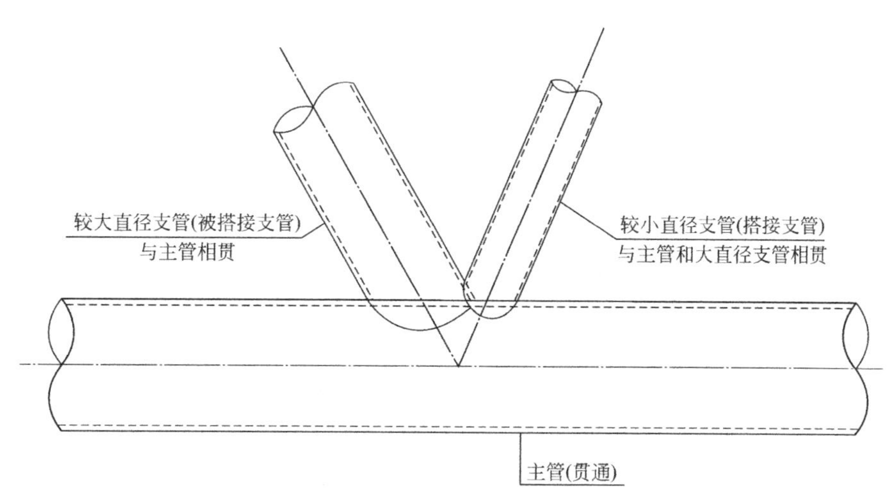

图3.17.1-3 大、小直径支管与主管相贯连接时的焊接次序

3. 较大壁厚支管与较小壁厚支管的焊接次序

《钢标》第13.2.2条第2款中规定：当支管壁厚不同时，较小壁厚者应搭接在较大壁厚者上。

从焊接次序来讲，就是先焊接较大壁厚的支管，后焊接较小壁厚的支管，见图3.17.1-4。

简记：后焊薄管。

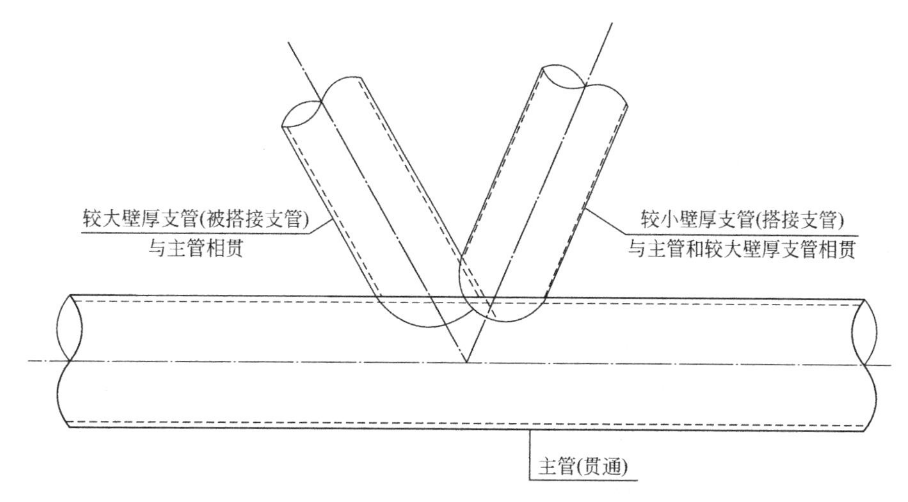

图3.17.1-4 大、小壁厚支管与主管相贯连接时的焊接次序

4. 偏心和间隙的要求

对于有偏心和间隙的情况（图 3.17.1-5），例如采用无加劲肋直接焊接的钢管桁架，当节点偏心不超过式（3.17.1-1）限制时，在计算节点时，对于受拉主管，可忽略因偏心引起的弯矩的影响，但受压主管应考虑按式（3.17.1-2）计算的偏心弯矩影响。

$$-0.55 \leqslant e/D(\text{或}\ e/h) \tag{3.17.1-1}$$

$$M = \Delta N \cdot e \tag{3.17.1-2}$$

式中：e——偏心距（mm），其规定见图 3.17.1-5；

D——圆管主管外径（mm）；

h——连接平面内的方（矩）形管主管截面高度（mm）；

ΔN——节点两侧主管轴力之差值。

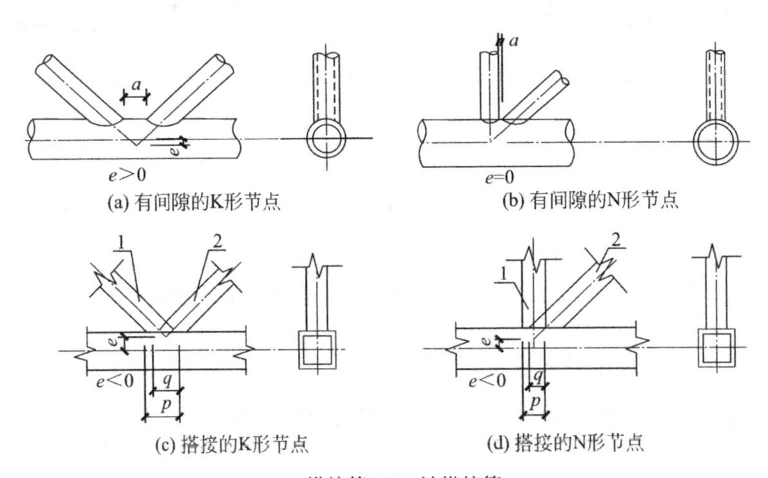

1—搭接管；2—被搭接管

图 3.17.1-5　K 形和 N 形钢管节点的偏心和间隙

5. 节点加强方法

无加劲的直接焊接节点不能满足承载能力要求时，需要对节点区域的主管进行加强。对暴露式钢管结构，从建筑专业对美观的要求来讲，希望主管外径一致，这种情况下宜采用加大节点处主管壁厚或在主管内设置加劲板来达到加强的目的。对不要求美观的钢管节点，可采用在主管表面添加半圆板包覆主管。

1）加大节点处主管壁厚的构造

在节点区域加大主管壁厚，简单易行，见图 3.17.1-6。

2）设置横向加劲肋的构造

一般情况下，支管以承受轴向力为主，可在主管内设置 1 道或者 2 道加劲板作为节点加强，如图 3.17.1-7（a）和图 3.17.1-7（b）所示。当节点需满足抗弯连接要求时，应设置 2 道加劲肋。加劲板中面宜垂直于主管轴线。当主管为圆管，设置 1 道加劲板时，加劲板宜设置在支管与主管相贯面的鞍点处；设置 2 道加劲板时，加劲板宜设置在距相贯面冠点 $0.1D_1$ 位置附近［图 3.17.1-7（b）］，D_1 为支管外径。当主管直径较小，加劲板的焊

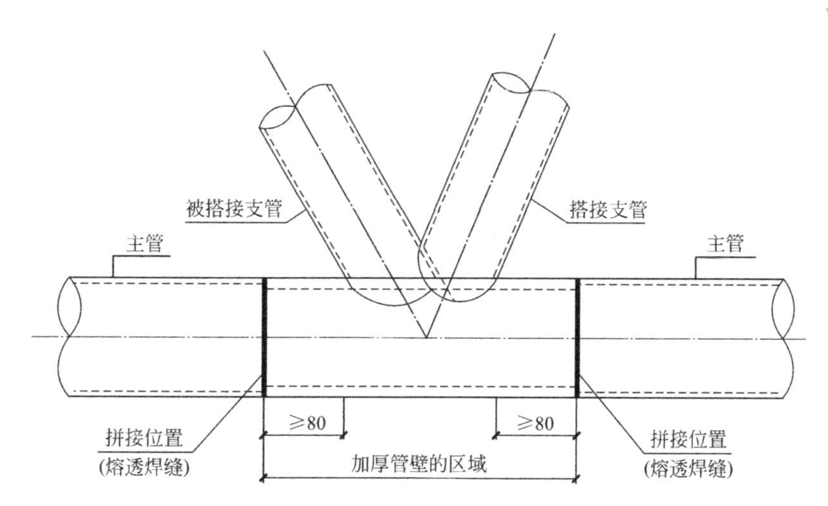

图 3.17.1-6 加大节点处主管壁厚的构造

接必须断开主管钢管时，主管的拼接焊缝宜设置在距支管相贯焊缝最外侧冠点 80mm 以外处［图 3.17.1-7（c）］。

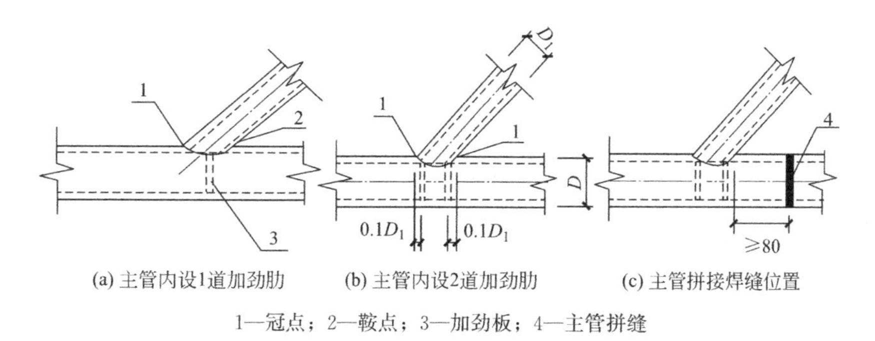

1—冠点；2—鞍点；3—加劲板；4—主管拼缝

图 3.17.1-7 支管为圆管时横向加劲板的位置

加劲板厚度不得小于支管壁厚，也不宜小于主管壁厚的 2/3 和主管内径的 1/40。加劲板中央开孔时，环板宽度与板厚的比值不宜大于 $15\varepsilon_k$。

加劲板宜采用部分熔透焊缝焊接，主管为方管的加劲板靠支管一边与两侧边宜采用部分熔透焊接，与支管连接反向一边可不焊接。

主管为方管时，加劲肋宜设置 2 块，如图 3.17.1-8 所示。

3）主管表面贴加强板的构造

主管为圆管时，其外表面贴加强板的加劲方式见图 3.17.1-9。布置位置沿长度方向两侧均应超过支管最外侧焊缝 50mm 以上，但不宜超过支管直径的 2/3，加强板厚度不宜小于 4mm。

该种加强方式适用于支管与主管的直径比 β 不超过 0.7 时，此时主管管壁塑性可能成为控制模式。

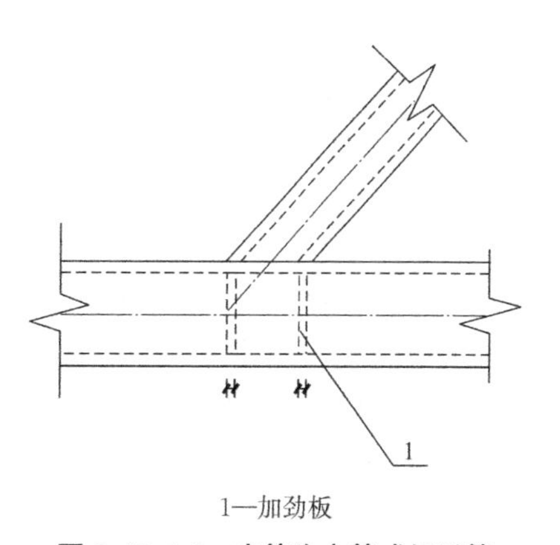

1—加劲板

图 3.17.1-8 支管为方管或矩形管时加劲板的位置

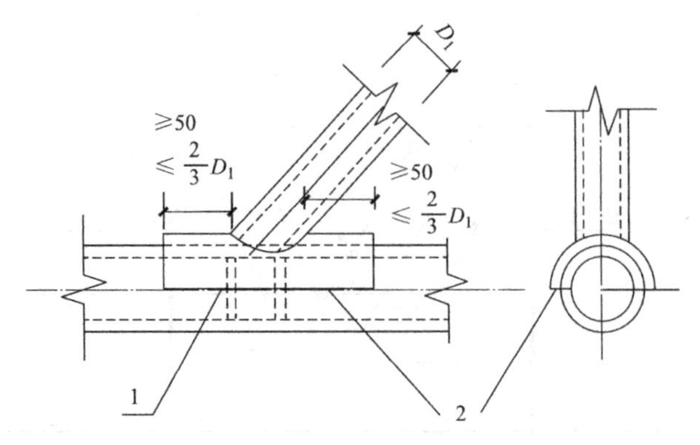

1—四周围焊；2—加强板

图 3.17.1-9 圆形主管外表面贴加强板的加劲方式

主管为方（矩）形时，其外表面贴加强板的加劲方式见图 3.17.1-10。加强板长度的计算见《钢标》第 13.2.4 条第 2 款的规定。

加强板宽度 b_p 宜接近主管宽度，并预留适当的焊缝位置，加强板厚度不宜小于支管最大厚度的 2 倍。

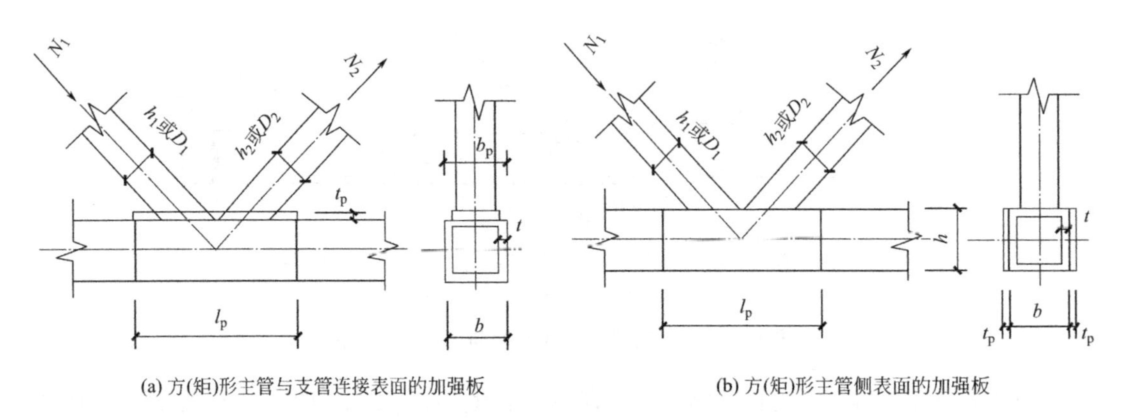

(a) 方(矩)形主管与支管连接表面的加强板　　(b) 方(矩)形主管侧表面的加强板

图 3.17.1-10 方（矩）形主管外表面贴加强板的加劲方式

加强板与主管应采用四周围焊。K、N 形节点焊缝有效高度不应小于腹杆壁厚。焊接前宜在加强板上先钻一个排气小孔，焊后应用塞焊将孔封闭。

6. 主管变直径的构造

桁架弦杆或塔架主杆一般都需要变换直径，变截面处需要一个转换接头连接不同直径的主管，其构造如图 3.17.1-11 所示。

转换接头在工厂加工制作，与主管的拼缝焊接可以在工厂进行，也可以在现场进行。拼缝采用一级熔透焊缝。

转换接头弯折处设置加劲板，其厚度的确定参见主管横向加劲板。

7. 钢管直接焊接节点的构造要求

（1）主管的外部尺寸不应小于支管的外部尺寸，主管的壁厚不应小于支管的壁厚，在支管与主管的连接处不得将支管插入主管内。

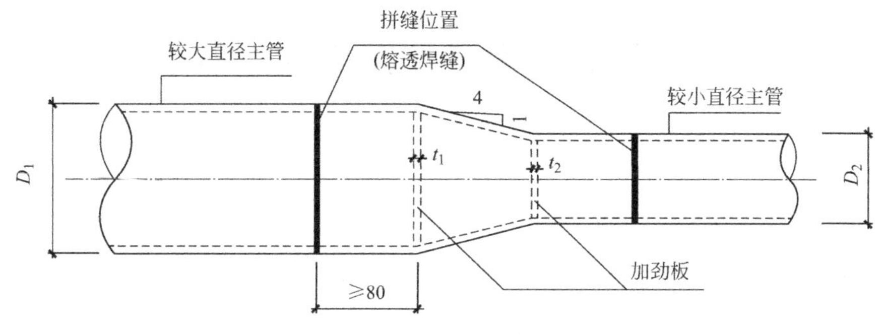

图 3.17.1-11　主管变直径的构造

（2）主管与支管或支管轴线间的夹角不宜小于 30°。

（3）支管端部应使用自动切管机切割，支管壁厚小于 6mm 时可不切坡口。

3.17.2　如何把握关键条

（1）当两根支管的直径和壁厚均相同时，或壁厚相同而外径相差在 5%范围内时，应采用图 3.17.1-1 的连接方式，即后焊拉杆。

（2）当两根支管的外径相差大于 5%时，应采用图 3.17.1-3 的连接方式，即后焊小管。

（3）当两根支管的壁厚不同时，应采用图 3.17.1-4 的连接方式，即后焊薄管。

（4）当无加劲的直接焊接节点不能满足承载能力要求时，应根据不同情况在节点处对主管采取加强措施，见图 3.17.1-6～图 3.17.1-10。

（5）支管端部采用精密机床进行自动切割，主要是保证装配焊缝质量。

3.18 节点连接中焊接与栓接的规则

3.18.1 关键性条文规定

1. 三种连接方式的规定

《钢标》第 11.1.2 条，对焊接连接、普通螺栓连接及高强度螺栓连接规定如下：

同一连接部位中不得采用普通螺栓或承压型高强度螺栓与焊接共用的连接；在改、扩建工程中作为加固补强措施，可采用摩擦型高强度螺栓与焊接承受同一作用力的栓焊并用连接，其计算与构造宜符合行业标准《钢结构高强度螺栓连接技术规程》JGJ 82—2011 第 5.5 节的规定。

简记：栓、焊规则。

2. 三种连接方式的特点

1）焊接连接的特点

优点：

(1) 刚度大，连接的密封性好。

(2) 不需要在构件上打孔，既省工，又不使构件的净截面受到削弱。

(3) 构件之间可以直接焊接，不增加辅助零件，构造简单。

(4) 造价低。

缺点：

(1) 由于施焊过程中的热循环作用，焊缝附近的热影响区内的金相组织、机械性能都起了变化，材质有些变脆。

(2) 焊接结构不可避免地要产生焊接残余应力和残余变形，焊接残余应力可能成为焊接结构破坏的直接或间接原因。

(3) 焊接结构刚性大是一个优点，但同时也带来一些缺点，使局部的一些裂纹一旦发生便有可能扩展到整体。

(4) 对疲劳敏感。

(5) 安装精度较低。

2）普通螺栓连接

优点：

(1) 现场施工安装方便（拧拧螺栓即可）。

(2) C 级普通螺栓的孔径较螺栓的公称直径大 1.0～0.5mm，容易控制安装精度。

(3) 适合临时固定构件用的安装连接，例如钢柱工地拼接时用在安装耳板上的普通螺栓，如图 3.18.1-1（a）所示，和钢梁工地拼接时用在临时拼接板上的普通螺栓，如图 3.18.1-1（b）所示。

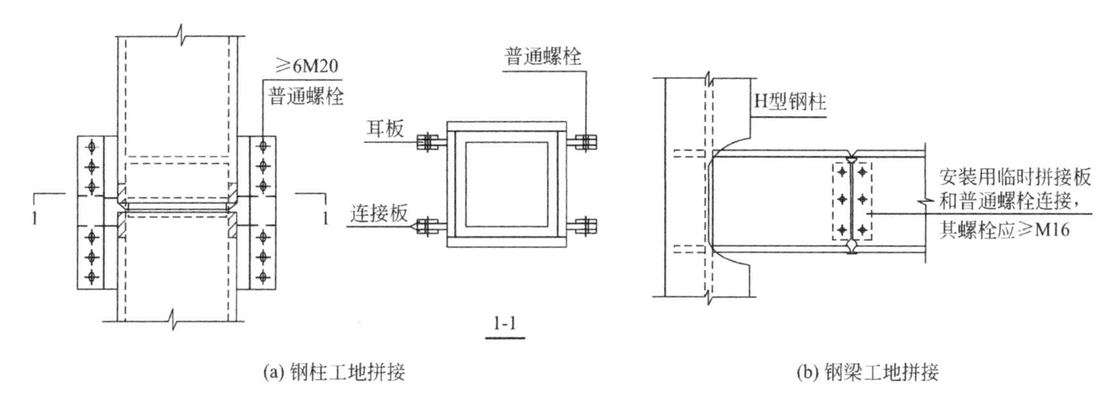

(a) 钢柱工地拼接　　(b) 钢梁工地拼接

图 3.18.1-1　临时固定构件用的安装连接

（4）制造费用比高强度螺栓低。

缺点：

（1）由于普通螺栓在受力状态下容易产生较大的变形，所以刚度较小。

（2）C级普通螺栓适用于沿杆轴方向受拉的连接。由于其抗剪能力差，仅适用于承受静力荷载的次要结构的抗剪连接。

3）高强度螺栓连接

优点：

（1）摩擦型高强度螺栓：

a. 连接紧密，刚度大（但比焊接连接的刚度略小些）。

b. 传力均匀，耐疲劳，适合于承受直接动力荷载的结构。

c. 凡不宜采用焊接连接的结构，均可用高强度螺栓代替。

d. 安装简单迅速。

e. 便于检测、养护和加固。

（2）承压型高强度螺栓：

a. 连接紧密，承载能力较摩擦型高，但刚度小。

b. 螺栓达到最大承载力时，连接产生微量滑移，适用于承受间接动力荷载的结构，不用于承受直接动力荷载的结构。

c. 安装简单迅速。

d. 便于检测、养护和加固。

缺点：

造价比焊接连接和普通螺栓高。

3. 普通螺栓连接与焊接连接的互斥性

由于普通螺栓在受力状态下容易产生较大的变形，所以刚度小，而焊接连接刚度大，两者难以协同工作。按照受力同步性要求，在同一连接接头中不得考虑普通螺栓连接和焊接连接共同工作受力。不正确的连接接头如图3.18.1-2所示，图中马道吊杆与节点板之间既有普通螺栓连接，又有焊接连接。

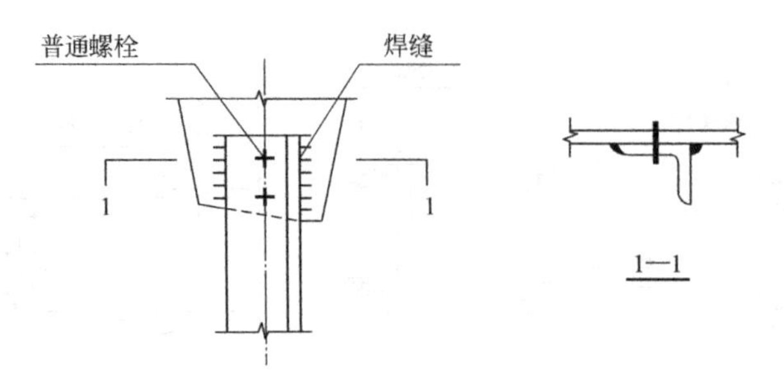

图 3.18.1-2　不正确的普通螺栓连接和焊接连接的组合

4. 承压型高强度螺栓连接与焊接连接的互斥性

承压型高强度螺栓连接的受力形态是以螺栓杆被剪断或被孔壁挤压破坏为承载能力的极限状态，可能的破坏形式和普通螺栓相同，所以刚度小，而焊接连接刚度大，两者难以协同工作。按照受力同步性要求，在同一连接接头中不得考虑承压型高强度螺栓连接和焊接连接共同工作受力。不正确的连接接头如图 3.18.1-3 所示，图中节点既有承压型高强度螺栓连接，又有焊接连接。

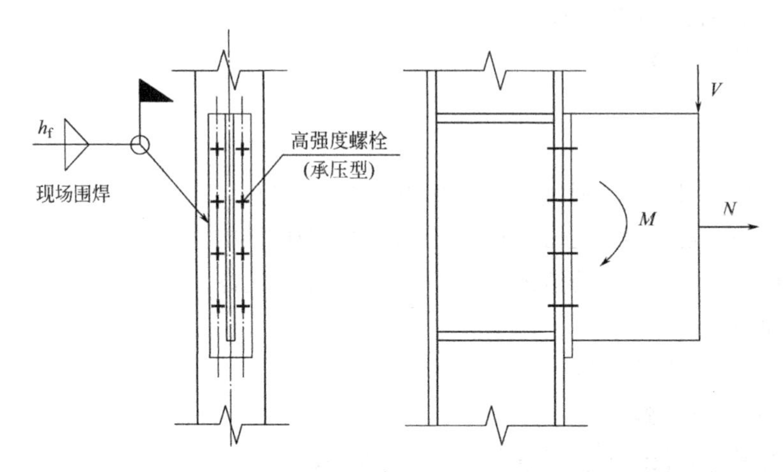

图 3.18.1-3　不正确的承压型高强度螺栓连接和焊接连接的组合

5. 摩擦型高强度螺栓连接与焊接连接的可兼容性

摩擦型高强度螺栓连接的特点是，拧紧后的高强度螺栓只承受预拉力，并不受压，也不受剪，只是将螺杆的拉力转换成了板件之间的摩擦阻力，所以刚度大，可考虑与焊缝同时工作。

1）同一板件

同一板件采用摩擦型高强度螺栓连接和焊接连接的组合形式仅限于钢结构加固补强，此时应注意以下 2 点：

（1）焊缝的破坏强度应高于高强度螺栓连接的抗滑移极限强度，其比值宜控制在 1～3 之间。

（2）不能用于需要验算疲劳的连接中。

图 3.18.1-4（a）为中心支撑的一个连接节点加固补强示意图。有时设计人员依赖惯性思维，将纯框架结构中框架梁的工地安装节点不假思索地用到了中心支撑节点中，殊不知框架梁的腹板是按抗剪进行设计的，所以只有一排摩擦型高强度螺栓，而中心支撑中的横梁（兼框架梁）除了承受由楼板传来的剪力外，更主要的是承受框架传给中心支撑的水平地震作用，即横梁以承受轴力为主，所以一排螺栓是不够的，至少需要两排及以上的螺栓。竣工后发现此问题时，只能采用增设焊缝的加固补强措施进行弥补。

此种加固补强方法属于先栓后焊的方法。由于在焊接过程中，腹板被高温加热，影响了腹板上的摩擦型高强度螺栓的承载性能，此时高强度螺栓的强度应考虑焊接影响，作一定的折减（0.9 左右）。后焊的焊缝形式应为贴脚焊缝。

图 3.18.1-4（b）为桁架某杆件连接节点的加固补强示意图。由于荷载变化，某些构件的承载力还能满足要求，但接头处的焊缝不能满足要求时，可采用增设摩擦型高强度螺栓的加固补强措施进行弥补。

此种加固补强方法属于先焊后栓的方法。由于原先在焊接过程中，板层间未做摩擦面处理，且焊接时夹得不紧，摩擦系数取下限值（Q235 取 0.3；Q355 或 Q390 取 0.35），且宜采用大直径螺栓。

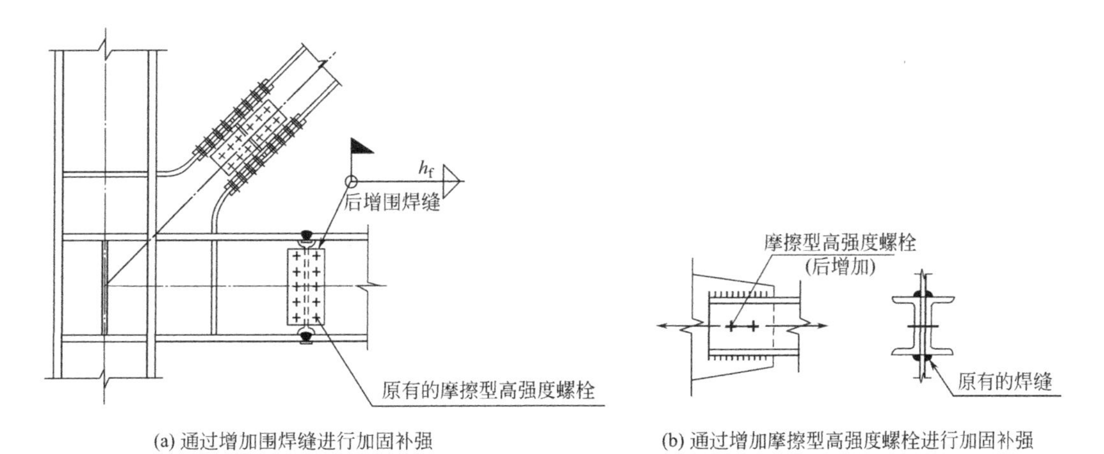

(a) 通过增加围焊缝进行加固补强　　(b) 通过增加摩擦型高强度螺栓进行加固补强

图 3.18.1-4　钢结构节点加固补强

2）同一构件不同板件

同一构件不同板件可以各自采用摩擦型高强度螺栓连接和焊接连接的不同形式。图 3.18.1-5 为框架梁的工地接头连接节点，腹板采用了摩擦型高强度螺栓连接，翼缘采用了熔透焊接的连接。腹板连接方式考虑了现场操作的便捷性，翼缘连接方式体现了节点构造的经济性。

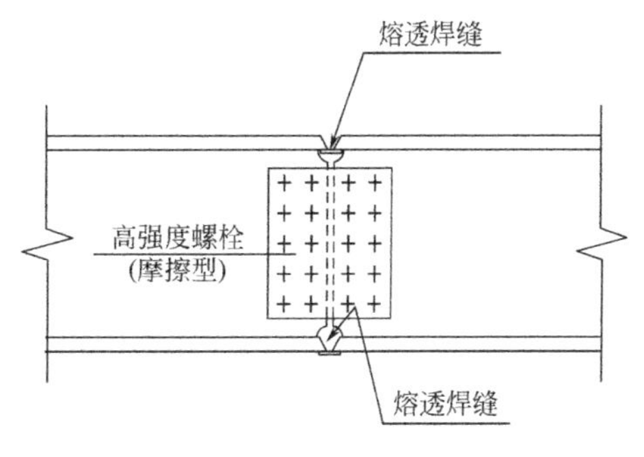

图 3.18.1-5　栓焊组合的钢梁工地接头

3.18.2 如何把握关键条

（1）在同一节点中，焊接连接与普通螺栓连接是互斥的，只能二选一。

（2）在同一节点中，焊接连接与承压型高强度螺栓连接也是互斥的，只能二选一。

（3）在同一节点中，焊接连接与摩擦型高强度螺栓连接是可以兼容的。

当采用类似图 3.18.1-4（a）先栓后焊的加固补强措施时应注意，应在焊接完成 24h 内对距离焊缝 100mm 范围内的高强度螺栓补拧，补拧扭矩应为施工终拧扭矩值。

当采用类似图 3.18.1-4（b）先焊后栓的加固补强措施时应注意，此种加固补强方法适用于焊缝强度亏损不大，且不允许现场施焊的情况，否则可采用加大贴脚焊缝尺寸的方法，更为直接。在计算中，需将螺栓的抗剪承载力设计值乘以折减系数（0.8～0.9）。

3.19 桁架杆件计算模型

3.19.1 关键性条文规定

1. 桁架节点可按铰接假定

《钢标》第5.1.5条第1款，对桁架杆件计算模型规定如下：

计算桁架杆件轴力时可采用节点铰接假定。

桁架刚接时的力学模型见图3.19.1-1（a），桁架铰接时的力学模型见图3.19.1-1（b）。桁架结构的特点是节点处承受集中力，在这一受力特征下才可采用节点铰接假定。

简记：铰接计算。

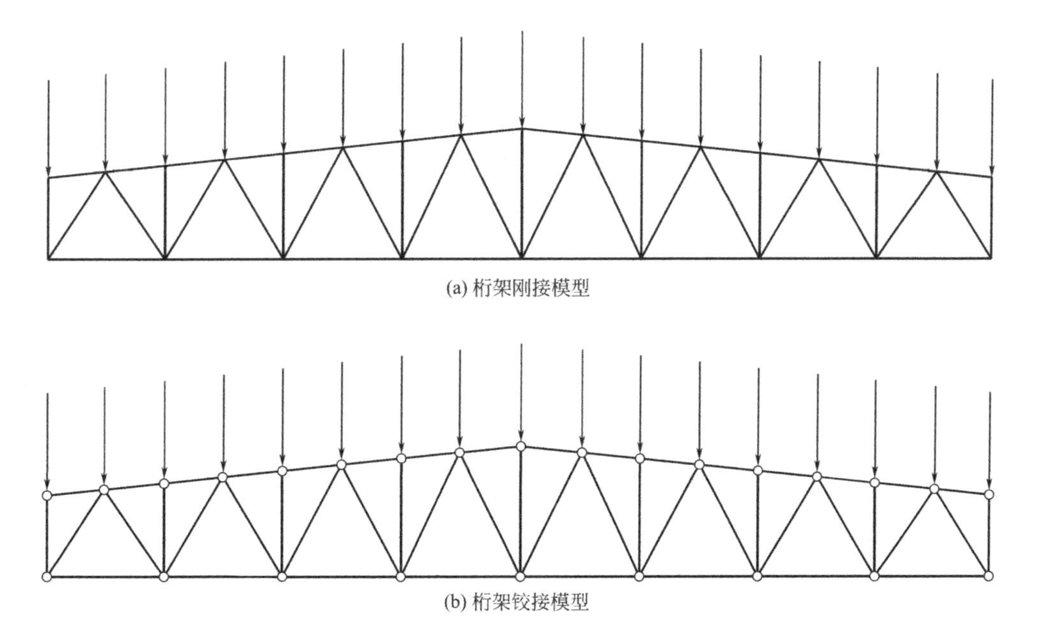

(a) 桁架刚接模型

(b) 桁架铰接模型

图3.19.1-1 桁架刚接模型变为铰接模型

下面讲一下刚接变铰接的原理。

1）无扭转角

由两根杆件形成的刚接节点在不考虑材料应变的条件下，在节点处的集中力作用下，体系的位置和几何形状都不会发生改变，这种刚接角为无扭转角。

2）经典的结构力学模型

图3.19.1-2（a）是一个超静定刚接力学模型，由两根杆件及其根部之间形成刚接三角形，两根杆件之间形成的角为无扭转角。当两根杆件交点处受到一个竖向集中荷载作用时，由于其间的节点无扭转，因此两根杆件上均无弯矩存在，所以也无剪力存在，有的只是杆件的轴力。从另一个角度来看，对于超静定三角形结构，如果满足只有节点处承受集

中力，其所受外力都能分解成沿杆件方向的作用力，根据几何不变条件，可以得出所有杆件都只受到轴力作用的结论，从而得到由图 3.19.1-2（a）到图 3.19.1-2（b）的简化。

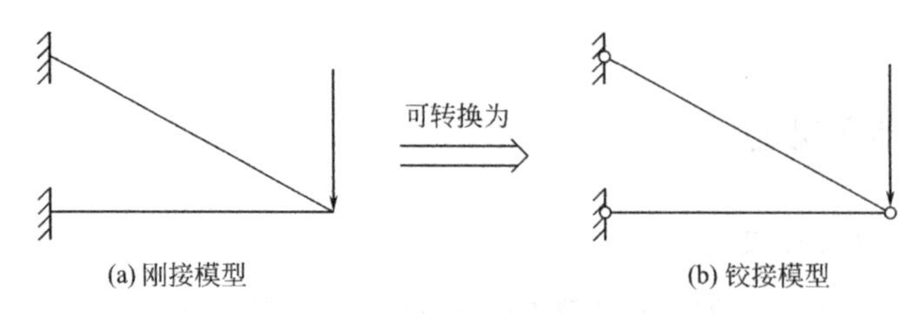

图 3.19.1-2 经典的三角形刚接变为铰接模型

通过经典的结构力学模型，就把一个复杂的模型简化成简单的模型，即，可以把图 3.19.1-1（a）转换为图 3.19.1-1（b）。这样的简化方式也可以扩展至更复杂的结构，在网架中，计算杆件轴力时也可采用节点铰接假定。

3）铰接计算、刚接连接

既然可以将刚接按铰接的假定进行杆件轴力计算，逆向思维一下，也可以在桁架或网架设计中，杆件按铰接计算，节点在构造上按刚接考虑。这样一来，为节点设计及制作带来了方便。

简记：铰接计算、刚接连接。

以桁架下弦节点为例，图 3.19.1-3（a）是下弦杆在节点处变截面，图 3.19.1-3（b）是下弦杆截面不变化时直接在节点处通过。网架结构中的焊接球节点也属于铰接计算、刚接连接的类型。

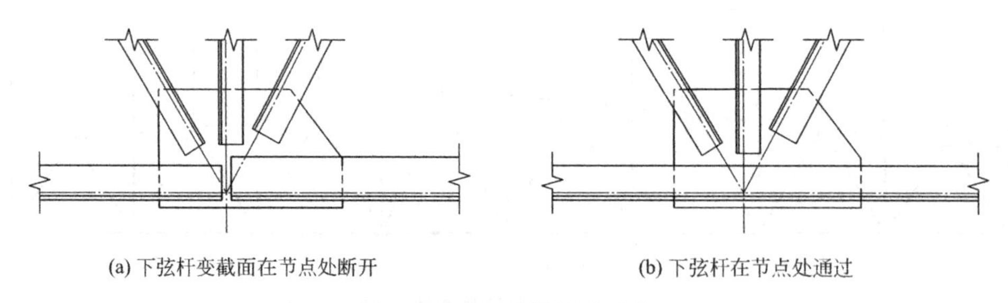

图 3.19.1-3 桁架下弦节点

2. 可不考虑节点刚性引起的弯矩效应的规定

《钢标》第 5.1.5 条第 2 款，对桁架节点可忽略弯矩效应的规定如下：

采用节点板连接的桁架腹杆及荷载作用于节点的弦杆，其杆件截面为单角钢、双角钢或 T 型钢时，可不考虑节点刚性引起的弯矩效应。

从规定中可以看出，单角钢、双角钢或 T 型钢这三种截面形式，其抗弯能力很差，只适用于二力杆件。反向思维，如果杆件采用单槽钢、双槽钢或 H 型钢等截面形式，实践证明会增大节点处的刚性作用，产生次弯矩，增加了杆件中由次弯矩产生的附加应力，这样就不符合桁架节点铰接假定。铰接假定是桁架杆件没有弯矩，只有轴力。因此，单角钢、双角钢或 T 型钢这三种截面形式才是满足桁架节点铰接假定的截面形式。

3.19.2　如何把握关键条

（1）满足桁架节点铰接假定的条件是杆件截面为单角钢、双角钢或T型钢截面。

（2）当弦杆有截面变化时，有时为了建筑构造的需求，需要将弦杆表面处于同一平面中，因此会产生弦杆轴线错位的情况。如果轴线变动不超过较大弦杆截面高度的5%时，可不考虑其影响。

3.20 放大钢梁刚度的原则

3.20.1 关键性条文规定

1. 钢梁刚度的增大作用

《高钢规》第 6.1.3 条对钢梁刚度的增大作用规定如下：

高层民用建筑钢结构弹性计算时，钢筋混凝土楼板与钢梁间有可靠连接，可计入钢筋混凝土楼板对钢梁刚度的增大作用，两侧有楼板的钢梁其惯性矩可取为 $1.5I_b$，仅一侧有楼板的钢梁其惯性矩可取为 $1.2I_b$，I_b 为钢梁截面惯性矩。弹塑性计算时，不应考虑楼板对钢梁惯性矩的增大作用。

简记：刚度放大。

钢结构中的混凝土楼板与钢梁之间依靠栓钉来连接，远不如混凝土结构中楼板与梁形成一体那样坚固，所以，在钢结构整体计算中一般不考虑楼板对钢梁的刚度贡献。实际上，当楼板与钢梁之间的栓钉足够紧密时（见《钢结构设计精讲精读》中栓钉的布置），可以考虑楼板作为钢梁的翼缘对钢梁的刚度有一定的增大，但增大的作用不宜考虑太大。所以本条中，参照混凝土梁，规定了相同的刚度增大系数。大震时，楼板可能开裂，所以在弹塑性计算时，不应考虑楼板对钢梁惯性矩的增大作用。

2. 减小钢框架结构层间位移角的方法

在进行结构整体分析时，若层间位移不能满足抗震要求，可考虑钢梁刚度的放大作用，相当于增大了钢梁的高度，框架的整体抗侧刚度得到了放大，层间位移角就会有所减小，进而满足抗震要求。

以图 3.20.1-1 所示的钢框架为例，楼板厚 120mm，面层建筑做法 50mm，考虑轻质隔墙和吊顶，钢材采用 Q355，抗震烈度为 8 度，基本地震加速度为 0.30g，Ⅱ类场地，基本风压为 0.4kN/m^2，楼梯间楼面活荷载为 2.5kN/m^2，走廊楼面活荷载为 3.5kN/m^2，屋顶活荷载为 0.5kN/m^2。按不考虑刚度放大系数和考虑刚度放大系数分别进行计算，在水平地震作用下，其层间位移角对比见表 3.20.1-1。

两种计算的最大层间位移角对比　　表 3.20.1-1

	地震作用方向	最大位移	备注
不考虑钢梁刚度放大作用	x 方向	1/238>[1/250]	不满足抗震要求
	y 方向	1/236>[1/250]	不满足抗震要求
考虑钢梁刚度放大作用	x 方向	1/274<[1/250]	满足抗震要求
	y 方向	1/272<[1/250]	满足抗震要求

3.20.2 如何把握关键条

（1）对于高层钢框架结构，考虑钢梁刚度增大作用后，可减小最大层间位移角达 10%

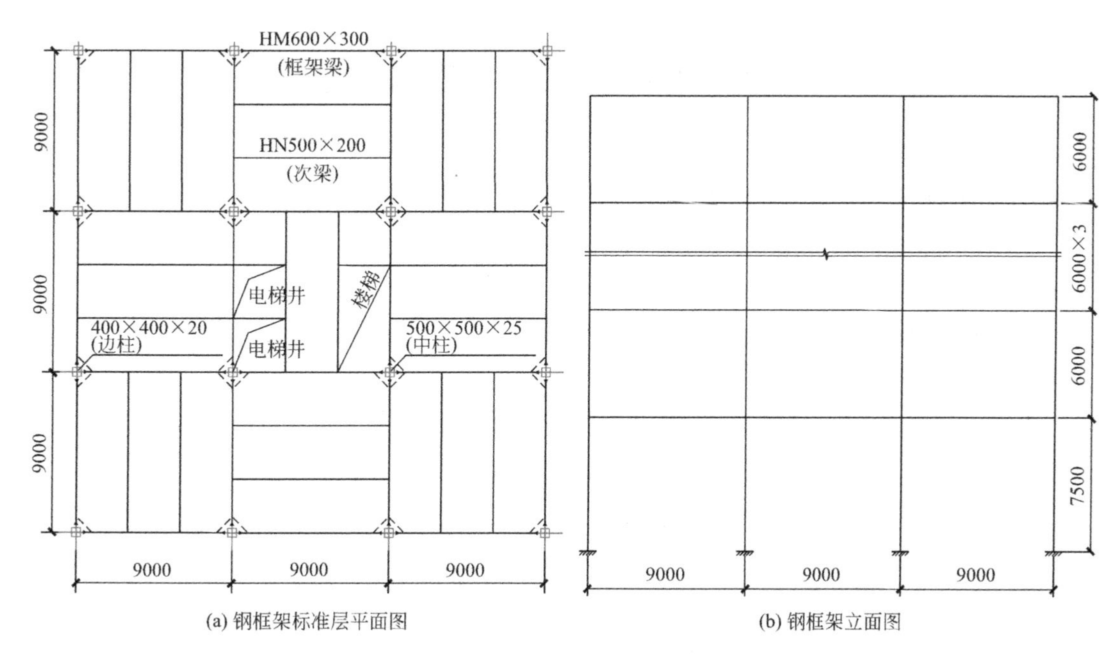

(a) 钢框架标准层平面图　　(b) 钢框架立面图

图 3.20.1-1　钢框架模型

以上，对整体分析具有参考价值。

(2) 对于高层钢框架-支撑结构，由于支撑体系的抗侧力刚度很大，很容易满足层间最大位移角的要求，所以考虑钢梁刚度增大作用的意义不大。

3.21 檩条间距与钢梁翼缘高强度螺栓布置

3.21.1 关键性条文规定

1. 轻钢屋面檩条间距的规定

轻型钢屋面体系由檩条和压型钢板组合而成。压型钢板的长度及受力性能都是按檩条的最大间距设计生产的。檩条最大间距为1500mm。

有些工程受现场特殊情况的制约，钢结构构件的连接只能采用螺栓连接方式，屋面钢梁连接处的高强度螺栓的布置必须要满足檩条最大间距的要求。

2. 螺栓连接接头与檩条的构造关系

1）连接板长度的要求

由于檩条间距为1500mm，扣除檩条和檩托的宽度尺寸，连接板的最大长度不应大于1300mm。连接板长度越短，布置檩条就越方便。

檩条与节点板的关系如图3.21.1-1所示。

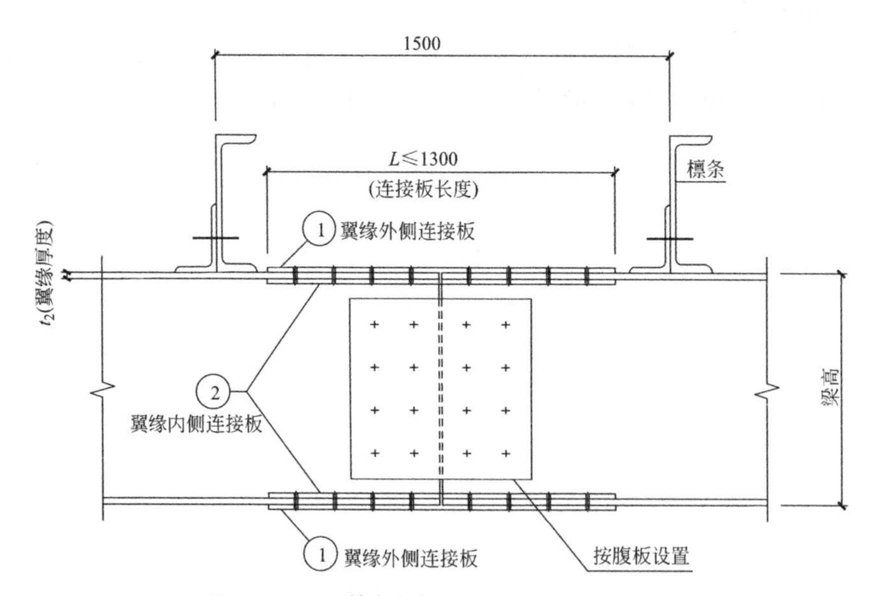

图3.21.1-1 檩条与钢梁拼接接头构造大样图

2）摩擦型高强度螺栓的布置要求

（1）两个螺栓中心之间的孔距$\geqslant 3d_0$；

（2）螺栓中心至连接板长边的距离$\geqslant 1.5d_0$；

（3）螺栓中心至连接板端部的距离$\geqslant 2d_0$；

（4）翼缘的一侧布置两排螺栓时，两排螺栓中心线之间的距离≥40mm；

（5）d_0为高强度螺栓的孔径。

3）常用钢梁在接头连接处的高强度螺栓个数

设计中尽量采用常用的 H 型钢梁，便于查表。

表 3.21.1-1 为常用的 H 型钢梁翼缘等强连接接头一端的高强度螺栓个数，钢材牌号为 Q355。

常用 H 型钢梁翼缘等强连接接头高强度螺栓个数　　表 3.21.1-1

H 型钢	截面尺寸(mm)				梁翼缘(抗拉、抗压)螺栓个数			
	H	B	t_1	t_2	f	$n_{(M20)}$	$n_{(M22)}$	$n_{(M24)}$
HW200×200	200	200	8	12	305	5.8	4.8	4.0
HW300×300	300	300	10	15	305	10.9	8.9	7.5
HW350×350	350	350	12	19	295	15.6	12.7	10.8
HW400×400	400	400	13	21	295	19.7	16.1	13.6
HM350×250	340	250	9	14	305	8.5	6.9	5.9
HM400×300	390	300	10	16	305	11.7	9.5	8.0
HM450×300	440	300	11	18	295	12.7	10.4	8.7
HM500×300	488	300	11	18	295	12.7	10.4	8.7
HM600×300	588	300	12	20	295	14.1	11.5	9.7
HN400×200	400	200	8	13	305	6.3	5.2	4.4
HN450×200	450	200	9	14	305	6.8	5.5	4.7
HN500×200	500	200	10	16	305	7.8	6.3	5.4
HN600×200	600	200	11	17	295	8.0	6.5	5.5
HN700×300	700	300	13	24	295	16.9	13.8	11.7
HN800×300	800	300	14	26	295	18.3	15.0	12.6
HN900×300	900	300	16	28	295	19.7	16.1	13.6
H550×200(非标)	550	200	12	18	295	8.5	6.9	5.8
H550×300(非标)	550	300	12	20	295	14.1	11.5	9.7
H650×200(非标)	650	200	14	20	295	9.4	7.7	6.5
H650×300(非标)	650	300	14	25	295	17.6	14.4	12.1
H850×300(非标)	850	300	16	30	295	21.1	17.3	14.6
H1000×400(非标)	1000	400	20	30	295	28.2	23.0	19.4

说明：高强度螺栓为 10.9 级；$\mu=0.45$；连接板为双面夹板；标准孔；翼缘截面为 $B\times t_2$；杆件之间的缝隙宽度为 10mm。

4）钢梁接头的节点布置图

以下为不同翼缘宽厚条件下的高强度螺栓布置节点详图，采用钢材为 Q355，高强度螺栓为 10.9 级，摩擦系数为 0.45。

（1）图 3.21.1-2 为翼缘宽 200mm、厚 12～20mm，连接板长 510mm 的高强度螺栓布置图。

（2）图 3.21.1-3 为翼缘宽 250mm、厚 14～20mm，连接板长 710mm 的高强度螺栓布置图。

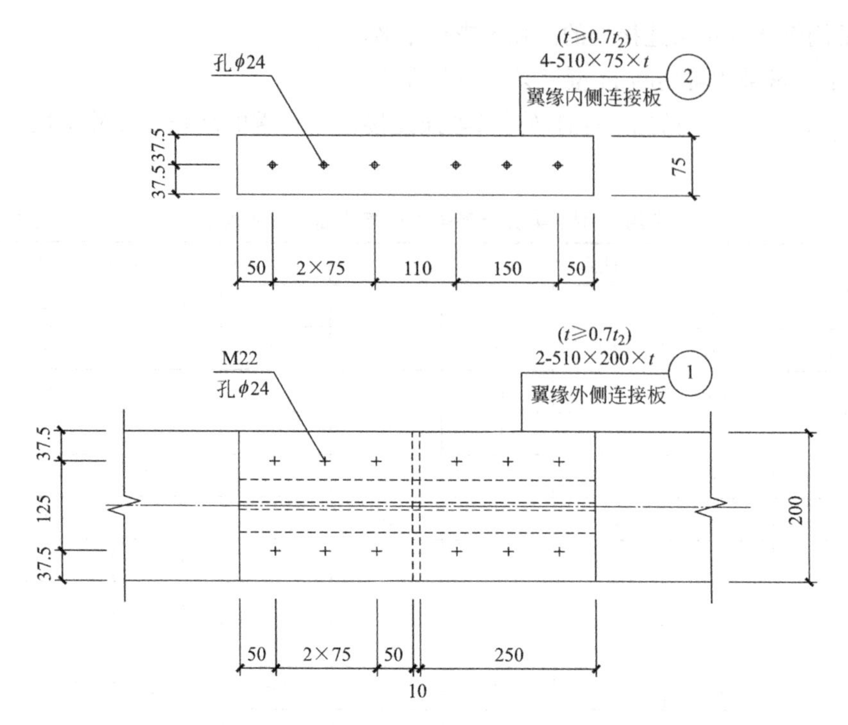

图 3.21.1-2 翼缘宽 200mm、厚 12～20mm 的高强度螺栓布置图

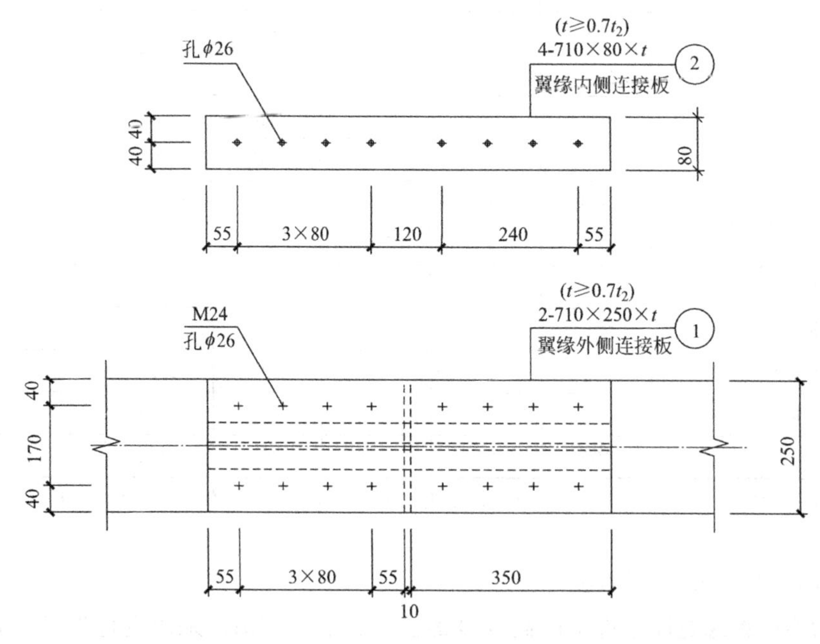

图 3.21.1-3 翼缘宽 250mm、厚 14～20mm 的高强度螺栓布置图

（3）图 3.21.1-4 为翼缘宽 300mm、厚 16～20mm，连接板长 790mm 的高强度螺栓布置图。

（4）图 3.21.1-5 为翼缘宽 300mm、厚 22～30mm，连接板长 1070mm 的高强度螺栓布置图。

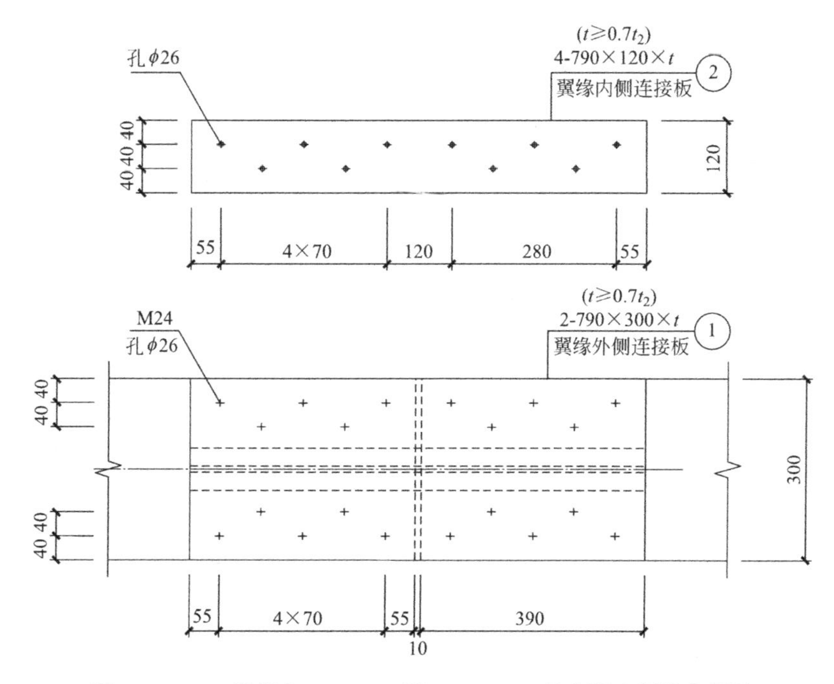

图 3.21.1-4　翼缘宽 300mm、厚 16～20mm 的高强度螺栓布置图

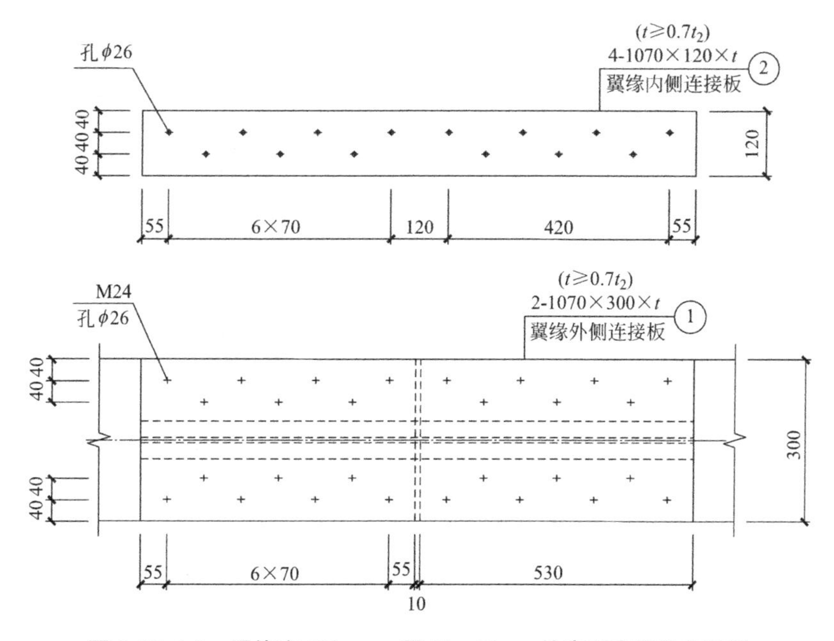

图 3.21.1-5　翼缘宽 300mm、厚 22～30mm 的高强度螺栓布置图

（5）图 3.21.1-6 为翼缘宽 350mm、厚 16～20mm，连接板长 730mm 的高强度螺栓布置图。

（6）图 3.21.1-7 为翼缘宽 350mm、厚 22～25mm，连接板长 830mm 的高强度螺栓布置图。

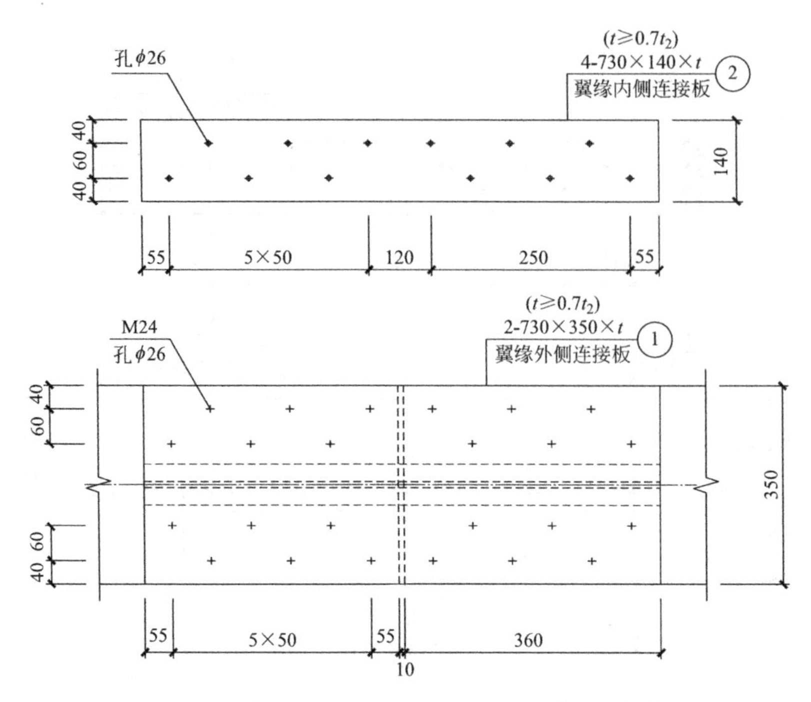

图 3.21.1-6 翼缘宽 350mm、厚 16～20mm 的高强度螺栓布置图

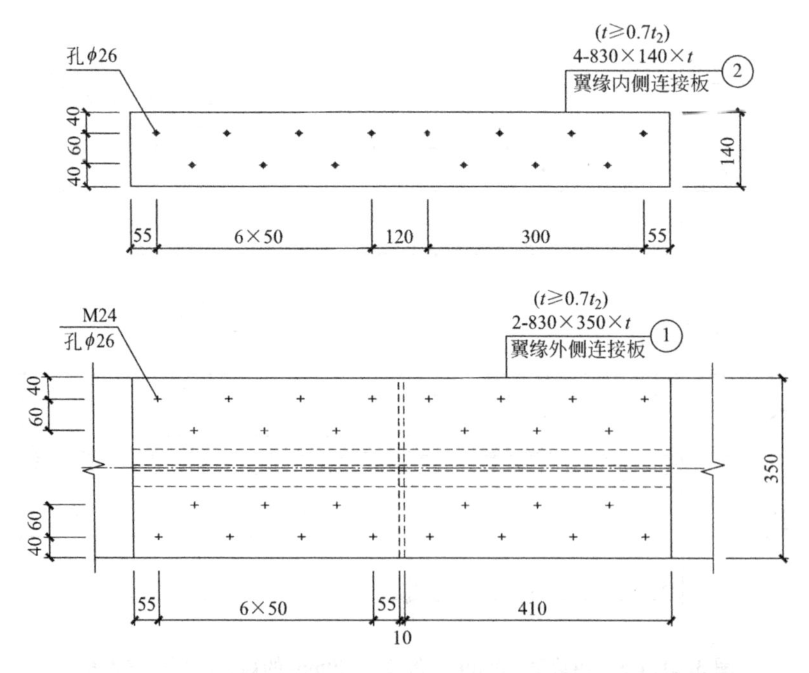

图 3.21.1-7 翼缘宽 350mm、厚 22～25mm 的高强度螺栓布置图

（7）图 3.21.1-8 为翼缘宽 350mm、厚 30mm，连接板长 1030mm 的高强度螺栓布置图。

（8）图 3.21.1-9 为翼缘宽 400mm、厚 18～20mm，连接板长 550mm 的高强度螺栓布置图。

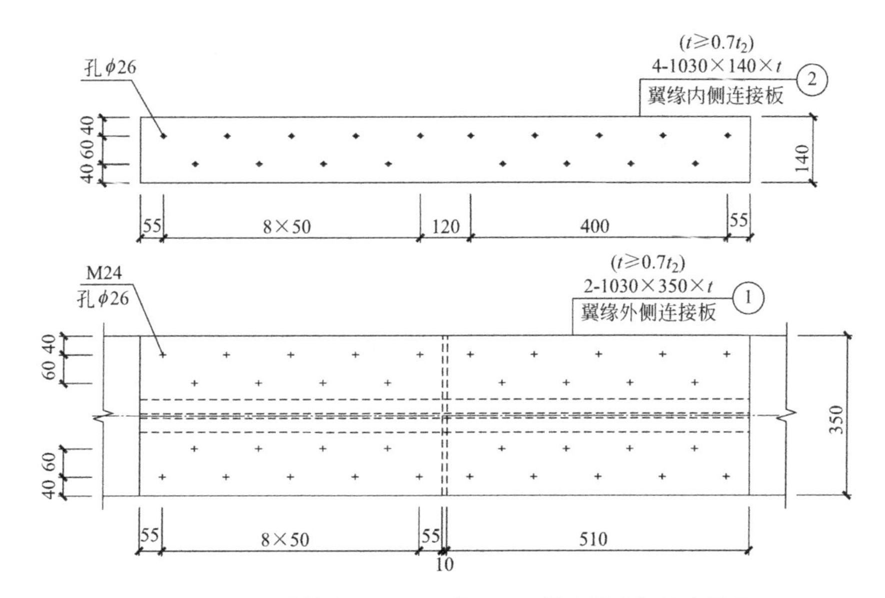

图 3.21.1-8　翼缘宽 350mm、厚 30mm 的高强度螺栓布置图

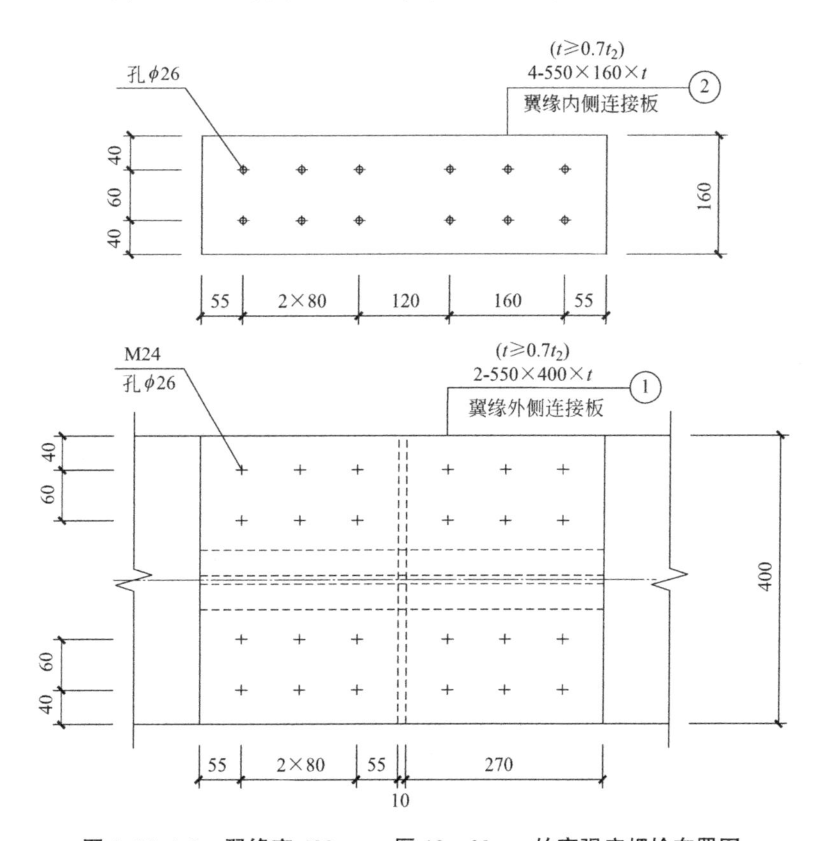

图 3.21.1-9　翼缘宽 400mm、厚 18～20mm 的高强度螺栓布置图

（9）图 3.21.1-10 为翼缘宽 400mm、厚 25mm，连接板长 710mm 的高强度螺栓布置图。

（10）图 3.21.1-11 为翼缘宽 400mm、厚 30mm，连接板长 870mm 的高强度螺栓布置图。

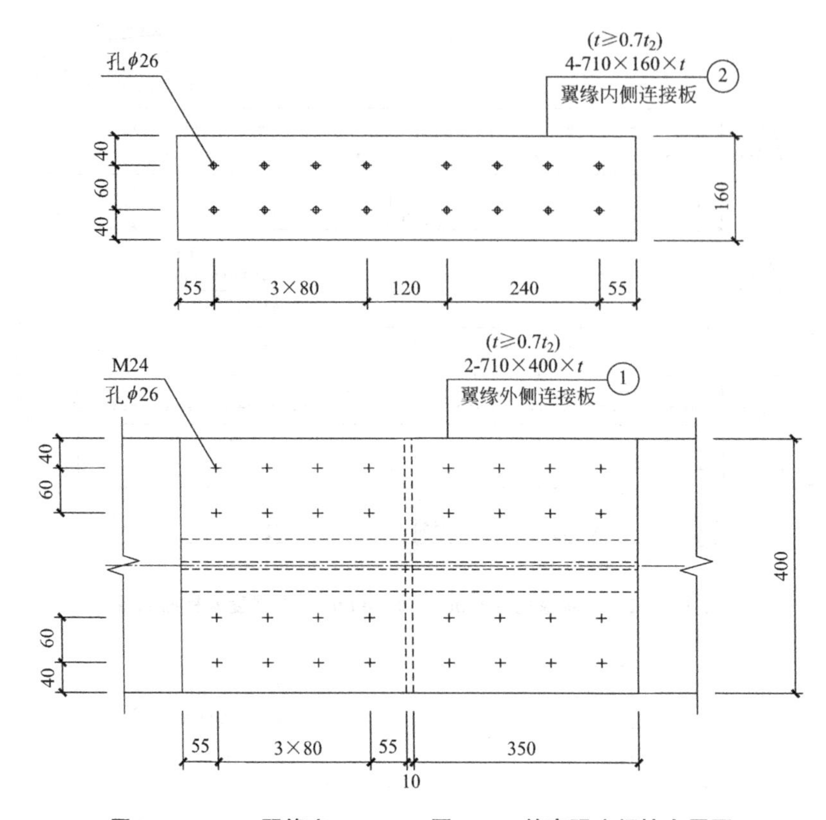

图 3.21.1-10　翼缘宽 400mm、厚 25mm 的高强度螺栓布置图

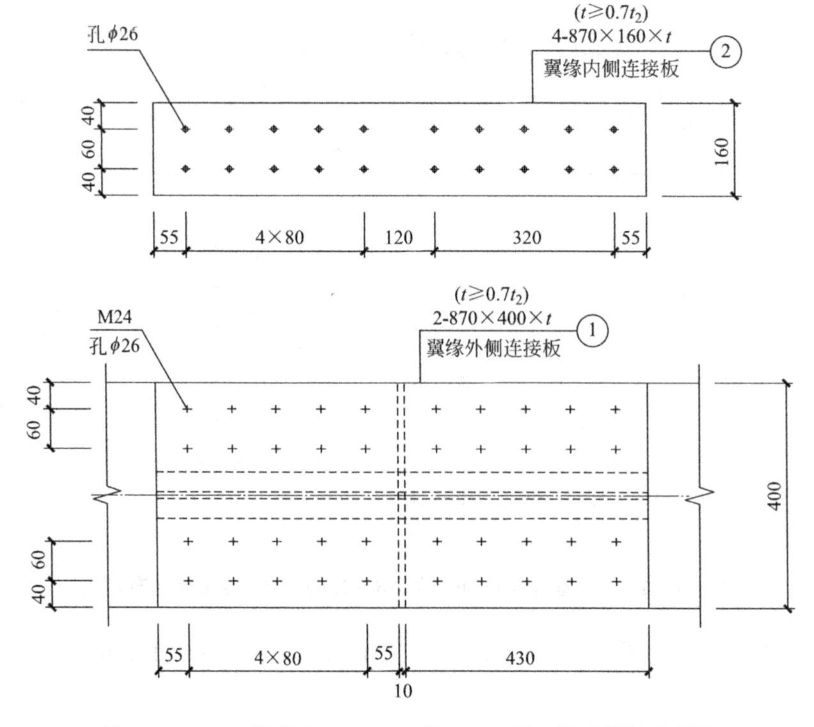

图 3.21.1-11　翼缘宽 400mm、厚 30mm 的高强度螺栓布置图

3.21.2　如何把握关键条

（1）高强度螺栓的连接方式适用于轻钢屋面钢梁现场接头节点，也适用于楼层钢梁接头节点。

（2）尽可能使用大直径的高强度螺栓，以减少螺栓的个数，缩短连接板的长度。

（3）尽可能采用 10.9 级的螺栓以减少螺栓的个数，不采用 8.8 级的螺栓。

参考文献

[1] 住房和城乡建设部．钢结构设计标准：GB 50017—2017 [S]. 北京：中国建筑工业出版社，2018.
[2] 住房和城乡建设部．高层民用建筑钢结构技术规程：JGJ 99—2015 [S]. 北京：中国建筑工业出版社，2016.
[3] 住房和城乡建设部．建筑抗震设计规范：GB 50011—2010（2016 年版）[S]. 北京：中国建筑工业出版社，2016.
[4] 住房和城乡建设部．门式刚架轻型房屋钢结构技术规范：GB 51022—2015 [S]. 北京：中国建筑工业出版社，2016.
[5] 住房和城乡建设部．高耸结构设计标准：GB 50135—2019 [S]. 北京：中国计划出版社，2019.
[6] 住房和城乡建设部．组合结构设计规范：JGJ 138—2016 [S]. 北京：中国建筑工业出版社，2016.
[7] 住房和城乡建设部．钢结构焊接规范：GB 50661—2011 [S]. 北京：中国建筑工业出版社，2012.
[8] 住房和城乡建设部．钢结构高强度螺栓连接技术规程：JGJ 82—2011 [S]. 北京：中国建筑工业出版社，2011.
[9] 住房和城乡建设部．钢结构工程施工质量验收标准：GB 50205—2020 [S]. 北京：中国计划出版社，2020.
[10] 国家市场监督管理总局．低合金高强度结构钢：GB/T 1591—2018 [S]. 北京：中国质检出版社，2018.
[11] 国家质量监督检验检疫总局．涂覆涂料前钢材表面处理　表面清洁度的目视评定　第 1 部分：未涂覆过的钢材表面和全面清除原有涂层后的钢材表面的锈蚀等级和处理等级：GB/T 8923.1—2011 [S]. 北京：中国标准出版社，2011.
[12] 国家市场监督管理总局．钢结构防火涂料：GB 14907—2018 [S]. 北京：中国标准出版社，2018.
[13] 国家市场监督管理总局．熔化极气体保护电弧焊用非合金钢及细晶粒钢实心焊丝：GB/T 8110—2020 [S]. 北京：中国标准出版社，2020.
[14] 建设部．建筑结构用冷弯矩形钢管：JG/T 178—2005 [S]. 北京：中国标准出版社，2005.
[15] 国家质量监督检验检疫总局．一般工程用铸造碳钢件：GB/T 11352—2009 [S]. 北京：中国标准出版社，2009.
[16] 国家质量监督检验检疫总局．焊接结构用铸钢件：GB/T 7659—2010 [S]. 北京：中国标准出版社，2010.
[17] 国家质量监督检验检疫总局．热轧 H 型钢和剖分 T 型钢：GB/T 11263—2017 [S]. 北京：中国标准出版社，2017.
[18] 住房和城乡建设部．工业建筑防腐蚀设计标准：GB/T 50046—2018 [S]. 北京：中国计划出版社，2019.

[19] 中国工程建设标准化协会．钢结构防腐蚀涂装技术规程：CECS 343：2013 [S]．北京：中国建筑工业出版社，2013.
[20] 住房和城乡建设部．建筑设计防火规范：GB 50016—2014（2018 年版）[S]．北京：中国计划出版社，2018.
[21] 住房和城乡建设部．建筑工程抗震设防分类标准：GB 50223—2008 [S]．北京：中国建筑工业出版社，2008.
[22] 住房和城乡建设部．建筑结构可靠性设计统一标准：GB 50068—2018 [S]．北京：中国建筑工业出版社，2018.
[23] 国家市场监督管理总局．厚度方向性能钢板：GB/T 5313—2023 [S]．北京：中国标准出版社，2023.
[24] 住房和城乡建设部．建筑结构荷载规范：GB 50009—2012 [S]．北京：中国建筑工业出版社，2012.
[25] 住房和城乡建设部．建筑给水排水设计标准：GB 50015—2019 [S]．北京：中国计划出版社，2019.
[26] 国家市场监督管理总局．摆锤式冲击试验机间接检验用夏比 V 型缺口标准试样：GB/T 18658—2018 [S]．北京：中国标准出版社，2018.
[27] 国家质量监督检验检疫总局．钢结构用高强度大六角头螺栓、大六角螺母、垫圈技术条件：GB/T 1231—2006 [S]．北京：中国标准出版社，2006.
[28] 国家质量监督检验检疫总局．钢结构用扭剪型高强度螺栓连接副：GB/T 3632—2008 [S]．北京：中国标准出版社，2008.
[29] 国家质量监督检验检疫总局．耐候结构钢：GB/T 4171—2008 [S]．北京：中国标准出版社，2008.
[30] 住房和城乡建设部．工程结构通用规范：GB 55001—2021 [S]．北京：中国建筑工业出版社，2021.
[31] 住房和城乡建设部．建筑与市政工程抗震通用规范：GB 55002—2021 [S]．北京：中国建筑工业出版社，2021.
[32] 住房和城乡建设部．钢结构通用规范：GB 55006—2021 [S]．北京：中国建筑工业出版社，2021.
[33] 但泽义．钢结构设计手册 [M]．4 版．北京：中国建筑工业出版社，2019.
[34] 中国建筑标准设计研究院．钢结构设计图实例—多、高层房屋：05CG02 [S]．2005.
[35] 中国建筑标准设计研究院．多、高层民用建筑钢结构节点构造详图：16G519 [S]．北京：中国计划出版社，2016.
[36] 国家住宅与居住环境工程技术研究中心，中国建筑标准设计研究院．内隔墙—轻质条板（一）：10J113-1 [S]．2010.
[37] 中国建筑标准设计研究院．轻集料空心砌块内隔墙：03J114-1 [S]．2003.
[38] 中国建筑标准设计研究院．轻钢龙骨内隔墙：03J111-1 [S]．2003.
[39] 中国建筑标准设计研究院．预制轻钢龙骨内隔墙：03J111-2 [S]．2003.
[40] European Committee for Standardization. Steel Castings-Steel Castings for General Engineering Uses：EN 10293：2015 [S]．2015.
[41] 陈文渊，刘梅梅．钢结构设计精讲精读 [M]．北京：中国建筑工业出版社，2022.